国家出版基金项目
NATIONAL PUBLICATION FOUNDATION

“十三五”国家重点出版物出版规划项目

世界海洋文化与历史研究译丛

# 世界历史中的印度洋

# The Indian Ocean in World History

王松林　丛书主编

［美］米洛·卡尼（Milo Kearney）　著

李洪琴　译

Routledge
Taylor & Francis Group

海洋出版社

2025年·北京

**图书在版编目（CIP）数据**

世界历史中的印度洋 /（美）米洛·卡尼（Milo Kearney）著；李洪琴译. -- 北京：海洋出版社，2025. 1. --（世界海洋文化与历史研究译丛）. -- ISBN 978-7-5210-1472-3

Ⅰ. P724

中国国家版本馆 CIP 数据核字第 20250J25Q9 号

版权合同登记号　图字：01-2016-4202

Shijie lishi zhong de Yinduyang



**责任编辑：苏　勤**
**责任印制：安　淼**

海洋出版社 出版发行
http://www.oceanpress.com.cn
北京市海淀区大慧寺路 8 号　邮编：100081
鸿博昊天科技有限公司印刷　新华书店北京发行所经销
2025 年 4 月第 1 版　2025 年 4 月第 1 次印刷
开本：710 mm×1000 mm　1/16　印张：20.75
字数：248 千字　定价：128.00 元
发行部：010-62100090　总编室：010-62100034
**海洋版图书印、装错误可随时退换**

# 丛书总序

众所周知，地球表面积的71%被海洋覆盖，人类生命源自海洋，海洋孕育了人类文明，海洋与人类的关系一直以来备受科学家和人文社科研究者的关注。21世纪以来，在外国历史和文化研究领域兴起了一股“海洋转向”的热潮，这股热潮被学界称为“新海洋学”（New Thalassology）或曰“海洋人文研究”。海洋人文研究者从全球史和跨学科的角度对海洋与人类文明的关系进行了深度考察。本丛书萃取当代国外海洋人文研究领域的精华译介给国内读者。丛书先期推出10卷，后续将不断补充，形成更为完整的系列。

本丛书从天文、历史、地理、文化、文学、人类学、政治、经济、军事等多个角度考察海洋在人类历史进程中所起的作用，内容涉及太平洋、大西洋、印度洋、北冰洋、黑海、地中海的历史变迁及其与人类文明之间的关系。丛书以大量令人信服的史料全面描述了海洋与陆地及人类之间的互动关系，对世界海洋文明的形成进行了全面深入的剖析，揭示了从古至今的海上探险、海上贸易、海洋军事与政治、海洋文学与文化、宗教传播以及海洋流域的民族身份等各要素之间千丝万缕的内在关联。丛书突破了单一的天文学或地理学或海洋学的学科界限，从全球史和跨学科的角度将海洋置于人类历史、文化、文学、探险、经济乃至民族个性的形成等视域中加以系统考察，视野独到开阔，材料厚实新颖。丛书的创新性在于融科学性与人文性于一体：一方面依据大量最新研究成果和发掘的资料对海洋本身的变化进行客观科学的考究；另一方面则更多地从人类文明发展史微观和宏观相结合的角度对海洋与人类的关系给予充分的人文探究。丛书在书目的选择上充分考虑著作的权威性，注重研究成果的广泛性和代表性，同时顾及著作的学术性、科普性和可读性，有关大西洋、太平洋、印度洋、地中海、黑海等海域的文化和历史研究成果均纳入译介范围。

太平洋文化和历史研究是20世纪下半叶以来海洋人文研究的热点。大卫·阿米蒂奇（David Armitage）和艾利森·巴希福特（Alison Bashford）编的《太平洋历史：海洋、陆地与人》（*Pacific Histories: Ocean, Land, People*）是这一研究领域的力作，该书对太平洋及太平洋周边的陆地和人类文明进行了全方位的考察。编者邀请多位国际权威史学家和海洋人文研究者对太平洋区域的军事、经济、政治、文化、宗教、环境、法律、科学、民族身份等问题展开了多维度的论述，重点关注大洋洲区域各族群的历史与文化。西方学者对此书给予了高度评价，称之为“一部太平洋研究的编年史”。

印度洋历史和文化研究方面，米洛·卡尼（Milo Kearney）的《世界历史中的印度洋》（*The Indian Ocean in World History*）从海洋贸易及与之相关的文化和宗教传播等问题切入，多视角、多方位地阐述了印度洋在世界文明史中的重要作用。作者对早期印度洋贸易与阿拉伯文化的传播作了精辟的论述，并对16世纪以来海上列强（如葡萄牙和后来居上的英国）对印度洋这一亚太经济动脉的控制和帝国扩张得以成功的海上因素做了深入的分析 。值得一提的是，作者考察了历代中国因素和北地中海因素对印度洋贸易的影响，并对“冷战”时代后的印度洋政治和经济格局做了展望 。

黑海位于欧洲、中亚和近东三大文化区的交会处，在近东与欧洲社会文化交融以及欧亚早期城市化的进程中发挥着持续的、重要的作用。近年来，黑海研究一直是西方海洋史学研究的热点。玛利亚·伊万诺娃（Mariya Ivanova）的《黑海与欧洲、近东以及亚洲的早期文明》（*The Black Sea and the Early Civilizations of Europe, the Near East and Asia*）就是该研究领域的代表性成果。该书全面考察了史前黑海地区的状况，从考古学和人文地理学的角度剖析了由传统、政治与语言形成的人为的欧亚边界。作者依据大量考古数据和文献资料，把史前黑海置于全球历史语境的视域中加以描述，超越了单一地对物质文化的描述性阐释，重点探讨了黑海与欧洲、近东和亚洲在早期文明形成过程中呈现的复杂的历史问题。

把海洋的历史变迁与人类迁徙、人类身份、殖民主义、国家形象与民族性格等问题置于跨学科视野下予以考察是“新海洋学”研究的重要内容。邓肯·雷德福（Duncan Redford）的《海洋的历史与身份：现代世界的海洋与文化》（*Maritime History and Identity: The Sea and Culture in the Modern World*）就是这方面的代表性著作。该书探讨了海洋对个体、群体及国家文化特性形成过程的影响，侧重考察了商业航海与海军力量对民族身份的塑造产生的影响。作者以英国皇家海军为例，阐述了强大的英国海军如何塑造了其帝国身份，英国的文学、艺术又如何构建了航海家和海军的英雄形象。该书还考察了日本、意大利和德国等具有海上军事实力和悠久航海传统的国家的海洋历史与民族性格之间的关系。作者从海洋文化与国家身份的角度切入，角度新颖，开辟了史学研究的新领域，研究成果值得海洋史和海军史研究者借鉴。此外，伯恩哈德·克莱因（Bernhard Klein）和格萨·麦肯萨恩（Gesa Mackenthun）编的《海洋的变迁：历史化的海洋》（*Sea Changes*：*Historicizing the Ocean*）对海洋在人类历史变迁中的作用做了创新性的阐释。克莱因指出，海洋不仅是国际交往的通道，而且是值得深度文化研究的历史理据。该书借鉴历史学、人类学以及文化学和文学的研究方法，秉持动态的历史观和海洋观，深入阐述了海洋的历史化进程。编者摒弃了以历史时间顺序来编写的惯例，以问题为导向，相关论文聚焦某一海洋地理区域问题，从太平洋开篇，依次延续到大西洋。所选论文从不同的侧面反映真实的和具有象征意义的海洋变迁，体现人们对船舶、海洋及航海人的历史认知，强调不同海洋空间生成的具体文化模式，特别关注因海洋接触而产生的文化融合问题。该书融海洋研究、文化人类学研究、后殖民研究和文化研究等理论于一炉，持守辩证的历史观，深刻地阐述了“历史化的海洋”这一命题。

由大卫·坎纳丁（David Cannadine）编的《帝国、大海与全球史：1763—1840 年前后不列颠的海洋世界》（*Empire*, *the*

*Sea and Global History*: *Britain's Maritime World*, *c. 1763–c. 1840*)就 18 世纪 60 年代到 19 世纪 40 年代的一系列英国与海洋相关的重大历史事件进行了考察，内容涉及英国海外殖民地的扩张与得失、英国的海军力量、大英帝国的形成及其身份认同、天文测量与帝国的关系等；此外，还涉及从亚洲到欧洲的奢侈品贸易、海事网络与知识的形成、黑人在英国海洋世界的境遇以及帝国中的性别等问题。可以说，这一时期的大海成为连结英国与世界的纽带，也是英国走向强盛的通道。该书收录的 8 篇论文均以海洋为线索对上述复杂的历史现象进行探讨，视野独特新颖。

海洋文学是海洋文化的重要组成部分，也是海洋历史的生动表现，欧美文学有着鲜明的海洋特征。从古至今，欧美文学作品中有大量的海洋书写，海洋的流动性和空间性从地理上为欧美海洋文学的产生和发展提供了诸种可能，欧美海洋文学体现的欧美沿海国家悠久的海洋精神成为欧美文化共同体的重要纽带。地中海时代涌现了以古希腊、古罗马为代表的“地中海文明”和“地中海繁荣”，从而产生了欧洲的文艺复兴运动。随着早期地中海沿岸地区资本主义萌芽的兴起和航海及造船技术的进步，欧洲冒险家开始开辟新航线，发现了新大陆，相关的海上历险书写成为后人了解该时代人与大海互动的重要文献。之后，海上贸易由地中海转移至大西洋，带动大西洋沿岸地区的文学和文化的发展。一方面，海洋带给欧洲空前的物质繁荣，为工业革命的到来创造了充分的条件；另一方面，海洋铸就了沿海国家的民族性格，促进了不同民族的文学与文化之间的交流，文学思想得以交汇、碰撞和繁荣。可以说，“大西洋文明”和“大西洋繁荣”在海洋文学中得到了充分的体现，海洋文学也在很大程度上反映了沿海各国的民族性格乃至国家形象。

希腊文化和文学研究从来都是海洋文化研究的重要组成部分，希腊神话和《荷马史诗》是西方海洋文学研究不可或缺的内容。玛丽–克莱尔·博利厄（Marie-Claire Beaulieu）的专著《希腊想象中的海洋》（*The Sea in the Greek Imagination*）堪称该研究领域的一部奇书。作者把海洋放置在神界、凡界和冥界三个不同的宇宙空间的边界来考察希腊神话和想象中各种各样的海洋表征和海上航行。从海豚骑士到狄俄尼索斯、从少女到人鱼，博利厄着重挖掘了海洋在希腊神话中的角色和地位，论证详尽深入，结论令人耳目一新。西方学者对此书给予了高度评价，称其研究方法“奇妙”，研究视角“令人惊异”。在“一带一路”和“海上丝路”的语境下，中国的海洋文学与文化研究应该可以从博利厄的研究视角中得到有益的启示。把中外神话与民间传说中的海洋想象进行比照和互鉴，可以重新发现海洋在民族想象、民族文化乃至世界政治版图中所起的重要作用。

在研究海洋文学、海洋文化和海洋历史之间的关系方面，菲利普·爱德华兹（Philip Edwards）的《航行的故事：18 世纪英格兰的航海叙事》（*The Story of the Voyage: Sea-narratives in Eighteenth-century England*）是一部重要著作。该书以英国海洋帝国的扩张竞争为背景，根据史料和文学作品的记叙对 18 世纪的英国海洋叙事进行了研究，内容涉及威廉·丹皮尔的航海经历、库克船长及布莱船长和“邦蒂”（*Bounty*）号的海上历险、海上奴隶贸易、乘客叙事、水手自传，等等。作者从航海叙事的视角，揭示了18世纪英国海外殖民与扩张过程中鲜为人知的一面。此外，约翰·佩克（John Peck）的《海洋小说：英美小说中的水手与大海，1719—1917》（*Maritime Fiction: Sailors and the Sea in British and American Novels, 1719-1917*）是英美海洋文学研究中一部较系统地讨论英美小说中海洋与民族身份之间关系的力作。该书研究了从笛福到康拉德时代的海洋小说的文化意义，内容涉及简·奥斯丁笔下的水手、马里亚特笔下的海军军官、狄更斯笔下的大海、维多利亚中期的海洋小说、约瑟夫·康拉德的海洋小说以及美国海洋小说家詹姆士·库柏、赫尔曼·麦尔维尔等的海洋书写。这是一部研究英美海洋文学与文化关系的必读参考书。

海洋参与了人类文明的现代化进程，推动了世界经济和贸易的发展。但是，人类对海洋的过度开发和利用也给海洋生态带来了破坏，这一问题早已引起国际社会和学术界的关注。英国约克大学著名的海洋环保与生物学家卡勒姆·罗伯茨（Callum Roberts）的《生命的海洋：人与海的命运》（*The Ocean of Life: The Fate of Man and the Sea*）一书探讨了人与海洋的关系，详细描述了海洋的自然历史，引导读者感受海洋环境的变迁，警示读者海洋环境问题的严峻性。罗伯茨对海洋环境问题的思考发人深省，但他对海洋的未来始终保持乐观的态度。该书以通俗的科普形式将石化燃料的应用、气候变化、海平面上升以及海洋酸化、过度捕捞、毒化产品、排污和化肥污染等要素对环境的影响进行了详细剖析，并提出了阻止海洋环境恶化的对策，号召大家行动起来，拯救我们赖以生存的海洋。可以说，该书是一部海洋生态警示录，它让读者清晰地看到海洋所面临的问题，意识到海洋危机问题的严重性；同时，它也是一份呼吁国际社会共同保护海洋的倡议书。

古希腊政治家、军事家地米斯托克利（Themistocles，公元前524年至公元前460年）很早就预言：谁控制了海洋，谁就控制了一切。21世纪是海洋的世纪，海洋更是成为人类生存、发展与拓展的重要空间。党的十八大报告明确提出“建设海洋强国”的方略，十九大报告进一步提出要“加快建设海洋强国”。一般认为，海洋强国是指在开发海洋、利用海洋、保护海洋、管控海洋方面拥有强大综合实力的国家。我们认为，“海洋强国”的另一重要内涵是指拥有包括海权意识在内的强大海洋意识以及为传播海洋意识应该具备的丰厚海洋文化和历史知识。

本丛书由宁波大学世界海洋文学与文化研究中心团队成员协同翻译。我们译介本丛书的一个重要目的，就是希望国内从事海洋人文研究的学者能借鉴国外的研究成果，进一步提高国人的海洋意识，为实现我国的“海洋强国”梦做出贡献。

王松林

于宁波大学

2025年1月

# 致 谢

非常感谢丛书的编辑彼得·斯特恩施教授和威斯康星大学欧克莱尔分校的斯蒂芬·高斯以及得克萨斯农工（A&M）大学的哈利·韦德给本书写作提出的建议；感谢美国有线电视新闻网（CNN）驻土耳其的战地记者艾德·摩尔以及威尔·斯蒂芬和米马莎·斯蒂芬给予的鼓励和建议，他们三位都是我在得克萨斯大学布朗斯维尔分校的朋友和同事。书中的讹误皆由本人负责。还要感谢我亲爱的家人：我的妻子薇薇安一直给我多方面的支持，还有我们的女儿凯瑟琳和女婿丹尼·安扎克；感谢我的儿子希恩和儿媳丽莎·卡尼，他们帮助我寻找资料和解决计算机问题；还要感谢我们的孙子本杰明·爱德华·卡尼、伊利亚·丹尼尔·卡尼和伊恩·迪兰·卡尼，他们给予了我心灵上的支持。

# 目　录

# 第一章 导 论

印度洋及其地区在世界历史中发挥了什么作用？本书认为，在印度洋贸易中的出色表现一直以来都是一个国家或地区凸显于世、引领全球的重要指征。印度洋贸易为16世纪葡萄牙的成功起到了巨大的作用，这已是一个被大家所接受的观点。但是，印度洋贸易也一直影响着其他国家或地区的兴衰，这个观点或者没有得到足够的理解，或者说根本没有被认可过。印度洋对各国盛衰的影响并不是说印度洋承载了每个势力最强大的国家或地区的经济发展，而是说一个国家或地区如果能成为印度洋贸易的主要参与者则表明该国或该地区的经济发展水平已经足以让它主导世界。为阐释这一观点，本书将涉及从古至今历史上相继出现的五种不同的获益于印度洋的国际贸易格局。本书认为，参与印度洋贸易的国家或地区本是那些对世界的进步和文化创新有重要贡献者。本书将依次对印度洋贸易格局更迭的原因、印度洋贸易各阶段对世界的贡献及各阶段贸易格局产生的结果逐一进行探讨。

鉴于对15世纪前的“新世界”(New World)是否可能和该地区格局发生关联的讨论还存在很大的争议(以及拉丁美洲在印度洋贸易和引领世界中的相对次要的作用)，本书将主要讨论

“旧世界”(Old World)的贸易格局①。西半球的文明水平在历史上长期落后于东半球，主要原因是它远离印度洋及从印度洋延伸出的主要贸易航线。本书有关“旧世界”中印度洋贸易对欧洲国家及地区的盛衰产生影响的观点最不常见，最具争议性，最值得关注；而印度洋贸易对其周边国家的重要性已被普遍接受和充分认可；印度洋贸易在中国和日本历史中的作用也非常重要。

## 贸易、财富、势力、创造力和地理位置

什么因素能决定哪些国家或地区能够引领历史？生物学家指出，物种中的形态变异会随着其基因库规模的递增而产生更多的变化。由此可以推断：基因库的最大变化会发生在人口密集的中心之地，因为这样的地区人员接触最多。古生物学的记载也显示新物种在“旧世界”出现数量最多，其次为北美、南美，最后才是澳大利亚。这一规律应用到历史学则可以推断：假设其他因素不变，历史变化一般会集中发生在东半球，因为那里的人口高度密集。而东半球的变化(并由此产生的主导势力的变化)则特别可能会发生在“旧世界”三个大陆交会处的中东。正是在这个地区，人类历史获得了其原始动力，而这个地区也成为人类历史长久关注的焦点。

另一个规律则是：在主要贸易沿线地区，文化发展迅速。

① “旧世界”和“新世界”分别指的是“欧洲”和“美洲”。

正如费尔南·布罗代尔(Fernand Braudel)在其对16世纪地中海的研究中强调的那样，贸易滋生于能联通各陆地、汇集大量各种人群及其产品的水路航道沿岸。而那些受保护的内海及河流在商业的驱动下，会越加受到刺激。锯齿状曲折的海岸线、肥沃的土地、适宜的气候、众多河流与湖泊，所有这些都能增加贸易的机会。跨距离贸易使不同种族的人们聚集在一起，他们也因此可以互相交流意见、娱乐和互相学习。具备如此优越的最大海洋贸易航线就在“旧世界”的最中心。这条航线从印度洋分两路延伸：一路由波斯湾(Persian Gulf)到底格里斯河(Tigris)和幼发拉底河(Euphrates)；另一路则由红海(Red Sea)向地中海(Mediterranean)，再沿罗讷河(Rhone)到塞纳河(Seine)、摩泽尔河(Moselle)、斯海尔德河(Scheldt)、默兹河(Meuse)，或沿莱茵河(Rhine)到英吉利海峡(English Channel)，或通过直布罗陀海峡(Gibraltar)延伸至大西洋沿岸。这就是连接东、西方世界最主要的航线。

印度洋是这条贸易带的中心枢纽。它还受益于季风气候。在印度洋，夏季是稳定的西南风，冬季则为稳定的东北风。其沿岸区域大都气候舒适温暖，有河道与各地相连，这也使各地的文化通过一个个港口而相互流传(干旱的阿拉伯地区、波斯湾西北角口岸以及位于印度洋东南方向与其相距遥远的澳大利亚沿岸的气候条件例外)。印度洋开阔的海湾地形十分有利于贸易的往来。另外，来自地中海(世界最大的陆间海)周边地区，尤其是地中海北部那些水路方便、海岸线曲折地区(便于设港、便于贸易往来)的商人成为主要的商业团体，他们和来自东方的中国商人都被不断地吸引到了印度洋的贸易中。

以上这些水路航道、地形和季风气候等综合因素决定了世界文明注定要由印度洋航线沿途少数的几个地区引领，这是该地区的地理位置与其必然的贸易航线导致的必然结果。这些地区逐渐延伸、连接成了一条长长的地带：它从中国穿过印度、伊朗、伊拉克、埃及、叙利亚、希腊、意大利、法国、西班牙、葡萄牙，一直到英格兰(在现代又延伸到了美国)。不在这个地带上的几个大国如日本、俄国和德国一直想要主导世界，但最终都心愿落空。历史一直是不公平的。这条以印度洋为交集点的世界主要贸易航线先后让处于不同大陆的一些特定地区或享受了恩泽或遭受了诅咒，无论它们有哪个种族和语言。

## 印度洋因素

因此，某个或某些区域曾经在财富、势力和创新方面引领世界，在很大程度上取决于它对印度洋及其周边地区贸易的控制或参与，或者说与它们控制或参与印度洋贸易有关。印度洋地区是地球上拥有可利用财富的最大的单一区块，它盛产香料、宝石、石油、天然气、铀、金、锡、锰、镍、铝、锌。波斯湾地区拥有世界一半以上的石油储量。香料作为食物调料和药品被追捧了数百年，而印度的香料生产和出口至今依然领先于世界。印度西南边马拉巴尔海岸(Malabar coast)的西高止山脉(Western Ghats)的森林则出产生姜和胡椒——后来也传到斯里兰卡(Sri Lanka)、泰国(Thailand)、苏门答腊(Sumatra)、小巽他群岛(the Lesser Sunda Islands)。这里的胡椒树上长有气生根，当地人将根蔓上结出的胡椒粒采摘后再晾干。该地生姜的根茎碾碎后部分用来生产咖喱粉(再用昂贵的姜黄或印度藏红花的干花柱提取物染成黄色)。这些植物的生长需要非常适当的气候条件，而西高止山的热度、高湿度和高地势为其生长提供了绝好的综合条件。桂皮树在斯里兰卡岛西海岸，从桂皮树上剥下的皮卷成条状后再干燥便制成桂皮。桂皮和黄姜的提取物被认为有益于肤色并能治疗瘫痪。印度东南部的科罗曼德尔海岸(Coromandel coast)以及古吉拉特(Gujarat)和拉贾斯坦(Rajasthan)盛产靛蓝。

印度尼西亚的摩鹿加群岛(Moluccas)[指马鲁古群岛，又称香料群岛(spice islands)]出产丁香、肉豆蔻和肉豆蔻干皮粉。丁香产于摩鹿加群岛上的特尔纳特岛(Ternate)、蒂多雷岛(Tidore)、巴占群岛(Bacan)、莫蒂岛 (Motir)和马吉安岛(Makian Islands)，它是由丁香树(桃金娘科植物)的花蕾(又称"黑玫瑰")干燥后或直接或经碾碎用作调味品。肉豆蔻树生长在班达群岛(Banda Islands)的六个小岛上，其果核经干燥、碾碎制成肉豆蔻粉香料，果壳表面锈红色绒毛经干燥、碾碎后制成肉豆蔻干皮粉。

印度的戈尔康达(Golconda)和其他一些地区出产金刚石，也出口绿宝石和红宝石，西部的古吉拉特邦(Gujarat)出产缟玛瑙和玛瑙。斯里兰卡则出产珍珠和玉石，莫桑比克(Mozambique)的很多河流发现有金子，印度西部马拉巴尔海岸还出口檀香木和柚木。

除自然资源外，印度洋地区还拥有世界上最大的可开发市场，它足以消化任何一个大国或地区的产品。地处世界重要贸易带中心的印度洋地区交通四通八达，该地区的民众既不特别爱好军事，也不善闯荡海外经商，只想和来到他们自己港口的海外商人进行交易。这主要是由宗教原因所致(关于这一点本书将在“印度教、佛教、耆那教”部分详述)。相比之下，中国尽管同样人口密集但因为可进行贸易的产品较少，因此在其沿海地区并未能聚集众多的人口，也没形成众多的贸易地，而且在中国海域周围可以与之进行贸易的邻国也较少。

印度洋地区这些诱人财富曾吸引了四批国家或地区先后来到这里，它们成为后来印度洋的“开拓者”，并一心想要控制印度洋地区。因为同时看中了某段进出印度洋的航线，这些“开拓者”们经常结成联盟，统一行动。这四批国家和地区按照它们进入印度洋的航线可以划分如下。

1. 马六甲海峡航线(The Strait of Malacca route)：这条航线连接马来半岛(Malay Peninsula)、苏门答腊岛(Sumatra Island)、中国和日本。中国对该段航线的控制在元代(Yuan Dynasty)和明代(Ming Dynasty)早期最强[甚至更早在汉代(Han Dynasty)]，日本则主要在第二次世界大战期间试图对该航线进行同样的控制。

2. 波斯湾航线(The Persian Gulf route)：该航线最受伊拉

克、伊朗及俄国的青睐。它曾经是铜器时代（the Copper Age）、伊朗鼎盛时期（Iran's periods of prominence）和阿拔斯王朝（the Abbasid caliphate）时期重要的贸易通道。

3. 红海航线（The Red Sea route）：该航线不仅受埃及、巴勒斯坦、黎巴嫩、希腊和意大利的垂青，而且也一直受法国的青睐。它在青铜器时期（the Bronze Age）、铁器时期（the Iron Age）、罗马帝国时期（the Roman Empire）、拜占庭帝国时期（Byzantine Empire）、倭马亚王朝时期（the Umayyad Dynasty）、法蒂玛王朝时期（the Fatimid Dynasty）、阿尤布王朝时期（the Ayyubid Dynasty）及切尔克斯马穆鲁克王朝时期（the Circassian Mamluk Dynasty）都备受重视，受关注的时间要比其他航线多几个世纪。

4. 好望角航线（The Cape of Good Hope route）：这条航线在16世纪初才被开发并受到葡萄牙、西班牙、荷兰、法国、英帝国和美国的青睐，是近代早期的重要贸易航线。

在列强争夺某条贸易航线主导权的竞争过程中，有一些因素一次又一次地发挥了作用。技术和军事上的革新和进步往往能将一个新的社会推向巅峰。当这些革新还处于被垄断期间，如果能充分利用其优势，则必将导致世界迅速发生变化。社会的衰败有时起源于成功后，因为自我放纵会削弱一个登峰造极的社会。一旦认为自己的实力可以无限持续便会产生松懈，这就给警惕而又有雄心的对手以机会并被其取而代之，成为新的掌控者。为了巩固对航线的已有控制，有些国家或地区会过分扩大其势力，其结果往往反而削弱了自身的实力并被他国击败。没有占据控制地位的国家或地区则常常联合起来一起对付控制国，以此显示其在外交和公共关系上的重要性。一个统一的国家或地区凭借其领袖之间的团结合作、其社会各阶层及宗教团体间的和谐一致对社会的兴衰产生影响。宗教信仰能带给人们热情，可以将一个社会推向顶峰，也可以将其摧毁。宗教信仰能助长也会阻碍商业的发展，正如贸易所获得的利益同样能成就宗教的发展。而且，宗教的冲突往往和商业利益及权力的冲突相伴而生。那些让外国雇佣军担任军事要职的国家或地区因为没有忠诚的军队可能面临瓦解的危险。领袖的个性会对一个地区的发展产生重要的影响。偶然因素也是我们必须考虑的一个方面，除非读者认为人类事物皆由命运或天意安排。每个历史时期在一定程度上都是在前一个历史时期的基础之上建立起来的，如果前一个时期一个国家或地区在其衰落过程中依然在发挥作用，那么新的时期对它的借鉴则会更广泛。

这些因素和一个国家或地区在印度洋贸易中的活动交织在一起，我们在研究这些国家或地区历史上的权力更替时不能不考虑。然而，直接或间接参与印度洋贸易一直都被认为是一个国家或地区能在历史上发挥主导作用的持续且关键的因素。但本书并非海洋史或贸易史，只是要说明一个这样的观点：在世界历史中，那些曾经主导过世界的国家或地区，它们的兴衰很大程度上和它们扩大在印度洋的贸易活动密切相关。

我们在研究各历史时期各国家和地区在印度洋和印度洋地

区的贸易关系的同时，也研究其他的相关因素对它们的兴衰及其创新能力的影响。西方学术界正在改变其多年来以西方人的视角观察世界的观点，他们曾经一直轻视非西方民族在历史中的作用，注重用经典研究的方法来阐释世界文明从中东的“肥沃新月”(the Fertile Crescent)地区和东地中海地区逐渐向西欧的传播过程。这种研究方法把6世纪到12世纪定性为“黑暗时代”(the Dark Ages)，而不是本书认为的“黄金时代”(the Golden Ages)。本书将阐明南亚自始至终的重要性，强调中国人在开启东印度洋地区通往世界贸易过程中的贡献，细述印度人在南亚繁荣过程中的作用以及元朝和明朝几个世纪当中中国人在世界贸易转变过程中所发挥的作用。

另一方面，我们从反向进行研究也能发现，欧洲在古代能在世界历史及世界贸易中发挥超乎想象的重要作用主要原因有两个：①地中海的海面相对平静(在夏季)，海岸线曲折，众多地区与通航河流相连，这使该地船只在很早的时期就开始驶入西方；②13世纪蒙古人的西征对亚洲军事的严重破坏、流行病对亚洲的影响远远超过它们对欧洲的影响，使欧洲诸国在近500年中成为印度洋贸易中的主要竞争者。

当然，每个强盛的国家或地区争夺并获得印度洋的大部分贸易绝非偶然。事实上，一个国家或地区在印度洋贸易中发挥重要作用的时期往往是其历史发展过程中最辉煌的时期。随着美国军队和印度洋周边地区的伊斯兰教徒之间的冲突和摩擦逐渐上升，对这一世界历史模式的理解就变得尤其重要。

本书将分析在财富、势力(通常还有创新力)方面引领世界的五种相继的模式。这五种模式大致可划分为以下五个时期。

1. 印度洋沿岸地区及其相连海域最早垄断印度洋贸易的时期(可追溯到公元前 6 世纪);

2. 地中海地区的欧洲和中国势力首次从西、东两个方向进入印度洋贸易时期(公元前 6 世纪到公元 6 世纪);

3. 欧洲和中国对阿拉伯“黄金时代”影响减弱时期(公元 7 世纪到公元 11 世纪);

4. 中国势力和地中海地区欧洲势力对印度洋贸易影响的回归时期(公元 12 世纪到公元 15 世纪);

5. 北大西洋地区加强对印度洋及其贸易的控制时期(公元 16 世纪到公元 20 世纪)。考虑到最后这一时期对当今世界的影响更大，本书将分若干章节对其进行探讨。

本书认为以上这几个时期是印度洋贸易史上五个历史转折时期。

## 参考阅读

**关于地缘影响:**

W. Gordon East, *The Geography Behind History* (New York: W. W. Norton, 1965);

Clark G. Reynolds, *History and the Sea: Essays on Maritime*

*Strategies*( Columbia, South Carolina: University of South Carolina, 1989).

关于全球互联:

Jerry H. Bentley, *Old World Encounters: Cross-cultural Contacts and Exchanges in Pre-Modern Times* ( New York: Oxford University Press, 1993);

Daniel J. Boorstin, *The Discoverers: A History of Man's Search to Know his World and Himself* ( New York: Virtage Books, 1983);

James Burke, *Connections*( Boston and Toronto: Little, Brown and Company, 1978);

Philip D. Curtin, *Cross-cultural Trade in World History* ( Cambridge: Cambridge University Press, 1984);

Paul Kennedy, *The Rise and Fall of the Great Powers: Economic Change and Military Cjonflict from 1500 to 2000* ( New York: Random House, 2000);

John Robert McNeill and William Hardy McNeill, *The Human Web: A Bird's Eye View of World History* ( New York: W. W. Norton, 2003);

Michael S. Neiberg, *Warfare in World History* ( London and New York: Routledge, 2001);

Reay Tannahill, *Food in History* ( New York: Stein and Day, 1973);

Arnold Toynbee, *War and Civilization*(Oxford: Oxford University Press, 1950).

关于印度洋历史:

G. A. Ballad, *Rulers of the Indian Ocean* (Lahore: Al-Biruni, 1979);

Giorgio Borsa (ed.), *Trade and Politics in the Indian Ocean: Historical and Contemporary Perspectives* (New Delhi: Manohar, 1990);

K. N. Chaudhuri, *Trade and Civilisation in the Indian Ocean: An Economic History from the Rise of Islam to 1750* (Cambridge: Cambridge University Press, 1985);

S. N. Kohli, *Sea Power and the Indian Ocean, with Special Reference to India* (New Delhi: Tata McGraw-Hill, 1978);

K. S. Mathew (ed.), *Shipbuilding and Navigation in the Indian Ocean Region AD 1400-1800*(New Delhi: Munshiram Manoharlal, 1997);

Kenneth McPherson, *The Indian Ocean*(Delhi: Oxford University Press, 1998);

Rudrangshu Mukherjee and Lakshmi Subramanian(ed.), *Politics and Trade in the Indian Ocean World*(Delhi: Oxford Unversity Press, 1998);

M. N. Pearson (ed.), *Spices in the Indian Ocean World*,

vol. 11 of A. J. R. Russell-World (ed.), *An Expanding World: The European Impact on World History, 1450 – 1800* (Aldershot, Hampshire and Brookfield, Vermont: Variorum, 1996).

关于印度：

Robert and Roma Bradnock, *India Handbook* (Bath: Footprint Handbooks, 1998);

John Keay, *India: A History* (New York: Atlantic Monthly Press, 2000).

关于东亚：

Samuel Adrian Miles Adshead, *Central Asia in World History* (New York: St. Martin's Press, 1993);

Samuel Adrian Miles Adshead, *China in World History* (New York: St. Martin's Press, 2000);

J. D. Legge, *Indonesia* (Englewood Cliffs, New Jersey: Prentice-Hall, 1964).

关于印度洋中东沿岸：

Brian Doe, *Southern Arabia* (New York: McGraw-Hill, 1971);

Clément Huart, *Ancient Persia and Iranian Civilization* (New York: Barnes and Nobe, 1972);

Ira M. Lapidus, *A History of Islamic Societies*(Cambridge University Press, 2002);

Bernard Lewis, *The Arabs in History*(Amherst, Massachusetts: Hutchinson, 1964);

Sandra Mackey, *The Iranians: Persia, Islam, and the Soul of a Nation*(New York: Dutton, Penguin books, 1996);

Joseph Malone, *The Arab Lands of Western Asia* (Englewood Cliffs, New Jersey: Prentice-Hall, 1973);

Patricia Risso, *Merchants and Faith: Muslim Commerce and Cultrure in the Indian Ocean* (Boulder, Colorado: Westview Press, 1995).

**关于印度洋非洲沿岸:**

Joseph E. Harris, *Africans and Their History*(New York: New American Library, 1987);

Robert M. Maxon, *East Africa: An Introductory History*(Morgantown, West Virginia: West Virginia University Press, 1994);

Kevin Shillington, *History of Africa* (New York: St. Martin's Press, 1995);

Gildeon S. Were and Derek A. Wilson, *East Africa Through a Thousand Years: A History of the Years AD 1000 to the Present Day* (New York: Africana Publishing Company, 1984).

**关于地中海贸易扩展：**

Fernand Braudel, *The Mediterranean and the Mediterranean World in the Age of Philip* Ⅱ( New York: Harper and Row, 1973);

Peregrine Horden and Nicholas Purcell, *The Corrupting Sea: A Study of Mediterranean History*( Oxford: Blackwell, 2000);

Archibald Lewis and Timothy Runyon, *European Naval and Maritime History, 300 – 1500* ( Bloomington: Indiana University, 1985).

# 第二章　印度洋贸易的最早引领者

本章将追溯印度洋贸易形成之初及由此而产生的财富、势力及创新能力的状况，主要涉及从公元前 4000 年到公元前6 世纪的历史时期。在这一时期，印度洋贸易涉及的范围只限于其周边地区，贸易产品主要是香料、金属和宝石。本章将先从公元前 18 世纪开始，这个时期美索不达米亚地区(Mesopotamia)最为活跃，紧随其后的是印度河流域(Indus Valley)和埃及。再追溯公元前 16 世纪至公元前 6 世纪由埃及独领风骚的 1000 年，关注在该时期印度洋贸易向地中海扩展过程中埃及的贸易联盟变更。

印度和印度洋对世界贸易、势力及世界历史的进程十分重要，因此世界最早文明的出现和它密切相关。自然环境决定了贸易最先点燃人类重要文明之火的地方乃是西印度洋[也称“阿拉伯海”(Arabian Sea)]。这里气候较干燥、土地需要灌溉，需要一个完善的社会组织协助其与附近大河水系——如印度河(the Indus)、底格里斯河(Tigris)、幼发拉底河(Euphrates)、尼罗河(Nile)进行更大的交易。那时的东南亚也兴起了贸易，但那里的商贸活动并没有促成大城市中心的兴起。气候因素使印度洋的东、西两部分差异非常大，一年中除 1 月份以外绕印度南端的航行都非常困难，甚至全年中断。这些状况促成了贸易和文明最早出现在了西印度洋。

丰富的鱼资源是诱发波斯湾航海业的一个因素，它吸引当时应该已经拥有了船只、掌握了海洋知识的渔民们将船只和海洋知识运用到了后来的海洋贸易冒险之中。为了在外海航行，他们用木板做舷侧，再安装框架加固，用绳索将木板串联，最后装上方形的帆制作了独木舟(dugout canoe)。方帆能让船顺风而行，但在逆风时还是必须使用船桨。这种木板船直到15世纪末一直被用在印度洋航海中，如今在印度、斯里兰卡[旧称锡兰(Ceylon)]及东非还依然常见。后来，在阿拉伯海盛行三角帆(lateen，它出现的时间现在尚存争议)。在东部的孟加拉湾(Bay of Bengal)主要的航海工具是带双舷外带浮架的船(double-outrigger)，船舷外安装了漂浮装置预防船只倾翻。西高止山脉深林出产柚木，这使马拉巴尔海岸的各港口成为造船中心。波斯湾沿岸多数地方缺少陆地食物，这更促使人们去往海上捕食。(与之相反，地中海沿岸土壤肥沃，但鱼类数量稀少。)

渔民一旦进入波斯湾，那里的风向会让他们进一步产生向其他陆地航行的冲动。在印度洋，夏季(5月至10月)一定是西南季风(它推动船只驶向远海岸)；而冬季(11月至翌年4月)是东北季风(又把船只带回印度洋)。季风的风势较大，足以推动船快速行驶，却又没有太大的狂风，只有在6月、7月的夏季风会给船只的航行构成威胁。季风的这一特点自然地吸引了伊拉克人(Iraq)穿过波斯湾和印度洋在伊拉克和印度之间来回航行(孟加拉湾的航行情形与此类似)。航海船只被用作贸易工具可以追溯到公元前4000年以前。起初的贸易航行只在伊朗(Iran)海岸，后来建造的大船能够承受季风的吹打，航行的范围才得以扩大。从红海到印度的航线距离不比从波斯湾到印度的航线距离远很多，但因为红海海岸的大礁石及尖锐的珊瑚礁，船只只能在白天行驶。另外，红海北部常年盛行北风，迫使多数商人中途要么在埃及海岸登陆，继而到达阿斯旺(Aswan)和尼罗河；要么在吉达(Jiddah)登陆，再沿马车线路北上到达“肥沃新月”地区。

## 印度洋贸易如何使苏美尔人的势力显赫

最早缔造“文明”的人也是最早角力并占据印度洋贸易重要地位的人，这并非巧合。而最早占据印度洋贸易重要地位的就是公元前3000年(也有可能始于公元前4000年)的苏美尔人(the Sumerians)。苏美尔人能够由简单的农耕文明转变成最早的商业文明，有多个原因。其中一个主要的原因是，美索不达米亚土壤坚硬难以耕作，在埃及人还在用简单的挖掘棒耕作时，苏美尔人已在公元前4000年发明了牛拉的耕犁(ox-drawn plow)。这种耕犁耕地效率高，苏美尔人便有了剩余的小麦和大麦，于是可以用它们来交换其他物品。

浇灌土地是需要有组织的行动，这便促成了一个先进社会结构的形成，先进的社会结构有利于计划的实行。这种优势埃及人也有，但据美索不达米亚人记载和考古学家证实，公元前约4000年发生的大洪水迫使苏美尔人在观察、控制河水时进行合作。“shumer”[“苏美尔”(Sumer)的名称来源于这个词]的意思就是“看守人”或“守卫”。苏美尔地区地理环境多样，居住着使用两种不同语言的民族(向南延伸的干旱地带居住着沙漠民族，向北延伸的大河流域居住着伊朗高原的各民族)。就是这种环境让居住民在不同的文化中和谐生活，也使人们敢于外出与不同的地区接触，从而激发出新的思想。自然资源贫瘠(小麦和大麦除外)的美索不达米亚人需要寻找贸易机会来获得所需的商品，其中可能包括印度森林出产的木材。

这样，地处底格里斯河与幼发拉底河交汇处，又毗邻波斯湾的苏美尔便接受了海洋的邀请开始了海浪上的贸易之旅。国王(ensi)和僧侣们组织、资助了这些贸易冒险，它们开始阶段是被王室垄断的。苏美尔古代多数城市都建有综合观测台，而星象研究的发展则促成了跨印度洋开阔海域的航行。苏美尔人还沿着海岸往东进入印度河流域。很多证据清楚显示了美索不达米亚地区和印度之间很早的贸易往来。公元前3000年苏美尔人的贸易品包括波斯湾的贝壳、阿曼(Oman)的铜、扎格罗斯山脉(Zagros)的木材、托罗斯山脉(Taurus Mountains)的银和铅、印度河流域的玛瑙以及由海路从“麦鲁哈”(“Meluhha”)(印度?)运进的木材。印度还供应象牙。巴林(Bahrain)是主要的船只停靠地，萨尔贡大帝(Sargon the Great)在公元前2300年末拥有在幼发拉底河上从阿曼到首都阿卡德(Akkad)之间航行的所有船只。因为贸易，乌鲁克(Uruk)、乌尔(Ur)、拉格什(Lagash)和基什(Kish)这些农耕村落变成了商贸小镇，而乌尔和埃利都(Eridu)则发展成了港口城。这些城镇一些由祭司王(Priest-kings)统治，另一些则由军事将领(military kings)统治，不过，它们之间相同的是，统治者们都想维持这些商贸城镇的秩序，保护他们的财富。

## 印度洋贸易如何激发出苏美尔的创造力

那些较落后却心存羡慕的苏美尔的邻邦(他们与苏尔美的距离比埃及的邻邦更近)不得不迫使自己竭尽全力保护自己苦心获取的财富，于是便出现了一个接一个对苏美尔新兴贸易业有用的新发明。公元前3000年末，书写方式由壁画象形文字(pictographic hieroglyphics)发展成了楔形文字(cuneiform writing)：他们用尖利的楔形刻笔把代表文字的图像(用意类似于如今的计算机屏幕图标)刻在湿的泥版上，再晒干让其坚固。同时还形成了一套以60为单位的数字计算系统，它方便了开支和盈利的记录。如今的每60秒为1分钟，每60分钟为1小时，每24小时为1天的计时方法就是由这种早期的计算系统发展而来的。还有现在的12个星座划分、每年12个月的历法也都是由这个计算系统而来的，因为12是60的1/5。苏美尔人发明的这个历法，每月为29或30天，每7天为1周，354天为1年，隔几年加有闰月作调整。对买卖非常重要的重量和长度的计量系统也形成了，还绘制出了指引商人旅行线路的地图。轮子的发明被用在陶器和马车的制作上。伊拉克的石油也已经被利用：燃油用来点灯，沥青用来堵塞船只漏水和混合颜料等。

美索不达米亚的宗教强化了他们的商业精神。“创世和救世”众神（the Creator-and-Savior gods）——安努（Anu）和恩利尔（Enlil）的道德教义对美索不达米亚早期的田园农耕社会非常有利。它们强调合作与分享，崇尚家庭道德，推崇简朴的生活，这很好地缓释了农民辛苦的命运。由工业和贸易带来的城市兴起则强化了死亡与地狱之神埃亚/恩基（Ea/ Enki）以及禁欲和丰饶女神伊什塔尔（Ishtar）等神祇的反叛性教义。它们助己、挫敌的信条也是对商业的竞争精神的认可；贡淫寺庙（temple of prostitution）则是鼓励对工作的奖励（允许人们随意花销自己的盈利）；供祭活人（human sacrifice）则鼓励使用军事暴力保护新获得的财富。另一方面，苏美尔城邦的繁荣也使得当时的社会能够进行改革，并采用像《拉格什法》（the laws of Uru of Lagash）等方式来保护弱者。商业繁荣带来的财富和闲暇也有助于苏美尔人创建更多的文明。世界上最早的文学和巨石建筑就是他们最杰出的成就，《吉尔伽美什史诗》（*The Epic of Gilgamesh*）部分记载了乌鲁克城吉尔伽美什王（King Gilgamesh）在公元前 29 世纪的冒险旅程，商人和海员一定饶有兴趣地听过这位英雄的冒险之旅。世界最早的纪念建筑采用的是最基本的形式装饰苏美尔城邦：柱子、突拱、穹隆、圆顶、阶梯金字塔。

印度和中东之间的早期贸易往来从双方的很多文学作品和

艺术象征上可以证实。“生命树”(the Tree of Life)和“智慧树”(the Tree of Knowledge)就是两个值得一提的例子，它们都出现在《创世纪》(Genesis)和“肥沃新月”传说(Fertile Crescent lore)中。对印度人来说，生命之树是阿拉伯胶树，胶树豆碾碎后可食用。它即使在干旱的季节也可获得，是一种任何时候都可以获得的维持生命所需营养的食品(在食叶类动物出现时，胶树还会释放出化学气体提醒其他胶树释放保护性毒素保护自己)。“希伯来柜”(Hebrew cabinet)——也就是圣经《出埃及记》(Exodus)里所记载的“约柜”(“arc” of the covenant)以及后来传说中的“歌斐木箱”(the“gopher wood”box)，也就是“诺亚方舟”(“ark” of Noah)(两者的英文都是来自拉丁语的“arca”)和耶稣的十字架都是用阿拉伯胶树制作的。“智慧树”在印度人心中是菩提树(bo/bodhi tree，热带榕属植物，一种不结果的无花果树)，而眼镜蛇则代表存活在菩提树上的神灵。无花果树是性欲的象征；在伊甸园，当亚当和夏娃发现自己身体全裸时，他们就是用无花果树的树叶遮挡住自己的私处的。

## 苏美尔的贸易和创新向大西洋和太平洋扩展

苏美尔人的贸易沿两条主要水路向东、西两个方向扩展开来，四个新的文明也随之诞生：向东扩展产生了两个文明(印度河文明和中国文明)；向西扩展产生的两个文明(埃及文明和伊比利亚文明)。苏美尔商人到达了埃及和印度河流域，但与中国人和西班牙人的贸易则是通过中间人来进行的。

## 贸易对印度河流域文明的刺激

在东面，苏美尔人的主要贸易伙伴显露文明社会是公元前3000年出现的印度河流域文明。印度河的罗索尔（Lothal）口岸各码头与印度洋的坎贝湾（Cambay）有一条1.6千米长的运河相连接。在美索不达米亚地区挖掘出了当时居住在印度河流域的人用石头刻成的印章（相信这些是当时的交易用品）。印度河流域的商人应该还经常用当地的棉制品与印度其他地区的人进行交易，换回包括印度西部的锡、铜、天青石、翡翠、绿松石、建筑石材、象牙和木材；美索不达米亚地区则供应食品、银、粗纺织物和其他制品。阿曼和巴林［迪尔蒙（Dilmun）］是停靠港，也供应珍珠、珊瑚（巴林）、铜（阿曼）。印度河流域的经济和文化中心是在信德（Sind）的摩亨朱达罗（Mohenjo-daro）（巴基斯坦南部）和旁遮普（Punjab）的哈拉帕（Harrappa）（巴基斯坦北部）。苏美尔城市的中心建有一座大城堡，它矗立在人工筑成的高地上（边上有大水池），苏美尔城的金字形神塔就坐落于此。城堡里建有完善的供水和排水系统，房屋都有排水和排污的渠道。

苏美尔人的影响融入了印度河流域的文化中，印度河流域出现了当地的文字，至今还没被破解。那里的建筑也开始采用柱子、突拱和穹隆。印度河流域的宗教体系也和苏美尔的宗教体系相似：苏美尔宗教中有死神“埃亚/恩基”（Ea/Enki），后来的印度教中有相应的死神“湿婆”（Shiva）；美索不达米亚神话中有个丰饶女神伊什塔尔(Ishtar)，印度教也有个丰饶女神迦梨(Kali)。和宗教神祇发展情况相同，后来发展成为代表性的另一些印度文化也在那个时期开始出现，如：裹身式莎丽服(saris)、鼻环、已婚妇女前额的吉祥额痣以及和瑜伽冥想相关的莲花座上深呼吸状的人物塑像等。

## 陆路贸易对中国社会的刺激

苏美尔人在印度洋贸易中产生的活力使他们又开辟了陆地贸易线路，该线路穿过中亚直通中国。和苏美尔人的贸易接触促进了公元前3000年下半叶中国社会的发展，令其创造了自己的文明。陆路贸易的发展激活了中国社会，并使它在后来的印度洋贸易和世界历史中发挥出重大作用。这个时期是中国历史上第一个朝代——夏朝(the Xia)，它位于中国北方的黄河流域(the Huang Ho Valley)，这一地区被称为“中国”[Chung-Kuo(“Central Land”)]，且至今被用作国名。黄河流域是苏美尔人经由中亚、新疆与中国人进行陆路贸易的必然首到之地。

## 贸易对古埃及社会的刺激

公元前3500年以后，苏美尔人慢慢沿幼发拉底河来到地中海海岸，并继续沿水路或陆路往南到达埃及，当时的埃及已经是一个繁荣的农耕社会，主产小麦和大麦。从考古学家发现的两件手工制品——盖博尔·埃拉·阿拉克刀柄(the Gebel al-Arak Knife)和双羚羊调色板(the Two Gazelles Palette)——可以看出苏美尔人刚出现在埃及时受到了暴力抵抗。那把燧石刀的刀柄上雕刻有苏美尔人首尾高翘的船只和古埃及人的草船之间展开海战的情景，而调色板上呈现的是埃及士兵押解战俘的情景。尽管刚开始苏美尔人就遇到了困难，但他们坚持了下来。在埃及的文明觉醒过程中，苏美尔人的地位变得越来越重要，以至经过通婚后，铜器时代的埃及上层人士有了圆头、浅肤色等苏美尔人的特点。苏美尔人的影响也促进了埃及的统一。苏美尔商人给下埃及尼罗河三角洲(the Nile delta of Lower Egypt)带来的新贸易财富像磁铁一样吸引了上埃及(Upper Egypt)，最终在公元前3000年前后，上埃及占领了它的下游地区。

埃及人与苏美尔人一道开始了海上航行。最晚在公元前25世纪，埃及人的船只已经在红海航行了。到公元前24世纪，这些船只把手工制品带到了也门(Yemen)、埃塞俄比亚(Ethiopia)和“蓬特之地”(“Punt”)——也许是索马里(Somalia)，用它们交换奴隶、象牙、黄金(来自埃塞俄比亚和索马里)、香料(从印度经也门)、树脂乳香和没药(来自也门)。埃及文明的繁荣借鉴了很多苏美尔文明的特点，其中包括宗教教义。在埃及宗教里，和苏美尔宗教中的“恩基”一样担当地狱之神的是奥西里斯(Osiris)；而伊什塔尔，这个美索不达米亚神话中的禁欲之神的影子则可以在埃及神话中的伊西斯女神(Isis)中找到。在美索不达米亚宗教中伊什塔尔的作用是在春季让植物复苏；与此相似的是，在埃及宗教中，奥西里斯被处死后伊西斯复原了他被肢解的四肢，赋予他重生而成为“鹰神”荷鲁斯（the hawk-god Horus）。在每年一度的“赫卜-塞德节”（Heb-Sed festival）上，法老（Pharaoh）被处死（仅象征性地），然后又被宣布获得新生。

一些美索不达米亚的主题在埃及艺术中被采用，其中包括蛇豹兽（serpopards）和带翼狮身鹰首兽（winged griffins）。美索不达米亚文化对埃及建筑最大的影响是金字塔建筑。埃及最早的金字塔（和美索不达米亚金字神塔相像的阶梯金字塔）修建于公元前27世纪的塞加拉（Saqqara）。出身于苏美尔的古埃及大臣伊姆霍特普（Imhotep）为法老左塞尔（Zoser）建造了这座金字塔陵寝。伊姆霍特普不仅是名大臣和建筑师，还是一名出色的医生，他采用开头盖骨的方法医治病人，为此被后来的埃及人奉为医学之神。

## 贸易对伊比利亚社会的刺激

正如与苏美尔人的贸易促成了南亚文明的兴起，经埃及往西直至地中海和欧洲大西洋沿岸的主要贸易线路对日后印度洋贸易的发展以至世界历史都有着非常重要的意义。在这条线路上，另一个文明——伊比利亚（Iberian）文明正悄然兴起。伊比利亚人——源自北非的利比亚到摩洛哥一带，后从马格里布（Maghreb）①地区向外扩散，聚居在欧洲大西洋海岸。他们在里

① 古代原指阿特拉斯山脉至地中海海岸之间的地区，后逐渐成为摩洛哥、阿尔及利亚和突尼斯三国的代称。

奥廷托(Río Tinto)[西班牙西南部的韦尔瓦(Huelva)]开采铜矿，出口铜、毛皮和其他物品，还在瓦伦西亚(Valencia)西南的洛斯米拉利斯(Los Millares)修建了防卫墙保护贸易。位于西班牙南部、瓜达尔基维尔河(Guadalquivir River)河口东面、大西洋岛上的他施(Tarshish)是他们最重要的贸易港口。这个位置是协调地中海和大西洋之间贸易的理想之地。伊比利亚人吸纳了苏美尔人很多文明因素，他们也发展了石器建筑，不过，他们把石柱、石板、石圈和蜂窝结构多数用在了金字塔的建筑中。

## 公元前 3000 年中叶印度洋贸易的中断

苏美尔人失去贸易优势的根源来自邻国的嫉妒。这些邻国当中的两个势力尤其具有威胁性：一个是东北面扎格罗斯山脉(Zagros)和伊朗高原(Iranian Plateau)的诸民族，还有一个则是美索不达米亚中部较欠繁荣的上游各城邦。上游城邦中那些好胜的国王们曾经两度率军入侵苏美尔，而在一些较软弱的继承者继位美索不达米亚王位期间，北方的蛮夷也趁机交替突袭、侵占美索不达米亚。

第一次入侵大约开始于公元前 2300 年。受苏美尔人财富的诱惑，上游阿卡德城邦(Akkad/Agade)的国王萨尔贡一世(King Sargon I)举兵入侵苏美尔，他陈兵波斯湾以示对该地区的占领。伴随着征服者到来的是贸易的中断。在萨尔贡的孙子统治时期，美索不达米亚遭遇了干旱、地震还有来自北方扎格罗斯山脉古蒂人(Gudi)的入侵。据说萨尔贡一世曾出兵至埃及和埃塞俄比亚，这些军事行动以及随后的商业混乱应该是导致当时“古埃及王国”(Egypt's Old Kingdom)瓦解的重要因素。因此，在当时，正如古埃及《绝望者和他的心灵对话》(*Dialogue of the Despairing Man with His Soul*)中描写的那样，出现了悲观的不可知论(agnosticism)。

## 苏美尔一度重获独立并恢复了印度洋贸易

苏美尔人很快赶走了古蒂人，重新回归到以前的城邦制，并再次寻求海上贸易，他们的繁荣也达到了一个新的水平，尤其是在公元前约 2250 年间的拉格什城邦(Lagash)及公元前 2094 年至公元前 2047 年间的乌尔城邦(Ur)最为显著。在公元前 21 世纪到公元前 19 世纪的“中王国时代”(Middle Kingdom)，上埃及也统一了埃及。其间在红海和尼罗河之间修建了第一条运河，这使埃及的对外贸易重新活跃起来。埃及的船舶又开始与蓬特人(Punt，索马里) 进行贸易，可能与也门的南阿拉伯人也有过贸易。埃及的传说《海难水手的故事》(*Story of the Shipwrecked Sailor*)讲述的就是一位水手被困在岛上和一条自称为“蓬特王子”的蛇相处的故事，而这个时期埃及出现的关于一个埃及人历险故事的《西努赫的故事》(*Story of Sinuhe*)则和美索不达米亚的史诗《吉尔伽美什史诗》(*Gilgamesh*)相类似。

## 最早的贸易格局为何终究结束

公元前19世纪初，巴比伦的阿摩利人[①]( Amorites of Babel/Babylon)征服并重新统一了苏美尔。苏美尔的国王们也因此失去了他们在贸易中的中介、放贷等作用，被独立的商人们取代，由他们共同承担在贸易中的风险。阿摩利人的第六代国王汉谟拉比( Hammurabi)公元前 1792 年至公元前 1750 年在位，他以执行严厉的法典著称于世，该法典中的刑罚包括淹溺、肢解和黥刺等。就在这个时期，印欧人( Indo-European)携带着先进的新型青铜武器向南入侵，他们侵袭了从欧洲大西洋沿岸到中东直至印度河流域的文明社会。汉谟拉比死后不久，安纳托利亚( Anatolia)[②]的赫梯人( Hittites)袭击了苏美尔，对该地区造成了大范围的破坏。这次破坏使喀西特人( Kassites)得以从扎格罗斯山脉一举占领美索不达米亚。喀西特人的统治结束了苏美尔人对印度洋贸易的控制。《塔纳赫》( Tanach)[希伯来语版本的《旧约全书》( the Hebrew form of the Old Testament)]记载了这个时期他拉( Tarah)和他儿子亚伯拉罕( Abraham)及其妻子萨拉( Sarah)如何离开乌尔( Ur)重新在叙利亚的哈兰( Haran)定居下来的经过。

同一时期，凯尔特人( Celts)侵占了欧洲大西洋海岸的伊比

---

① 也译为亚摩利人，闪米特人中的一支。约公元前 1894 年，阿摩利人首领苏木阿布( Sumuabum)在美索不达米亚南部建立巴比伦王国( Babylon)，史称古巴比伦( Old Babylon)。

② 亚洲西南部的一个半岛，位于黑海和地中海之间。

利亚地区；闪米特族（Semitic）[①]的喜克索斯人（Hyksos）夺取了下埃及；雅利安人（Aryans）涌入伊朗高原和印度洋流域。雅利安人是凯尔特族的一个东部分支，也是爱尔兰人的远亲；爱尔兰人取国名为“Erin/Eire”在词源学上和伊朗（Iran）有关。这些早期凯尔特人的活动在东方中国最西端的新疆已经得到了考证。雅利安人征服了这些文明水平较高的居民，掠夺了他们的财产，但却没有足够的能力继续利用他们的贸易资源。于是，世界历史上出现的最早的贸易格局（早期美索不达米亚人进入印度洋的贸易格局）就这样和这个最早引领世界并带给世界最早贸易格局的国家——苏美尔城邦，一起终结了。这种征服在公元前13世纪又一次重演，不过第二次的征服是因为印欧人使用了铁器。这两次的征服意味着印度北部和波斯湾地区重新在印度洋贸易中发挥引领作用要等到整整1000年之后。

## 新兴的贸易中心

美索不达米亚和印度河流域遭受的入侵以及因此而导致的与中国北方地区的隔断使埃及一度在印度洋贸易中占据较强的地位。前文提到的那些入侵使该地区通往南方的主要贸易线路也发生了变化。他们改由克里特岛[②]和埃及到达印度南部及非洲东部沿海，但通往波斯湾或印度河流域的商路较少。通过那

① 又称闪族人或闪姆人，起源于阿拉伯半岛和叙利亚沙漠的游牧民族。

② 地中海东部的希腊岛屿。

个时期的印度圣书《吠陀》(*Vedas*)，印度河流域贸易的种种困难可见一斑。公元前20世纪中叶的《梨俱吠陀》(*Rig Vedas*)中的传说“布尤觉”(Bhujyu)讲述的就是海盗守候在霍尔木兹海峡袭击满载商品、从波斯湾返回信德的商船的故事。信德的拉贾·图拉(Raja Tugra)派遣由他儿子布尤觉率领的远征军对海盗进行讨伐，其间船只在暴风雨中沉没，布尤觉抓住了一根原木得以幸存。但之后又出现一鲨鱼咬住了原木，布尤觉便开始祈祷，这时，光神“双马童神”(Ashvin twin gods of light)出现，救下布尤觉并将他送回信德。布尤觉因此组建了一支新船队在霍尔木兹海峡伏击海盗，夺回被抢财富。然而，事实上印度河流域通往波斯湾的商贸航线显然是纷扰重重。

雅利安人在印度对达罗毗荼人(Dravidian)进行了大肆镇压并实行种姓制度(来源于葡萄牙语词“*casta*”，意为“纯洁”)，从而削弱了印度人在印度洋贸易中的积极性。在梵文中，种姓制度称作“*varna*”，即“颜色”之意，这说明这个制度的目的是要将浅肤色的雅利安人占领者和肤色黝黑的当地人进行区别。种姓制度把人分为四大种姓或世袭行业，从高到低各级种姓阶层所享有的权力逐级递减但承担的义务负担却逐级递增。前三个高种姓只属于雅利安人，而最下层种姓的是达罗毗荼人。最高种姓阶层是婆罗门(Brahmins，祭司)，往下依次为刹帝利(Kshatriyas，国王、大臣、武士)、吠舍(Vaisyas，商人和工匠)，第四种姓阶层是首陀罗(Sudras)或农奴。还有另一层更为下等、更不被承认的非正式种姓是贱民(Pariahs)，他们是被驱逐者，是因为违反了制度而只能做些清理垃圾等没人想做的工作。当时在雅利安人的新治下，主要的精神和教育中心是在塔克西拉（Taxila），也就是今天巴基斯坦境内的旁遮普地区——“五河流域”（“Five Rivers”）。

种姓制度的合法性源于印度的新印度教。新印度教的早期婆罗门教徒结构中强调三神为上：梵天（Brahma）、毗湿奴（Vishnu）、湿婆（Shiva），这隐约令人想到苏美尔宗教中的安努、恩利尔和恩基三位大神。梵天是创世之神，被看作世界的灵魂而非个体的力量；毗湿奴是救世主或保护神，他下降凡世或以肉身在每个宇宙循环的终结点拯救世界；湿婆作为凶暴的毁灭之神被描述成拥有多只手臂，手握多个大杀伤力武器，舞着时间之轮。像佛教和后来的耆那教一样，印度教把人们的注意力从专注于争取今生今世的地位转到专注于精神的提升，直至最终从物质世界遁出。这种取向也许可以部分解释为何印度的财富如此频繁地被外国人瓜分或开发，而印度人自己却难以控制自己的海洋。

文学作品的大量涌现强化了印度教的新教义。公元前 8 世纪和 7 世纪有三部将印度教教义经典化的圣书：《奥义书》（*Upanishads*）、《摩诃婆罗多》（*Mahabharata*）和《罗摩衍那》（*Ramayana*）。在《摩诃婆罗多》的最后一章“薄伽梵歌”［*Bhagavad Gita*（“Song Celestial”）神歌］中，“克利须那神”（Krishna）（乔装成战车车夫）告诉英雄“阿朱那”（Arjuna）不必为今世的悲伤事情而担忧，因为他那些将要死去的部下会“再生”或“转世”，以另一种面貌重新回来完成他们的天命[*karma*(“destiny”)]。《罗摩衍那》(“Rama’s Story”)讲述的是魔王罗波那(Demon King Ravana)绑架罗摩之妻悉多(Sita)后，猴王和他的智囊猴神哈奴曼(Hanuman)一起帮助罗摩找回了妻子。在有关古印度寡妇殉夫习俗的一个文学作品中，罗摩因为担心妻子被绑架后遭罗波那玷污，于是将悉多投入火中。按照寡妇殉夫的习俗，寡妇和其他被认为对丈夫不再有价值的妇女都要被烧死。尽管在罗摩的这个传说中，悉多自身的清白使她没被火焰烧伤，但这个传说却再次诱导人们轻视对现世的关爱。

对中国而言，这一时期美索不达米亚地区和印度河流域社会的衰败削弱了中国的跨中亚贸易。中国商朝的青铜器时代(公元前 1766 年至公元前 1027 年)和周朝的铁器时代(公元前 1027 年至公元前 256 年)的发展证明，夏朝时期苦心经营的中华文化未见受到显著的、新的外来思想的影响。

## 印度尼西亚人的大迁移

在这个时期前后，印度尼西亚人开始驾驶大型的航海船筏远航，他们到达了很远的地方并在那些地方定居下来。印度尼西亚人的这次大规模移民，往东方向，在波利尼西亚(Polynesia)创立了太平洋岛国文化(the Pacific island culture)，在日本语言和文化中加入了马来元素；往西南方向，他们驾驶装有双舷外支架的大船向外海航行 7200 多千米到达了马达加斯加(Madagascar)，并把他们的语言和文化永久地植入了当地。这个时期最晚的大迁移也是发生在公元200年以前，那时梵语和梵文化已被引入了印度尼西亚。这个时期印度尼西亚的双舷外支架大船筏被认为是印度洋地区最早的远航船只。他们可能是随洋流(Sharp's Current)漂过南印度洋的开阔海域到达了马达加斯加岛，因为至今没有任何证据(无论是文化、语言还是社会方面)表明他们在那个时期或之前到达过印度尼西亚与马达加斯加岛之间的任何其他海岸地区。

香蕉、椰子连同山药和芋头等新物种被印度尼西亚人带入了东非，成为那儿的主要作物。马达加斯加的猪也同样被认为来源于印度尼西亚。于是，一条从帝汶岛(Timor)到马达加斯加的新贸易航线便出现了，它或直接或经由科科斯群岛[①](Cocos Islands)和马尔代夫(Maldives)南面的查戈斯群岛(Chagos Archipelago)，尽管航行者不多，但它却逐渐从东非海岸延伸到了埃及。值得一提的是，原本只产于中国南部和东南亚北部的肉桂也被带到了马达加斯加，继而阿拉伯商人又将其从东非海岸带入了也门，这是味道较浓的中国肉桂(cassia)，而真正的锡兰肉桂(cinnamon)那时还没出现，肉桂在埃及是被用来制作木乃伊的材料之一。

## 古埃及商人的成功

前文提到的发生在青铜器和铁器时代的那些入侵使埃及消

① 印度洋的珊瑚岛，位于爪哇西南。

除了其他贸易优势国家的竞争，从而在贸易、势力和发展各方面走到了前列。当苏美尔人被喀西特人摧毁、印度河流域社会遭受雅利安人的破坏、伊比利亚人被凯尔特人击退、中国对外的联系被阻断时，埃及只受到一些小的附带的侵袭。在故土黎凡特（Levant）因受当地人侵犯而被取代的闪米特人喜克索斯王朝（Semitic Hyksos，或曰“牧羊王朝”）只占领了下埃及，对埃及造成的破坏也不及掌握了青铜器的其他入侵者的破坏那么严重。而且，他们很快遭到了上埃及本地人的反击。公元前16世纪，法老雅赫摩斯一世（Pharaoh Ahmosis）掌握了青铜技术，赶走了喜克索斯王朝，重新统一了埃及，建立了新的王国。他的儿子图特摩斯一世（Thutmosis Ⅰ）（公元前1536年至公元前1520年）对迦南（Canaan）的闪米特人城邦发动一系列军事行动，巩固了埃及重新获得的统一。

这些军事行动让埃及在图特摩斯一世的女儿——也是他的继承人——哈特谢普苏特（Hatsepshut）的统治时期（公元前1520年至公元前1480年）得以继续印度洋贸易。哈特谢普苏特是图特摩斯一世所钟爱的女儿，在他年迈统治埃及时常伴其左右。出于对父亲的感激，她将父亲的棺木安葬在自己的墓穴内。按照传统，哈特谢普苏特和她的弟弟图特摩斯二世（Thutmosis Ⅱ）结婚，但却将政权掌握在了自己手中。她派遣5艘船只组成的贸易远航船队从红海远赴印度洋。在当时，埃及人已经掌握了天文技术，这一点从胡夫金字塔入口走廊上的北斗星图案就可以看出。北面的贸易伙伴常被掌握了青铜器的入侵者侵扰，为避免冲突，埃及船只转向南航行，从亚丁湾到达了蓬特(Punt，索马里)。蓬特的贸易商品中最主要的是没药(非洲盛产的热带树脂，为阿拉伯地区所稀缺)，它可以用来保存尸体并让其添香，另一种香料树脂是乳香。另外，在索马里还能买到奴隶。

在“帝王谷”(Valley of the Kings)的哈特谢普苏特墓穴里，墓壁上幸存的最古老的记录中就有庆祝船只从海上航行归来的详细场面：正面有个廊柱支撑的两层平台，平台之间由坡道相连，这代表的是蓬特的没药梯田；墙上刻有当时的贸易使命。从墙雕上看，他们航海使用的是尼罗河上航行的船只，可见当时的航海风险很大。埃及人采用的是地中海而非印度洋的航海习惯，所以船只是用木板一块挨一块并排连接而成，并不是采用瓦叠式的重叠拼接。船只约28米长，两侧各装配有15只船桨，只有一个横帆。

哈特谢普苏特时期的首次远洋航海对于埃及人展开的在印度洋长达数世纪的贸易来说意义重大。阿拉伯半岛南部的阿拉伯人从此开始为埃及人供应各种印度香料，商队往来于红海和尼罗河各港口码头。埃及人还进口碾碎的肉桂皮，运输的船只也因此建造得更大了。为了保护他们在肉桂贸易中拥有的份额，阿拉伯人对埃及人隐瞒肉桂的来源地，谎称肉桂干皮是由巨鸟从不明之地衔到山顶筑巢的(国际象棋中的“车”也就由此而来，它最早采用的就是鸟的形状)。阿拉伯人说他们留下很多牛肉块让巨鸟一一衔回鸟巢，直至鸟巢最终不堪重负垮塌，这样他们才得以取走肉桂皮。类似的谎言还有：从凶猛的蝙蝠那儿抢肉桂，从龙那儿抢乳香，等等。

## 古埃及的地中海贸易伙伴加入印度洋贸易

为了发展长期的印度洋贸易，晚期古埃及人(the Late Kingdom Egyptians)还在地中海寻找贸易伙伴，将贸易向埃及以西扩展。由于埃及人依靠地中海的贸易伙伴保护其在海上的安全，利用他们将贸易向西扩展，这就使欧洲人在以后的数个世纪中更密切地参与了印度洋贸易。有些时期(直到公元前12世纪现在的黎巴嫩沿岸的腓尼基人出现)，埃及的地中海贸易伙伴们在被称为体现埃及利益的印度洋贸易中占据了显著的地位。

因为伊比利亚人受到了凯尔特人入侵的重创，哈特谢普苏特统治时期的埃及人与克里特岛上被称为是伊比利亚人在地中海的东部分支的米诺斯人(Minoans of Crete)合作。米诺斯人和伊比利亚人有很多共同的特点(包括斗牛仪式和迷宫结构建筑)。于是，在克里特岛出现了像伊比利亚人的他施(Tarshish)一样的贸易城邦，这些城邦中最强的是北部海岸的克诺索斯(Knossos)城邦，它的统治者是米诺斯王(Minos)。在克诺索斯的宫廷壁画和卡马雷斯(Kamares)陶器上都有描绘海上的景象，这体现了装饰美学达到了一个新的水平，再次证明印度洋的贸易与文明发展之间的联系(尽管是在地中海由远亲民族间接参与)。在哈特谢普苏特的弟弟，也是她名义上的丈夫图特摩斯二世去世后，她与图特摩斯二世的儿子，也是她的侄子图特摩斯三世正式结婚。然而这个婚姻却是个失策，最终图特摩斯三世推翻了他的姑母哈特谢普苏特的统治。而且，为了抹掉对她的记忆，图特摩斯三世把她的塑像和碑文也全部摧毁。在担任法老期间(公元前1480年至公元前1447年)，图特摩斯三世控制了位于地中海东岸的黎凡特地区(the Levant)，从战略位置上靠近了红海北部港口，从而巩固了与印度洋的贸易。在赢得了米吉多之战[①](Megiddo)的胜利后，图特摩斯三世把迦南、黎巴嫩和叙利亚纳入了他的埃及王国。

## 埃及为中心的古代贸易圈的首次危机

埃及占据印度洋贸易优势时期的一个重要特点是埃及人曾经顺利地度过了四次危机，而只有第五次危机例外。在每次危机中，埃及都在地中海找到一个新的贸易同盟来维持印度洋和埃及以西各口岸之间的贸易。第一次危机源于阿蒙霍特普四世(Amenhotep Ⅳ)强化了阿顿神(Aten)的“和平之神”和“爱神”的作用。这位法老(统治时期为公元前1375年至公元前1358年)为表示对阿顿神的崇敬将自己的名字改成埃赫那顿(Akhenaton)，但他却没有意识到作为统治者即便想要仁慈也同时必须是严厉的法官。黎凡特人因为没有了对法律的畏惧，于是开始起来反叛，并脱离埃及；埃及人抗税，法律和秩序因

① 法老图特摩斯三世统帅埃及军队与卡叠什国王领导下的迦南同盟之间的战争，是世界上有可信史料记载的第一场战役。

此被瓦解。贸易受到了破坏，也削弱了埃及的主要贸易伙伴——克里特岛的米诺斯人。

希腊的亚加亚人(Achaean Greeks)利用埃及的这次危机对克里特人进行了袭击和掠夺。在王朝的分崩离析中，埃赫那顿可能是遇害身亡，于是他的两个女儿及其丈夫接替他统治了埃及一段时期，但仍然无力恢复其稳定。在多位军队将领相继担任法老后，埃及才重新回归了法律和秩序。其中最突出的是拉美西斯二世(Rameses Ⅱ)(统治时期为公元前1292年至公元前1225年)，他使埃及又重新恢复了强盛。他夺回了迦南和叙利亚的部分地区，恢复了埃及对海上贸易的控制，重挖了连通红海和尼罗河的运河。势力被削弱的克里特岛的米诺斯人不再是埃及在地中海的主要贸易伙伴，取而代之的是希腊的亚加亚人。亚加亚人的迈锡尼城(Mycenae)建在伯罗奔尼撒半岛(Peloponnesus)东北部的一山顶[或是卫城(acropolis)]之上，该城以17.4米厚的城墙及城墙上开凿的狮子门闻名于世。迈锡尼最著名的统治者是传说中的阿伽门农(Agamemnon)，他围困并烧毁了曾经控制着爱琴海通往黑海的赫勒斯滂[①]通道(the Hellespont passage)上的特洛伊城(Troy)，迈锡尼控制的贸易范围也因此扩展到了黑海的小麦和黄金。

## 埃及为中心的古代贸易圈的第二次危机

埃及贸易圈遭受的第二次危机是由公元前1200年前后铁

① 达达尼尔海峡的旧称。

器时代的入侵引起的。和青铜器相比，铁制武器更加坚硬、更加耐用，它既能用来穿刺也能用来切割。铁器的使用让印欧族人(the Indo-Europeans)拥有了新的优势，使他们又一次对其南面较富庶的地区发动入侵，直至公元前 13 世纪末。希腊的多利安人(Dorian Greeks)从之前的亚加亚人手中夺取了希腊的多数地区，他们从伯罗奔尼撒半岛一路占领了佐泽卡尼索群岛(Dodecanese)、克里特岛(Crete)、罗得岛(Rhodes)、塞浦路斯(Cyprus)及沿海的迦南。所到之处，他们和当地人联姻，由此形成了腓力斯丁人(Philistines)。他们还侵袭尼罗河三角洲，当埃及面临各种困难的同时，其内部的希伯来(Hebrew)奴隶也起来反抗，后来这些奴隶逃往阿拉伯半岛西北部的米甸和迦南。尽管遭遇了此次危机，但埃及总算是挺过去了。

## 腓尼基人加入印度洋贸易

一名军队将领夺取了埃及的政权并建立了埃及第二十王朝，这才使埃及保持了它的优势地位。这位将领就是拉美西斯三世(Rameses Ⅲ)(统治时期为公元前 1198 年至公元前 1167 年)，他雇佣腓尼基人(Phoenicians)帮助埃及赶跑了希腊的多利安人，保护了埃及在印度洋上的贸易。腓尼基人改进了船只的设计，他们在桨船和帆船的船头部装上了利器用来撞击希腊船只。海战时，他们的船从侧面全速驶向希腊船只，将其撞破然后迅速后退，于是海水很快从破洞口涌入希腊船内，船只也随即沉没。腓尼基人还从他们当地出产、深受欢迎的新产品玻璃和紫色染料的贸易中获取了巨大财富。腓尼基人使用的字母(Punic)极大方便了记录，也因此方便了贸易。

拉美西斯三世任命腓尼基人担任航海官员，允许他们经商。这样，腓尼基人便逐渐开始了在印度洋进行转口贸易。为了巩固他们在印度洋的贸易，在示巴王国(the kingdom of Sheba / Saba)(现在的也门)的马里卜(Marib)，腓尼基人在他们的同族人——南阿拉伯人中建立了迦太基(Punic)殖民地，以此控制红海通往印度洋的通道。和蓬特(索马里)之间的旧贸易也被恢复，西奈的铜矿也得到了开发。他们的兴趣范围开始扩展到了埃塞俄比亚，而南阿拉伯人(还有印度西部的移民)从公元前10世纪前后开始在这条贸易航线沿路的非洲东海岸的多个地点定居了下来。他们和当地人通婚，进行象牙和奴隶的买卖。为了避免经由红海的海上航行遭遇的危险，示巴人开辟了从也门经麦加、麦地那到苏伊士和大马士革的骆驼商队线路。从这条线路运输的商品除了印度、非洲和远东的奢侈品外还有阿拉伯南部的乳香。在西班牙，腓尼基人在加的斯(Cadiz)建立了贸易控制中心，他们从伊比利亚购买铜、皮毛和银，从西非购买黄金和象牙，从英格兰购买锡，还有用西班牙瓜达尔基维尔河(Guadalquivir)河口沼泽地出产的盐保存的金枪鱼。

在腓尼基推罗王希兰(King Hiram of Tyre)(统治期为公元前970年至公元前936年)统治时期，腓尼基人继续维持着以往和埃及间的协定，先是和埃及第二十一王朝，继而和公元前945年创立的埃及第二十二王朝(利比亚王朝)的创立者示撒(the Shishak of the Bible)合作。通过和新兴的希伯来人的联合，腓尼基人将腓力斯丁人①(Philistines)这支独立的竞争对手消灭了。起初，希伯来人只是腓尼基人的贸易小伙伴。埃拉特港(Eilat)逐渐发展成为进入印度洋贸易的一个基地，印度洋被希伯来人称作“芦苇海”(Yam Suf)，而希腊人称其为红海(Erythraean Sea)，现在我们连同其西部的延伸部分——红海，一并称作印度洋(至少，印度洋的西部在当时是他们所知道的)。迦太基(腓尼基人)和希伯来人的联合船队到达了俄斐(Ophir)(很多时候被认为是阿拉伯南部和后来的印度城市孟买附近的苏帕拉)，他们用以色列内盖夫(Negev)地区的铜在俄斐换购黄金、银、珠宝、象牙、木材、猿以及印度孔雀。示巴地处红海南端，是交易中心和控制贸易的战略要地。示巴的迦太基女王比尔基斯(Bilkis)来到耶路撒冷，并和所罗门国王[所罗门(Solomon)]生下一子，名叫曼涅里克(Menelik)，他就是埃塞俄比亚诸王“犹大之狮”(“Lion of Judah” kings)的祖先。比尔基斯时期，阿拉伯南部的示巴人在埃塞俄比亚定居下来，他们和当地人联姻。至今仍有些埃塞俄比亚人声称是亚丁湾海峡(或曼德海峡)对面“阿拉伯人”的后裔。以阿杜利斯港

---

① 居住在地中海东南沿岸的古代居民，被称为“海上民族”。公元前12世纪在巴勒斯坦南部沿海一带建立加沙、阿什杜德等小城。曾与以色列人长期作战，公元前10世纪终被打败。

(Adulis)①为中心的埃塞俄比亚阿克苏姆王国(Ethiopian Kingdom of Axum)随之兴起。埃塞俄比亚人出口黄金、铁、奴隶、动物、兽皮、龟、贝壳和犀牛角，作为交换他们主要进口金属工具和武器、布和酒。为确保他们在地中海西部的贸易航线，公元前814年，腓尼基人建立迦太基等殖民地。

腓尼基人带领也门和埃塞俄比亚在贸易中崛起，这也促进了地处埃及和埃塞俄比亚之间的苏丹的发展。公元前8世纪，皮安基王(Piankhy)在尼罗河畔建立了以首都纳巴塔(Napata)为中心的库施国(the state of Kush)，并从利比亚王朝手中夺取了埃及。在公元前20世纪后半叶，埃及曾占领苏丹北部，那里的文化也因此被埃及化了。[公元前7世纪的苏丹统治者们则喜欢在他们新建的首都麦罗埃(Meroë)为自己兴建小型砖结构的金字塔。]苏丹势力的加入并没有对印度洋—红海—地中海这条贸易航线造成破坏，而是让苏丹地区更靠近了它。麦罗埃地处红海到苏丹境内尼罗河这条主要商队线路的末端，于是，苏丹人将黄金、铁(用金合欢树烧成的木炭在火炉里冶炼而成)、象牙和大象等加入了这一航线的交易之中(大象的交易最晚是在托勒密时代)。

## 埃及为中心的古代贸易圈的第三次危机

危及埃及强大的贸易优势和历史地位的第三次危机是亚述

① 位于今日厄立特里亚北部红海岸边。

帝国(Assyrian Empire)的扩张。铁器时代的血腥入侵使古代社会更加军事化，也更充满了暴行。为了建立世界第一个真正的帝国，亚述人则将残忍变成心理战的工具。公元前671年，亚述王阿萨尔哈东(Essarhadon)占领了下埃及，古埃及人的统治似乎又行将结束。从波斯湾经巴林到印度的贸易重新开始；红海到东非的交通也繁忙了起来。亚述帝国的上层社会尤其喜欢购买印度和非洲的象牙以镶嵌家具和首饰。大约在这个时期，美索不达米亚和波斯的水手们已经掌握了如何利用季风从波斯湾横跨印度洋直接到印度再到东南亚的航海方法。

然而，从印度洋贸易中成功地获得了财富却让亚述人放松了军事警惕，这很快给了埃及人一个反抗的机会。此时因为腓尼基人已经受制于亚述人，埃及于是又重新和希腊人联合，他们与希腊科林斯(Corinth)的多利安人结成联盟。那个时期科林斯的贸易非常兴旺，这使得希腊的殖民地从黑海一直扩展到了地中海的西北部，其中包括科林斯在西西里岛的殖民地锡拉库萨(Syracuse)。公元前652年，在希腊人的帮助下，上埃及的统治者普萨美提克(Psammetichos)带领埃及人起来反抗，把亚述人赶出了埃及。之后希腊士兵在埃及留了下来，他们充当雇佣兵保卫埃及的胜利成果。这次希腊-埃及间的合作使埃及与其盟友们保持住了他们在与普萨美提克的贸易中的法老地位。他们以尼罗河三角洲的塞易斯(Sais)为都城，主宰了古埃及的“赛特文化复兴”(Saitic Revival)。尼罗河三角洲的城市瑙克拉提斯(Naucratis)成为希腊人在埃及的重要商贸中心，科林斯变得异常富庶，以致有了这样的说法“不是所有的男人都有幸能去科林斯”。

## 埃及为中心的古代贸易圈的第四次危机

对埃及人控制印度洋贸易、雄霸历史形成挑战的第四次危机来自复兴后的巴比伦帝国（Babylonian）[或称作迦勒底（Chaldean）]，它是亚述帝国在“肥沃新月”地区的一个重要的后继者。公元前605年，希腊雇佣兵为普萨美提克的儿子尼科（Necho）出战犹大国，杀死了在米吉多（Megiddo）阻挡他们的犹大国王约西亚（Josiah）。之后，尼科率军继续北上，结果在叙利亚的卡尔凯美什战役（Carchemish）中被尼布甲尼撒（Nebuchadnezzar）①的部队击退。尽管如此，尼科的部队依然奋勇作战，最终守住了埃及的边境。尼科重修红海到尼罗河的运河，以此促进印度洋和地中海间的贸易，他还派遣两支探索船队，由腓尼基人担任水手环绕非洲航行。一只船队经地中海逆时针方向航行，另一船队经红海顺时针方向航行。根据希罗多德（Herodotus）②的记载，按顺时针方向航行的腓尼基人绕非洲航行了一圈。一些善于标新立异的作者甚至认为正是这批腓尼基航海者唤醒了美洲的第一次文明，即墨西哥南部的“奥尔梅克文明”。若事实果真如此，那么墨西哥、秘鲁、哥伦比亚等地

① 尼布甲尼撒二世（Nebuchadnezzar Ⅱ，约公元前630年至公元前561年），迦勒底帝国的君主。

② 古希腊历史学家，著有《历史》一书，被誉为“历史学之父”。

丰富的美洲印第安文明的兴起则同样和印度洋贸易的影响有关联。很快，埃及的希腊盟友就由雅典的爱奥尼亚人（Ionian）取代了科林斯的多利安人。梭伦（Solon）[①]率领雅典人挑战科林斯在贸易上的地位，他的亲戚皮西斯特拉妥（Peisistratus）继续实施了这一策略。希腊爱奥尼亚商人的贸易活动从埃及经红海一直扩展到了波斯湾和印度西部（在那里希腊人被称为 Yavanas）。

## 埃及为中心的古代贸易圈的第五次（最后一次）危机

到了这个时期，居住在波斯湾和阿拉伯海北岸的民族在经受了青铜器和铁器时期的入侵后，逐渐恢复过来，他们想重新获得在印度洋贸易中原有的中心地位。而促使这次印度洋贸易大势力更替的原因则将是古埃及社会和贸易遭受的第五次危机，其中包括即将席卷印度洋北部沿岸并影响从地中海到太平洋的一次宗教革命。在印度洋贸易中，美索不达米亚、印度和埃及在聚集财富、壮大势力和创新方面都走在前面，他们开创了文明与历史。然而，从本质上来说他们的成功最终却导致了他们的衰退，因为那些渴望跻身印度洋贸易的地区在宗教骚乱中找到了实现他们目的的方法。由此带来的主要结果就是，一些距离印度洋遥远的国家开始在印度洋贸易中发挥重要的影响，尽管影响离得比较远。由此，起初以美索不达米亚地区为中心，后来以埃及为中心的、周边地区通过近似垄断贸易而兴

① 古希腊著名的政治改革家。

盛的早期印度洋贸易时期就此结束了。

## 参考阅读

**关于早期航海方面：**

Lionel Casson, *Ships and Seamanship in the Ancient World* (Princeton, New Jersey: Princeton University Press, 1971).

**关于早期达罗毗荼人的印度和印度河流域：**

Bridget and Raymond Allchin, *The Birth of Indian Civilization: India and Pakistan before 500 BC* (Harmondsworth, Middlesex: Penguin Books, 1968);

Georg Feuerstein, Subhash Kak, and David Frawley, *In Search of the Cradle of Civilization: New Light on Ancient India* (Wheaton, Illionois: Quest Books, 1995);

Karam Narain Kapur, *The Dawn of Indian History* (New Delhi: Sarvadeshik Arya Pralinidhi Sabha, 1990);

Jonathan M. Kenoyer, *Ancient Cities of the Indus Valley Civilization* (Karachi: Oxford University Press, 1998);

Shereen Ratnagar, *Encounters: The Western Trade of the Harappan Civilization* (Delhi: Oxford University Press, 1981).

**关于铁器时代的印度：**

Xinru Liu, *Ancient India and Ancient China: Trades and Religious Exchanges* (Delhi: Oxford University Press, 1988);

Romila Thapar, *Early India* (Berkeley: University of California Press, 2003);

Romila Thapar, *Interpreting Early India* (Delhi: Oxford University Press, 1992).

**关于古代美索不达米亚：**

J. N. Postgate, *Early Mesopotamia: Society and Economy at the Dawn of History* (London: Routledge, 1991);

H. W. F. Saggs, *Babylonians* (London: British Museum Press, 1995);

H. W. F. Saggs, *The Might That Was Assyria* (London: Sidgwick and Jackson, 1984).

**关于古代埃及和东非：**

Nicolas-Christophe Grimal, *A History of Ancient Egypt*, trans. Ian Shaw (Oxford: Blackwell, 1992);

H. Neville Chittick and Robert I. Roberg, *East Africa and the Orient: Cultural Synthesis in Pre-Colonial Times* (New York and London: Africana Publishing Company, 1975).

**关于腓尼基人和他们的希伯来盟友：**

Maria Eugenia Auber, *The Phoenicians and the West: Politics, Colonies and Trade*, trans. Mary Turton (Cambridge: Cambridge University Press, 1993);

Michael Grant, *The History of Ancient Israel* (New York: Charles Scribner's Sons, 1984).

**关于具有争议的新世界人种混合理论：**

R. A. Jairazbhoy, *Ancient Egyptians and Chinese in America* (Totowa, New Jersey: Rowman and Littlefield, 1974).

# 第三章　早期地中海北部地区和中国的影响

在公元前 6 世纪至公元 7 世纪间的 1300 年中，距离印度洋遥远的一些地区加入了印度洋的贸易(主要是香料贸易)。这些地区有印度洋西面地中海沿岸的欧洲地区(尤其是希腊和意大利)和印度洋东面的中国。这是印度洋贸易及其文明向地中海和中国扩展的结果，它使这些地区在政治和军事上都得到了发展。这些地区利用壮大起来的力量向外发展，并试图在这个激发了他们活力的印度洋贸易中占据一席之地。而印度，尽管当时分裂成多个小国，也通过联合其外部的新兴势力来获得自己的商业利益。本书这一章要追述的是波斯在这一时期争夺印度洋贸易主导地位的雄心以及为获得贸易主导地位而与希腊间发生的长期争斗，希腊最终在这个争斗中取胜。本章还将追述罗马的兴起、罗马入侵并控制希腊、罗马在贸易上的成功；还将追述罗马势力减退后波斯人如何再次争夺贸易和军事的控制权，最终又如何被希腊打败(当时的希腊处在拜占庭帝国时期)。

## 波斯帝国的兴起

波斯人利用当时人们普遍对多数早期宗教所抱理想的破灭，人们对贵族担任祭祀之职的失望以及对崇尚巫术的幻灭这些契机而迅速崛起，并发展成为强大的帝国。这一发展为人们追求商业利益敞开了大门。公元前 587 年，犹太人被流放到巴比伦，他们将希伯来圣经中注重正义和仁慈的信念带到了巴比伦，据希伯来圣经《塔纳克》(Tanach)所记载，这种信念为先知但以理[①](Daniel)所秉持，这一信念为当时的社会提供典范。随着犹太人成为巴比伦贸易世界的主要商人，尤其是得到尼布甲尼撒(Nebuchadnezzar)的继任者那波尼德(Nabonidus)(统治期为公元前 555 年至公元前 538 年)的支持，犹太人把他们的这种价值观越传越远、越传越广。

在公元前 6 世纪，道德教义在文明世界广泛流传，查拉图斯特拉(Zarathustra)可能是但以理以前的学生[希腊人称之为琐罗亚斯德(Zoroaster)]，他创立了“琐罗亚斯德教”(Zoroastrianism)(即“拜火教”)，其经典是《阿维斯陀》(*Avesta*)，又名“兄弟爱之书”(“Book of Brotherly Love”)。琐罗亚斯德教徒敬拜创世神“善神”(Ormuz)，又称“阿胡拉·马兹达”(Ahura Mazda)。“善神”是满身邪恶的死神“阿里曼”(Ahriman)的对手，他们争夺人们的灵魂。琐罗亚斯德教认为善神最终将战胜恶神，所以

① 圣经中的四大先知之一。

他们需要一个正义和仁慈之国王来表达善神的愿望。希腊人毕达哥拉斯(Pythagoras)(可能是琐罗亚斯德的学生)进而在公众中推崇素食和非暴力。在同时期，中国的孔子(Confucius)也同样宣扬和平、遵法的社会伦理规范。

在印度，佛教和耆那教开始挑战印度教。印度教虽然把商人列为四大种姓中的第三种姓——“吠舍”(Vaisya)，但它的主要根基却是古老的农牧业人群。佛教和耆那教主张用实用的方法解决社会问题，试图为所有人找到一个救赎的直接的方法而不需要通过僧侣。佛陀悉达多·乔答摩(Siddharta Gautama)(公元前560年至公元前480年)创立的佛教提倡用善克制恶、用爱克制怒、用慷慨克制自私、用真实克制谎言、废除种姓间的差异。被誉为“大雄”(Mahavira，伟大的英雄)的耆那教(Jain)创始人筏驮摩那（Vardhamana)(公元前540年至公元前468年)则倡导不伤害任何形式的生命，他的信徒们甚至在嘴上蒙上薄纱以避免不慎吸入细虫，开步行走前必清扫路径以避免踩到蚂蚁。“佛陀”和“大雄”双双被恒河下游巴特那地区(Pataliputra)的摩揭陀国国王频婆娑罗(King Bimbisara of Maghadha，统治期为公元前540年至公元前490年)①请入王宫。据说佛陀认可投资，佛教和耆那教也都是印度商人普遍喜欢的宗教。

然而，在佛陀去世后不久，贵族迅速作出反应，篡改了他的教义。印度教教义篡改了佛教，即篡改了佛教《本生经》中关

① 频婆娑罗与其王后都皈依佛陀，深信佛法，是佛教最初的护持者。

于佛陀由动物转世的故事。但即便是这样被印度教化了，佛教也没能在印度保留下来。不过，佛教以“小乘佛教”（Hinayana，“Little Wheel”）的形式在斯里兰卡和东南亚继续存在，以被更大幅度改变的“大乘佛教”（Mahayana，“Big Wheel”）的形式在更远的中亚和东亚存在。耆那教也仅作为一个小的宗教派别在印度存在。当欧亚大多数地方接受新的道德风尚之时，印度却仍然固守它青铜器时代的道德准则，保留着严格的种姓制度。尽管印度鼓励与波斯人、希腊人以及中国人在印度洋水域进行贸易，但这并没有使印度在未来的贸易和战争中发挥主动性，而此时的波斯、希腊以及中国却已经接受了新兴的、为城市中产阶级所接受的新的道德教义。尽管如此，佛教和耆那教在数个世纪中为印度贸易的发展发挥了促进作用。

公元前 550 年，居鲁士大帝（Koresh/Cyrus）篡夺波斯王位时就吸纳了琐罗亚斯德教（Zoroastrianism）的观念。在加冕典礼上，他吃农夫餐，以此表明他将维护臣民的利益，温和地统治国家。在公元前 6 世纪末波斯波利斯（Parsa/Persepolis）①王宫的浅浮雕作品中，伊朗王的形象代表了“善神”的勇士，他们与代表黑暗和死亡的“恶神”怪物们进行交战。波斯王用这种方法吸引周边各国受压迫的民族，而这些民族的支持让居鲁士的势力迅速扩张到了米提亚（Media）②、亚美尼亚（Armenia）③、吕

① 波斯阿契美尼德王朝的第二个都城。

② 今伊朗西北部。

③ 西亚古国，今分属亚美尼亚、伊朗和土耳其。

底亚（Lydia）①，公元前539年又扩展到了巴比伦（Babylonia）。公元前538年，居鲁士允许犹太人在所罗巴伯（Zerubbabel）②和哈该（Haggai）③的带领下回到了朱迪亚（Judea）④，他们还重建了耶路撒冷和那里的神殿。将心存感激的民族安置在通往波斯的各入口处，是一个重赏，这对于志在反埃及的波斯非常有利。这些举措使居鲁士的儿子也即他的继位者冈比西斯（Cambyses）（统治期为公元前530年至公元前521年）在公元前525年能够打败埃及并处死法老普萨美提克三世（Pharaoh Psammetichos）。波斯人因此控制了印度洋贸易航线西端的两处，即红海和波斯湾。波斯贸易的发展得益于使用了犹太商人在巴比伦帝国时期就已经普遍使用的阿拉米语（Aramaic script）。

到公元前6世纪，港口贸易从印度西部港口发展到了斯里兰卡和印度南端西南方的马尔代夫。到公元前5世纪，来自印度的胡椒在希腊供应充足，它已经被用作药材治疗窒息和（据说）女性疾病。另外一些香料除了用在麻醉品、药膏、化妆品、香水、焚香和食品外，也被用作药品。受这些贸易的吸引，波斯的伊朗王大流士（Daryavaush，Darius）（统治期为公元前521年至公元前486年）征服了巴基斯坦，之后于公元前512年又征服了保加利亚（Bulgaria）和色雷斯（Thrace），从而扩大了波

① 小亚细亚西部古国。
② 犹大王国倒数第二位国王耶哥尼雅的孙子，在耶路撒冷为第二圣殿创立了根基。
③ 一位先知，是耶和华的使者。
④ 古巴勒斯坦的南部地区，包括今巴勒斯坦的南部地区和约旦的西南部地区。

斯帝国的版图。后来派遣了一支探险船队由西拉克斯(Scylax of Caryanda)带领从印度河航行到埃及。在连接尼罗河与苏伊士湾的船运运河重修后，他又派遣一支船队从埃及到达伊朗，并把腓尼基和犹太商人召集起来开展贸易。但很快，大流士发现希腊人已经开始与其激烈争夺埃及和印度洋商品的贸易。这种争夺一直持续了近两个世纪才分出胜负。和本书前一章提及的希腊人阻挡亚述人和巴比伦帝国对埃及的威胁相比，希腊人挑战在埃及的波斯人的过程中之所以困难重重，在于波斯帝国成功地采取了安民的举措。

## 希腊对波斯的挑战

希腊与波斯间此后所发生的长期争斗一直被认为是两种文明之间的冲突，但有一点可以确定，那就是希腊和波斯都更加重视控制印度洋和地中海之间经由埃及的贸易。希腊人绝不想失去对印度洋经由埃及的贸易的控制，于是他们向波斯发起挑衅，与其一争高低。公元前499年，在波斯人征服埃及之前就参与过埃及贸易的雅典人鼓动波斯帝国统治下的米利都(Miletos)①和其他爱奥尼亚(Ionian)②城市反抗波斯。一直以来，争斗的目的就是要控制埃及在印度洋的贸易，这点本章还将阐述。雅典并非像希罗多德在他的《波斯战争史》(*History of the Persian War*)里所说的那样，在这场争斗中是个只关注独立

---

① 古希腊城邦，爱奥尼亚十二城邦之一，位于今土耳其境内。

② 今天土耳其安纳托利亚西南海岸地区。

和民主的防御型牺牲品。事实是，相比于庞大的波斯帝国，雅典和它的希腊盟友们，人口太少。当然，一些小而富裕的社会也曾经多次战胜比其庞大得多的地区（比如葡萄牙、英格兰和日本）。

为反击雅典人挑起的米利都人的反抗，大流士于公元前490年用腓尼基船队把波斯军队运送到雅典城邦的阿提卡（Attica）①，他们在阿提卡的东部港口马拉松（Marathon）登陆。米太亚得（Miltiades）的雅典军队尽管人数只是波斯军队的一半，但因为使用盔甲并运用紧密队形的方阵赢得了这场战役的胜利。随即雅典人不失时机地在埃及挑起反抗，迫使大流士以及（大流士死后）其儿子薛西斯（Khshayarsha，Xerxes）（统治期为公元前486年至公元前465年）致力于处理埃及危机。薛西斯平定埃及后，波斯人又回过头来平息制服雅典人。公元前480年，薛西斯率领大军进攻雅典，但在萨拉米斯（Salamis）②海战中失败，第二年又在普拉蒂亚（Plataea）陆战中战败。就在普拉蒂亚战役的同一天，希腊人追击波斯船队迫使其在萨摩斯岛（Samos）③对面的米卡里（Mycale）登陆。雅典人在陆地上打败了波斯人并控制了爱琴海（the Aegean）。

在接下来的25年中，雅典军队在米太亚得的儿子西门（Kimon）④带领下屡屡发动战争，争夺对埃及及其贸易的控制。

---

① 位于希腊中东部，南濒爱琴海。
② 位于塞浦路斯东部。
③ 位于爱琴海东部。
④ 古雅典军事领袖和政治家。

为增强其势力，雅典人成立了“提洛同盟”（Delian League），和爱琴群岛诸城邦一道共同打击波斯。公元前465年，埃及人伊那罗斯（Inaros）自命为法老并在帕普雷米斯（Papremis）战役中打败了波斯人。于是伯里克利（Perikles）[①]率领一支“提洛同盟”的舰队进入尼罗河，帮助伊那罗斯占领了孟斐斯（Memphis）。公元前454年，波斯人打败孟斐斯的雅典军队，把伊那罗斯钉在十字架上处死了。但埃及人在法老阿米尔塔尼乌斯（Amyrtaeus）的率领下继续反抗波斯帝国，西门也带领另一支雅典军队前往帮助阿米尔塔尼乌斯，但他在公元前449年死于塞浦路斯。为了给雅典军队以时间聚集力量，雅典军队新的将领伯里克利于公元前446年签订了停战书。他利用这个和平间隙增强雅典的财力和威望，加强训练，让雅典军队的士气提升到最高点。与此同时，阿尔塔薛西斯一世（Shah ArtaKhshayarsha/Artaxerxes I）[②]在公元前444年再次暂时控制了埃及。为了巩固对埃及的统治，他准许尼希米[③]在耶路撒冷重修城墙，以此作为紧邻埃及的波斯犹大省的军事堡垒，从而巩固他的统治。已经是波斯贸易中主要商人的犹太人此时也成为埃及的主要商人。

休战23年之后，雅典和斯巴达之间爆发了“伯罗奔尼撒战争”（Peloponnesian War，公元前431年至公元前404年）。通过与波斯及波斯的腓尼基船队联盟，斯巴达最终取得了这场战争

---

① 古雅典政治家。

② 波斯帝国的国王，薛西斯一世之子。

③ 在异邦生长的犹太人，向阿尔塔薛西斯一世请求并获准修建耶路撒冷城墙，竣工后被任命为犹大省省长。

的胜利。可就在雅典投降的同一年，即公元前404年，斯巴达转而攻打它的波斯盟友，因为它帮助叛军法老阿米尔塔尼乌斯二世(Pharaoh Amyrtaeus Ⅱ)，试图将埃及脱离波斯帝国。斯巴达协助阿尔塔薛西斯二世(ArtaKhshayarsha Ⅱ)的弟弟小居鲁士(Koresh the Younger)反叛其兄，从而阻止了阿尔塔薛西斯二世率军再次攻占埃及。公元前398年，埃及新长老尼斐利提斯一世(Nepherites)废黜了前法老阿米尔塔尼乌斯二世，但斯巴达却转而与其结盟。然而，在公元前395年至公元前387年间，希腊各城邦联合起来一道反抗斯巴达以夺取胜利果实。交战期间雅典统领科农(Konon)于公元前393年和埃及新法老阿科里斯(Achoris)(统治期为公元前393年至公元前380年)联合，并派将领卡布里亚斯(Chabrias)到埃及协助阿科里斯。作为应对，斯巴达于公元前386年与波斯的阿尔塔薛西斯二世媾和。公元前373年，雅典帮助当时的法老内克塔内布(Nectanebos)抵挡了波斯军队对埃及的又一次入侵。但随后，雅典、斯巴达、科林斯(Corinth)、底比斯(Thebes)及其盟友之间却展开了战争。这场战争让波斯国王阿尔塔薛西斯三世在公元前343年得以重新征服埃及，而内克塔内布逃往埃塞俄比亚。希腊的分裂再次危害了希腊对埃及和印度洋贸易的控制。

## 复兴后的希腊在印度洋贸易中的成功

因为对控制埃及人在印度洋贸易的希望感到沮丧，又想为亚洲树立一个公正的神权君主的典范，雅典人伊索克拉底(Isocrates)[1]呼吁马其顿的菲利普国王(King Philippos, Philip)统一希腊。于是，菲利普于公元前338年在喀罗尼亚战役(Battle of Chaeronea)中击败了南方的希腊人，随后成立了他领导下的“希腊联盟”(Hellenic League)，并做好准备在公元前336年攻打波斯。然而，在出征前他遭暗杀身亡，此项任务便落到他儿子亚历山大(Alexandros/Alexander the Great)肩上。亚历山大领兵直奔埃及，他的船队只有180艘船只，不足以攻打拥有400艘船只的波斯新船队，于是他不得不依靠在陆地取胜。在陆路，亚历山大的军队一路取得了格拉尼库斯河(Granicus)[2]战役、伊苏斯(Issus)[3]战役和推罗(Tyre)[4]战役等一个接一个的胜利，最后攻取了埃及。之后，亚历山大在公元前331年挥师美索不达米亚、伊朗高原和印度河流域。他试图继续进军印度，从而控制其中心地带巨大的贸易财富资源，但却遭到将领们的拒绝，他们认为这样会过度消耗兵力。于是，公元前329年亚历山大率领大多数兵力西撤。

亚历山大在巴比伦统治他的新帝国，并开始注重鼓励印度洋贸易。他部署船队在波斯湾和红海间航行，为促进美索不达米亚和埃及之间的联系做准备；在腓尼基和巴比伦定制船只；雇佣腓尼基海员；派出三支船队在波斯湾和红海之间做初步的探险；还派出一支探险队从埃及出发，反方向驶往巴比伦，但

---

① 古希腊雅典著名的修辞学家和演说家之一。

② 小亚细亚北部古代密细亚的河流。

③ 今土耳其境内。

④ 腓尼基的推罗，位于今日黎巴嫩境内。

是船队中途折返。亚历山大还提高了幼发拉底河的通航能力，改善了巴比伦河岸的港口。然而，就在公元前323年，年仅32岁的亚历山大死于疟疾，他的帝国被他的一些将领（继承者）分割成若干个国家。在这分裂出的三个主要国家中，最重要的是以埃及地中海港口的新兴希腊城市亚历山大为中心的“希腊王国”（the Greek kingdom），它控制了西印度洋的贸易。

## 印度孔雀王朝（Maurya）、最早的三个托勒密王朝（Ptolemies）与印度贸易

亚历山大同父异母的弟弟托勒密一世（Ptolemeos I）（统治期为公元前323年至公元前290年），又称“救星托勒密一世”（Ptolemy I），相传是菲利普的私生子，建立了以希腊人聚居的亚历山大城为统治中心的希腊王国。他组建了一支大船队，船只全部配备有三排船桨。船队被派往印度、索马里和桑给巴尔。托勒密一世在埃及沿岸的库赛尔（Cosseir）、贝勒奈西和米奥斯·霍尔莫斯（Myos Hormos）修建了港口以促进红海的贸易。当时，从来自南阿拉伯地区尤其是亚丁、穆哈（Mocha）①、迦纳（Qana）②、佐法尔（Dhufar）等港口城市的商人那里不仅可以买到非洲产的象牙、黄金、本地的乳香，还可以买到产于中国南部和东南亚的肉桂（经马达加斯加），马拉巴尔的胡椒、象牙

① 今也门西南部港口城市。

② 迦纳（Qana），即今日也门南部的比尔阿里（Bir Ali）港，是古代阿拉伯地区的重要港口。

及印度和往东更远地区的其他奢侈品。阿拉伯南部商人借着季风在 11 月至翌年 4 月间乘船向西南方向航行；5 月至 10 月间则向东北方航行，他们居住在印度、埃塞俄比亚和红海沿岸的阿杜利斯(Adulis，Zula)①以及非洲东部沿岸的其他地方。佩特拉(Petra)②的纳巴泰(Nabataean)人试图阻止希腊人对贸易的控制，但其反抗遭到镇压。亚历山大城成为地域广阔的托勒密王朝的商业中心，印有希腊统治者肖像的硬币当时已流入印度。

托勒密王朝时代，希腊人的贸易对象是印度人，当时的印度被分裂为北方新建立的印度帝国(Indian Empire)和南方的若干个国家。公元前 325 年，恒河中游的摩揭陀国(Magadha)国王的私生子旃陀罗笈多·孔雀(Chandragupta Maurya)试图夺取王位，但政变失败。于是他逃往旁遮普，并劝说亚历山大大帝进攻摩揭陀国 。如果当时的希腊士兵同意继续东进印度河流域，也许亚历山大大帝就会采取行动。公元前 323 年，亚历山大大帝在巴比伦病逝后，旃陀罗笈多又组织了一起更大的反叛，结束了希腊总督在旁遮普的统治。初步掌权后，旃陀罗笈多雇佣希腊雇佣兵，并于公元前 322 年自封为摩揭陀国国王。他以巴连弗邑(Pataliputra)为都，统治摩揭陀国直至公元前 298 年。在此期间，他把摩揭陀国疆域扩大至阿富汗到恒河下游地区。旃陀罗笈多统治时期，他让国家参与商业活动，建立屠宰场、赌场、妓院以及金属和酒的营销点。印度的影响开始跨越

① 位于今厄立特里亚红海岸。

② 约旦古城，纳巴泰王国的都城。

孟加拉湾；在印度尼西亚已发现有公元前 3 世纪的婆罗米文（Brahmi）①的铭文。

和希腊人一样，印度人也一直积极大力发展印度和地中海之间的贸易。深受商人喜欢的佛教和耆那教当时在印度盛行，并促进了该地区贸易的发展。当时，陆路方面在孔雀王国都城巴连弗邑和塔克西拉城②（Taxila）之间修建有一条王室公路。水路方面，航线已将印度沿岸相连，印度商人还从印度沿岸到达了波斯湾，并经过“肥沃新月”到达地中海东部；他们还穿过阿拉伯海到达亚丁湾和红海沿岸的埃及各港口进行贸易。在中国和地中海地区之间经由中亚的陆路沿线上，印度人充当了中间商。大约这个时期，中国商品出现在了印度。该时期印度对中东的影响最明显的例子便是印度棋盘游戏“恰图兰卡”（Chaturanga）的普及，“恰图兰卡”后来发展成了国际象棋。正如印度传奇故事里描述的那样，印度商人还向东穿过孟加拉湾，前往苏门答腊岛的“黄金岛”（Golden Isles）、爪哇岛和巴厘岛寻求新的贸易商品。

伴随着希腊和印度间的贸易交往而来的是他们相互间的文化交流。印度的哲学家们争论苏格拉底的学说；而随着希腊占星术的流行，印度天文学家则用希腊名字命名天体。小丑、食客等人物以及帷幕的使用也开始出现在了印度的戏剧里；采用

① 是除了尚未破解的印度河文字以外印度最古老的字母，它是天城文、泰米尔文、孟加拉文、藏文等婆罗米系文字的来源。

② 位于今日巴基斯坦首都伊斯兰堡西北。

希腊式双模法在硬币双面铸印图案的方法也在印度出现了。古希腊国王安条克一世(Antiochos I Soter)派往孔雀王朝旃陀罗笈多国王的使节麦加斯梯尼(Megasthenes)和派往摩揭陀国王频婆娑罗王(King Bimbisara of Maghadha)的使节德玛可斯(Deimachos)都在他们的著作中描述了印度。也许是受希腊的历史著作和戏剧的启发，孔雀王朝的大臣考底利耶(Kautilya)写下了关于旃陀罗笈多统治时期历史的著作《治国安邦术》(*Arthasastra*)；而毗舍佉达多(Visakhadatta)[1]则写下了表现该时期篡夺王权的政治戏剧《指环印》(*Mudrarakshas*)。王朝巩固后，旃陀罗笈多退位，将政权交给他的儿子，自己按耆那教的传统进入寺院度过余生。

旃陀罗笈多的孙子阿育王(Asoka)最终将印度第一个帝国(统治期为公元前272年至公元前233年)完全建立起来。经过一系列的战役，阿育王占领了除泰米尔(Tamil)最南端和斯里兰卡以外的整个印度。在征战孟加拉湾海岸的卡林阿(Kalinga)[2]的过程中导致了成千上万人的死亡和被奴役，阿育王深感愧疚，从此改信佛教。在佛教的影响下，他禁止印度教的庆典和仪式、禁止祭献并开始素食。阿育王执行较温和的法律，并将法律条文刻在岩石和砂石柱上供所有人观阅；他还建起了医院，派遣佛教僧侣前往泰米尔地区、斯里兰卡、克什米尔、缅甸以及那些被希腊化了的国家。阿育王之子摩晒陀(Mahinda)

① 印度梵语戏剧家。
② 位于今菲律宾吕宋岛。

帮助其父亲改变斯里兰卡人的宗教信仰。阿育王还资助大的佛教建筑和艺术，兴建了众多舍利塔，用砂岩堆建圆顶小山，以此象征世界的中心——“须弥山”(Mount Meru)[①]。阿育王支持佛教和梵文的发展对信奉佛教的商人阶层是一个激励。公元前4世纪至公元前3世纪的文学著作《五卷书》(*Panchatantra*, *The Five Senses*)就反映了当时复兴的中产阶级对传统印度教的批判。像《伊索寓言》(*Aesop's Fables*)一样，在这部书中神和人都以动物的形象出现，其中一只名叫“卡里莱”(Calila)的豺(代表的是个神)主张用道德准则来反对被“卡里莱”谴责为地狱之魔的另一只豺“笛木乃”(Dimna)；但“笛木乃”对道德和罪孽的概念、因果报应和重生之说加以嘲笑，并引诱“丛林王国”的“狮子”王设立残暴的制度让所有的动物产生畏惧。

埃及第二代“托勒密王朝”进一步加强了希腊和印度间的贸易。他们在孟斐斯(Memphis)附近的安努[Anu, Heliopolis(赫利奥波利斯)]重修连接红海和尼罗河的旧运河。这样，商品便从那里运往尼罗河三角洲直至地中海。在“非洲之角”东面的索科特拉岛(Socotra)和埃塞俄比亚沿岸建立了希腊殖民地，他们在埃塞俄比亚沿岸殖民地进行北非大象的贸易，托勒密王朝在战场上用北非大象对抗塞琉古帝国(Seleucids)[②]的印度大象。托勒密二世通过非洲贸易让非洲象牙大量出售到爱琴海流域，

---

① 古印度神话中位于四个世界(南赡部洲，西牛贺洲，东胜神洲，北俱芦洲)中心的山，被认为是众神居住的神山。

② 由亚历山大大帝部将塞琉古一世所创建，是以叙利亚为中心，包括伊朗和美索不达米亚在内的希腊化国家。

打破了印度象牙独占希腊市场的局面。托勒密二世和印度孔雀王朝的国王旃陀罗笈多及阿育王之间都互派使节[其中之一的狄俄尼索斯(Dionysos，Dionysus)就曾在书里描写过他在印度的经历]。在亚历山大城和幼发拉底河上游也出现了印度商人聚居区。而托勒密的竞争对手、统治中心在巴比伦的塞琉古帝国，其在印度的贸易只局限在伊朗的陆路。托勒密二世曾以游行的方式展示印度香料、猎犬、牛以及妇女，以此来庆祝他在贸易上的成功。

公元3世纪，“穆森大学”(the Museon University)和亚历山大图书馆(Library of Alexandria)在航海方面的相关研究取得了进展。毕达哥拉斯[①](Pythagoras)在对大地进行观察研究后认为大地是个球体，而埃拉托色尼[②](Eratosthenes)在此基础上继而计算出准确的地球直径。他观察到，在阿斯旺(Aswan)的仲夏，太阳直射到一口枯井的底部，于是他在亚历山大立起一根柱子，并在一年的同期测量太阳照射这根柱子的影子，测量的结果使他得出结论：在阿斯旺和亚历山大两城太阳照射的角度有所不同，其差别为1/50个圆周(7°12′)。再结合测量两城之间的距离，他计算出了地球的周长。阿里斯塔克[③](Aristarchos)则通过观察得出地球每天绕地轴转动一周且同时围绕太阳运转

① 古希腊哲学家、数学家，被西方认为是毕达哥拉斯定理(勾股定理)的首先发现者。

② 古希腊数学家、地理学家、历史学家、诗人、天文学家。

③ 古希腊天文学家、数学家，是史上有记载的首位提倡日心说的天文学者。

的结论。欧几里得[①](Euklides, Euclid)写下了那本直到现代一直被当作几何常识的标准教科书(《几何原本》)。阿基米德[②](Archimedes)找到了球体和柱体的规律。在建筑学方面,起重装置的发明使"罗得岛太阳神巨像"[③](Colossos of Rhodes, statue of Apollo)和"法罗斯岛灯塔"[④](Pharos lighthouse)的建造成为可能。然而,因为各统领之间的相互争斗,亚历山大帝国处于持续分裂状态,削弱了希腊势力。叙利亚国王安条克三世(Antiochos Ⅲ the Great)(统治期为公元前223年至公元前187年)计划入侵埃及并统一东部希腊,但到了公元前192年,希腊人的机会已丧失殆尽。

## 汉朝中国人和罗马人

这时期,距离印度洋遥远的两个重要地区开始加入了印度洋贸易,他们便是中国(汉朝)和意大利(罗马)。中国人经马六甲海峡来到印度并在那儿开展了稳定的贸易。在之后的一段时期,亚洲人将控制印度洋的东部,他们在印度与来自罗马的希腊人进行和平的贸易往来。在印度,中国人开始和来自罗马帝国的商人交往。

而这时期如果不是因为以下的三个原因削弱了印度的势

① 古希腊数学家,被称为"几何之父",他的著作《几何原本》奠定了欧洲数学的基础。

② 古希腊哲学家、数学家、物理学家。

③ 世界七大奇迹之一。位于爱琴海东南部罗得岛上通往地中海的入海处。

④ 世界七大奇迹之一。位于埃及亚历山大港。

力，印度商人本可以在贸易扩展中表现得更积极、更强势。第一个原因是，在这个关键时期遭受的短暂贸易破坏，削弱了孔雀王朝的势力。公元前204年，安条克三世曾将“孔雀王朝”暂时驱逐出了印度河谷，公元前187年，在印度教教徒发动的反抗孔雀王朝支持耆那教和印度教的叛乱中，孔雀王朝最终瓦解，反抗军一将领成为“巽伽王朝”（Sunga states）的首位统治者，“巽伽王朝”从此统治了恒河流域长达一个多世纪。而佛教徒则逃往桑吉（Sanchi）（印度西南部）、巴赫特（Bharhut）、马图拉（Mathura）（印度北部）和其他地方。导致“孔雀王朝”和“托勒密王朝”未能实现对贸易控制的第二个原因是，“孔雀王朝”和“托勒密王朝”都没有控制孟加拉湾，也没有充分开发跨印度洋东部的丰富贸易潜力。第三个原因是，印度在公元前165年遭受了来自亚洲中部塞西亚人①（Scythians，Sakas）的入侵，致使其力量被削弱。尽管在公元1世纪至2世纪，在现在的阿富汗、巴基斯坦、克什米尔地区出现了贵霜帝国②（Kushan state），但在公元319年以前，印度北部的大多数地区一直被分裂成众多塞西亚人统治下的小国。

## 汉朝中国人的到来

无论中国还是罗马都是凭借其建立起来的强大帝国才跻身

---

① 一支具有伊朗血统的游牧民族，公元前8世纪至公元前7世纪从中亚迁徙至俄罗斯南部并建立帝国，公元前4世纪至公元前2世纪被萨尔马特人所征服而覆亡。

② 中亚的古代盛国，其鼎盛时期（105—250年）疆域从今日的塔吉克斯坦绵延至里海、阿富汗及恒河流域。曾拥有人口上千万，与汉朝、罗马、安息并列被认为是当时亚欧四大强国。

于印度洋这一不断扩大的世界贸易之中的。公元前 246 年，秦始皇(Emperor Shih Huang-ti)少年继位，成为“秦国”(the state of Ch’in)国君。在公元前 210 年去世前，他征服了其他国家，统一了中国，定都今日西安附近的咸阳(Xianyang)，其朝代名称“秦”(Ch’in，Qin)就是英语词“China”(中国)的来源。秦始皇通过不断的努力和出征，展示出强大的力量。他制定了统一的法律，统一了货币和度量衡。从都城咸阳往外修建了水路和陆路交通网，在全国范围推广灌溉法，建立了中国首个常备军队，修建各种各样的城墙，并将北部边界的几处城墙互相连接，用来抵挡北方蒙古大草原匈奴人的入侵。这些城墙起初只是用泥土筑成，但经过几个世纪后慢慢转而改用砖块。城墙高 15. 2 米，宽 7. 6 米，绵延长达 6300 千米。秦朝逐步开始和外界建立新的联系，秦朝丞相吕不韦(Lü Pu-wei)还曾经阐释过希腊人毕达哥拉斯的定理(勾股定理)和音阶之说。秦始皇死后葬在咸阳附近的墓穴中，墓穴里面有数千个 1. 8 米高的神奇兵俑守卫着秦始皇。

秦始皇死后不久秦朝便灭亡。公元前 207 年，农民出身的将领刘邦(Liu Pang)率领农民军反抗秦朝，并承诺实行轻罪罚、低税赋的制度，最终他建立了汉朝(Han dynasty)，称“汉高祖”(Kao Tsu)，从公元前 202 年统治汉朝直至公元前 195 年。汉朝对中国的影响深远，至今中国人仍然称自己为“汉人”。汉高祖之后的汉武帝(Han Emperor Wudi)(统治期为公元前 140 年至公元前 88 年)建立了任人唯贤的制度，官员选拔取决于科举考试的成绩。汉武帝还是个领土扩张者，他征服了中国南部的浙江和福建地区。为了控制销往罗马帝国的中国丝绸和漆器这一高盈利贸易，他在公元前 129 年至公元前 119 年间在北面打败了匈奴，在西面，从波斯的塞西亚人手中夺取了新疆，并强迁 70 万人口移居新疆。公元前 139 年，汉武帝派遣使节到费尔干纳①(Ferghana)、布哈拉②(Bukhara)和巴克特里亚王国(Bactria)，继而夺取了西至费尔干纳的地域。于是，马匹从费尔干纳销往中国，希腊人带入中亚的葡萄也被引入了中国；丝绸则被销往西方，并于公元前 1 世纪盛行于罗马帝国。

那时，在中国的东南沿海刚发明了船舵，凭借这里的航海技术，汉武帝派船队到达了印度洋的东部出入口。捕鱼船队和广州及其周边港口城镇的贸易杂货成为中国最早彰显海上实力的基础。公元前 111 年，汉武帝夺取了广西和越南北部并派海军控制了印度洋的东部出入口——马六甲海峡。中国人用丝绸换回了各种商品，其中可能包括亚历山大的玻璃制品。

## 罗马人的到来

当中国逐渐统一和扩张之时，罗马也开始了它一连串的长期征战。印度洋贸易中希腊获得的兴旺催生并滋养了罗马，使它如同一个逐渐长大的孩子，最终取代并支撑希腊。传统上认为罗马形成于公元前 753 年，那正是希腊在地中海西部各地殖

---

① 位于乌兹别克斯坦东部，为丝绸之路重要的一站。

② 位于乌兹别克斯坦西南部。

民的时期，殖民活动促成了商业航线沿路城市的兴起。公元前 508 年，罗马开始实行的共和制也应该是受前一年在雅典开始的民主政治的影响，罗马共和制之父布鲁图斯[1]( Brutus)就曾去过希腊。随着军事力量的稳步提高，罗马起初是控制了希腊在地中海西端的贸易航线，之后又取代希腊控制了它在地中海东部的贸易。在第二次布匿战争[2]( Punic)中，罗马人打败了迦太基[3]( Carthaginian)的将领汉尼拔( Hannibal)，之后罗马进军马其顿，打败了汉尼拔的马其顿盟军腓力五世( Philippos Ⅴ)，占领了希腊。汉尼拔逃往安条克( Antioch)，劝说塞琉古帝国的安条克三世( Antiochos Ⅲ)出兵希腊。安条克三世答应并出兵，但同样被打败，罗马军队追赶安条克三世并渡过了爱琴海，于公元前 190 年再次将其击败，并迫使他放弃其掌控的小亚细亚和海军，被罗马人逼入绝境的汉尼拔最后服毒身亡。

## 罗马的保护让埃及在印度洋贸易中获益

安条克三世的儿子安条克四世( Antiochos Ⅳ)(统治期为公元前 175 年至公元前 163 年)试图联合地中海东部那些已具有了希腊文化特点的地区共同反抗罗马。他推行希腊化政策，期望把地中海东部认同希腊的地区统一起来。公元前 168 年，他出兵埃及，但遭遇了被派往保护托勒密王朝的罗马军队，于是

① 罗马共和国的建立者。
② 古罗马和古迦太基之间的战争。
③ 位于非洲北海岸(今突尼斯)的古国。

撤退。因为罗马人来到埃及，马加比家族[①]（Macabbee）于公元前161年建立起了一个受罗马势力庇护、脱离希腊而独立的犹太王朝。受托勒密王朝的支持，罗马开始在印度洋贸易中获益，尽管转口贸易主要还掌握在希腊人手中（同时也有犹太人、叙利亚人和阿拉伯人）。在罗马元老院，以老加图[②]（Cato the Censor）为首的强硬派认为确保罗马帝国统治的唯一方法是要通过严厉的制度让非拉丁人明白谁才是统治者。尽管这一主张使罗马取得了包括公元前146年摧毁科林斯城[③]（Corinth）和迦太基城在内的胜利，但以大西庇阿[④]（Scipio Aemilianus）为首的温和派的主张在当时的罗马更占优势。罗马精英们接受希腊文化，从而形成了一个希腊与罗马文化相结合的社会，这使希腊人在罗马社会和印度洋贸易中一直受到崇敬和重视。

中国和罗马间的贸易通过印度洋和中亚的“丝绸之路”而扩展。在海上的印度洋贸易中，中国商人控制了东部；印度人、帕提亚[⑤]人和阿拉伯人控制了中部；而罗马帝国的商人则主要在西部。丝绸品最终是由罗马人销售到了亚历山大和安条克。这个时期孟加拉湾的船只多数都是印度人的，中国人和印度人

---

① 犹太教世袭祭司长家族。

② 马尔库斯·波尔基乌斯·加图，罗马共和国时期的政治家、国务活动家、演说家，通常被认为是该时期典型的保守派人物，主张维护罗马的旧原则。

③ 古希腊名城，今日希腊科林西亚州的省会，公元前146年被古罗马摧毁，公元前44年由恺撒重建。

④ 普布利乌斯·科尔内利乌斯·西庇阿，古罗马统帅、政治家，在政治上温和而保守，喜爱希腊文化，赞同在被罗马武力征服的地区建立附庸国而不是进行直接统治。

⑤ 又名安息帝国，位于亚洲西部伊朗高原，与汉朝、罗马、贵霜并列被认为是当时亚欧四大强国之一。

之间的交易商品大多是在今天的泰国和缅甸交接处的克拉地峡[①](the Isthmus of Kra)搬运上岸。把物品搬运到岸上则必须借助强劲的潮水才能避免船只搁浅。否则，船只可能搁浅在远离陆地40英里(64.37千米)、由河流冲积而成的浅滩上，陆地上的人完全看不见。“罗马人”(实际上主要是埃及的希腊人、叙利亚人和犹太人)在印度沿岸设立了众多的贸易点，这些地方因而留下了大量的罗马钱币和陶器。印度南部的泰米尔地区和罗马人的贸易尤其频繁，所以大量使用罗马钱币。西方的商人把黄金带到泰米尔，或在那儿出售奢侈品，他们挑选带走的主要有胡椒等其他香料、棉花、黄金、珍珠、宝石、棕榈油、鹦鹉、宦官和驯象师。起初进行这种冒险航行的船只很少，胡椒在罗马的出售价格是天文数字。据说，泰米尔的国王们雇用的都是罗马护卫，罗马帝国在印度洋贸易中的出现对印度南部的案达罗国[②](Andhra)的影响也十分明显。

公元前1世纪，埃及的希腊人已经学会了建造大船，这些船只可以直接从也门经远海驶往印度的马拉巴尔海岸，他们很可能已经从阿拉伯人那里学会了如何利用季风风势进行航海。印度洋航行的探路者是希腊人希帕路斯[③](Hippalus)，他可能是由托勒密八世派遣、欧多克索斯[④](Eudoxus)率领，于公元前

① 位于泰国南部连接马来半岛处，东接泰国湾，西濒安达曼海。
② 古印度国家，位于今天印度东南方安得拉邦。
③ 希腊领航员，是从红海经印度洋直接到印度航线的发现者。
④ 古希腊探险家和航海家。

2世纪10年代从埃及驶往印度的基齐库斯①(Cyzicus)船队的领航员，这支船队直接穿过印度洋航行(而不是沿海岸线航行)。印度洋的夏季季风风高浪急，航行颇具挑战但速度很快。他发现的这条航线在之后的罗马时期一直被使用，此后“罗马人”在夏季乘着西南季风航行到印度，而冬季则乘东北季风返回。这样，他们绕开了南亚阿拉伯的中间商，南部阿拉伯人于是开始在亚丁湾抢劫罗马商船，而“罗马人”则放弃亚丁湾改走红海边的阿比西尼亚②(Abyssinian)西海岸。总之，印度洋贸易迅速发展，印度西海岸和斯里兰卡兴起了众多新的港口和城市，“罗马人”的商船甚至到达了东非的桑给巴尔港。

## 贸易财富对罗马的早期影响

成功地控制了地中海并经埃及开始涉足印度洋贸易之后，罗马因为如何分配贸易所获得的财富而开始了长期的内战/阶层之战(class war)。埃及在印度洋贸易的重要地位不可避免地使它成为了解决罗马派别争斗的中心。公元前48年，尤利乌斯·恺撒(Julius Caesar)取得了法萨卢斯战役(Pharsalia)胜利后成为了罗马统治者，他帮助聪慧、迷人、年仅21岁的埃及皇后克娄巴特拉七世③(Queen Cleopatra Ⅶ)战胜了她的弟弟托勒密十三世(Ptolemeos ⅩⅢ)，取得了埃及的王位。后来，克娄巴

---

① 今土耳其巴勒克埃西尔省。

② 现在的埃塞俄比亚。

③ 也译为克利欧佩特拉七世，世称“埃及艳后”。

特拉七世生下她和恺撒的儿子恺撒里昂（“小恺撒”）(Caesarion, Little Caesar)。这样，恺撒的血统就和亚历山大大帝的血统相连，恺撒于是梦想建立一个埃及-罗马王朝。回到罗马后，恺撒开始着手准备，想让元老院在公元前 44 年 3 月 15 日(古罗马历)任命他为终身独裁官。但是，元老院的议员刺杀了恺撒，罗马又一次开始了内战。

公元前 42 年恺撒的侄孙屋大维(Octavianus, Octavian)和恺撒部队的指挥官马克·安东尼(Marcus Antonius, Mark Antony)打败了刺杀恺撒的势力。之后，安东尼接管了地中海东部，与克娄巴特拉一起继续实现恺撒的梦想，建立埃及-罗马帝国(克娄巴特拉给安东尼生了三个孩子)。但是屋大维一心想控制埃及，于是他攻打安东尼并在科林斯湾西端的亚克兴角海战(Actium)中打败了安东尼和克娄巴特拉的联军。公元前 31 年，克娄巴特拉在红海匆忙建立起了一只船队，准备带着家人一起逃往印度，但在最后关头当地的阿拉伯人袭击并焚烧了所有的船只，该计划被迫终止。公元前 30 年，屋大维带领部队攻入埃及后，克娄巴特拉诱惑屋大维不成，便与安东尼一起自杀。屋大维成为罗马第一位皇帝，被称为恺撒·奥古斯都(Caesar Augustus)，埃及成了罗马的一个直属省。

## 罗马和中国在印度洋贸易的鼎盛时期

这个时期地中海和红海已经被罗马控制，不过在该地区经营贸易的还是希腊人、叙利亚人、犹太人和阿拉伯人。据说，公元前20年奥古斯都通过与印度国王波罗斯(Poros/Porus)达成联盟鼓励印度洋贸易。那年，波罗斯派遣了一名婆罗门教使节扎马罗斯(Zarmaros)去见奥古斯都，奥古斯都让使节参加雅典城外的厄琉息斯秘仪(Eleusinian mysteries)①。在仪式上，当神火出现时，印度使节径直走进了火中，这让奥古斯都非常吃惊。据奥古斯都时期居住在罗马的希腊地理学家斯特拉博(Strabo)的记录，此后不久，每年都有120艘船只从埃及在红海的港口米奥斯·霍尔莫斯开往印度，为了防范海盗，船上还载有弓箭手。公元前25年至公元前24年，奥古斯都派遣埃流斯·加鲁斯(Aelius Gallus)率领一支军队征服了也门的阿拉伯塞巴人，塞巴人于是成了罗马人的贸易伙伴(他们前往加沙的路线有陆路和红海两种)。

罗马人将葡萄酒、青铜、锡、黄金和制造品销往也门，从也门购进乳香，从东非购进象牙、兽皮、肉桂和奴隶(这些奴隶由阿曼的阿拉伯人贩卖到东非)，从印度西北部购进丝绸、棉布，从印度西南部购进胡椒等香料以及宝石和大象。当地的"外国人"(Yavanas，指希腊-罗马商人)还在印度西南部马拉巴尔海岸的穆吉里斯港(Muziris)兴建了一座奥古斯都神殿。在公元1世纪50年代至公元110年间，一位埃及佚名希腊商人写下了《厄立特里亚航海记》(*Periplus of the Erythraean Sea*)，成为印度洋西部沿岸的航行和贸易的指南。该书被翻译成现代

---

① 古希腊时期厄琉息斯的一个秘密教派的年度入会仪式。

英语，书名为《印度洋环游记》(*Circumnavigation of the Indian Ocean*)。在希伯来语中，印度洋——至少是西印度洋被称为“Yam Suf”(Sea of Reeds 即“芦苇海”)，而在希腊语中则是“Erythraean”或“Red Sea”(“红海”)，“红海”至今还用来指称也门到埃及的这段印度洋部分。《厄立特里亚航海记》记录了大量埃及船只从马拉巴尔海岸各港口进行胡椒、蒌叶和丝绸贸易的情况。

罗马帝国商人的冒险甚至还到达了恒河三角洲地区，奥古斯都和其后的罗马皇帝都曾接待过不同的印度城邦派去的使节。罗马人的贸易提高了香料的需求量，印度商人于是开始在东南亚寻找更多的香料。那时除了有印度西南部马拉巴尔沿岸的胡椒和生姜外，还有来自斯里兰卡的肉桂、马来半岛西南部的小豆蔻，来自婆罗洲①、爪哇和苏门答腊的樟脑以及摩鹿加群岛的肉桂、肉豆蔻衣、肉豆蔻和丁香。据托勒密(Ptolemy)②在公元 2 世纪撰写的《地理学》(*Geographia*)一书中记载，那时东非索马里和肯尼亚的贸易出口象牙和玳瑁以换取铁器，索马里还供应没药、乳香和奴隶。地处东非海岸的索马里南部拥有众多离岛和珊瑚礁，可以挡住外海汹涌的海水，而它的深水河流又为船只停靠提供了港湾。但是，距离港口不远、地势陡升所形成的非洲高原却阻碍了这些港口与非洲内陆间的交通，这

---

① 加里曼丹的旧称。

② 克劳狄乌斯·托勒密，著名数学家、天文学家、地理学家、占星家，其著作有《天文学大成》《地理学》和《占星四书》等。

就意味着没有大的政治集团参与贸易竞争。从东非南端港口购进的乌木和象牙被运往地中海和印度，那时的东非贸易品中还没有黄金。

中国商人则冒着孟加拉湾航海的巨大风险出现在了印度；东汉皇帝王莽(Wang Mang，统治期为公元9—23年)派人到孟加拉购买犀牛。当时的中国船只由厚木板建成，有多层甲板和多个桅杆，船帆由竹篾编成，船头绘有船锚图案。据3世纪的《南州异物志》(*Strange Things of the South*)记载，当时的中国船能承载多达700人和260吨的货物。260年，中国派往柬埔寨的使节康泰(K'ang T'ai)[①]所著的书中曾记载了一支印度尼西亚(或马来)的商船船队航行到罗马帝国的情况。公元2世纪(或3世纪)的《弥兰陀王问经》(*Milindapanha*)[②]同样也有关于一位早期印度船主向西航行到亚历山大，向东航行到孟加拉、马来亚和中国的描述。在中国到埃及港口之间漫长航线上的货物运输中，转运模式已经形成，马来半岛于是成了多数往来于东、西方商人的航行终点，印度人控制着中国和埃及间的中部航线。

地中海各城市对东方奢侈品的需求激增，并在公元2世纪达到顶峰。普林尼(Pliny)[③]就曾警告要防止因贸易而导致货币从罗马帝国大量流出。在印度，现在已发现有很多这个时期的

---

① 三国时期吴国的官员，相传著有《吴时外国传》(或《扶南记》)一书。
② 即《那先比丘经》。
③ 也被称为小普林尼，罗马帝国律师、作家和议员。

罗马金币。印度人还把金、银大量用作装饰品，并喜欢储存金银，这使得金银在印度的价格比在西方还高。罗马皇帝图拉真(Trajan)(统治期为公元98—117年)将连接尼罗河和红海的运河延伸至尼罗河西部支流，使其直通亚历山大港，并在红海派驻舰队打击海盗。公元106年，图拉真将纳巴泰(Nabataea)变成罗马的一个省，称之为“阿拉伯”(Arabia)，并修建了一条从亚喀巴湾(the Gulf of Aqaba)①通往大马士革的公路。随之而来的贸易让地处阿拉伯谷中的岩石城佩特拉(Petra)②兴旺了起来。公元2世纪下半叶，天文学家托勒密在其著作中记载：罗马的希腊海员在斯里兰卡、恒河河口地区、马来半岛、越南及中国等地进行贸易。一些作者根据中国人的简要记载推测马可·奥勒留(Marcus Aurelius)皇帝③在公元166年曾派使节去中国，希望促进两个帝国之间的贸易往来，但这至今尚未得到确定。

这一时期罗马和印度间的交往还有基督教的传教活动。据早期的基督教徒传言，圣托马斯(St. Thomas)是第一个将基督教传入南部印度的人，那儿有他的墓地。也有人认为是受到基督教的影响使马鸣菩萨(Ashvaghosha)在公元1世纪(或2世纪)由信奉小乘佛教(Hinayana Buddhism)转而信奉了大乘佛教(Mahayana Buddhism)。大乘佛教更注重神的恩惠(而非善行)

---

① 红海的一个大海湾，位于红海北端西奈半岛以东，阿拉伯大陆以西。
② 约旦南部古城。
③ 罗马帝国皇帝，著名思想家、哲学家，代表著作《沉思录》。

和对圣人生活的记录（最早的是《譬喻经》）。基督教还影响了中亚的一支游牧民族——贵霜人（Kushans）。贵霜人在公元前10年入侵了印度北部。公元1世纪末在迦腻色伽（Kanishka）统治时期（大约是公元78—96年），贵霜帝国达到鼎盛，统治了包括阿富汗、旁遮普、信德和克什米尔在内的地区。迦腻色伽将一些基督教聂斯脱利派（Nestorian）和摩尼教（Manichaean）的元素融入了佛教中。贵霜的佛陀和菩萨塑像的雕刻是受希腊-罗马影响的“犍陀罗”（“Gandhara”）风格。迦腻色伽兴建寺院、舍利塔，还在克什米尔召集佛教会议，派遣僧侣到中亚和中国。突厥斯坦（Turkestan）的“亦都护”废墟（Idiqut）中可见佛教和基督教的建筑与艺术互相毗邻。可能是随着贸易的接触，亚洲文化反过来也进入了西方，据传基督教就受到佛教的影响，如基督教中的主教冠、教宗牧杖、五链香炉、合掌祈福、隐修生活、礼拜圣人、列队祈祷、斋戒以及圣水等形式。

罗马和中国间的贸易在公元2世纪达到了鼎盛，据说当时的罗马水手是因为西南季风被吹到了南海，他们经马六甲海峡到达了当时属于中国的河内。因为南海的暗礁和台风对船只的航行造成的危险非常大，所以掌握了在南海航行的技巧是一个非常关键的突破。那时的中国甚至试图和罗马建立外交关系。因为匈奴的南袭日益加重，公元25年，汉朝光武帝（Kuang Wudi）迁都河南洛阳。汉朝后期尽管宫廷阴谋频发，各省的超权贵家族日益兴起，但公元88年至公元150年间，三位皇后依次执政，汉朝进入了极具活力的黄金时期。这期间的经济繁荣促生了新技术的重大发明：公元100年出现了以布絮为原料的造纸技术，也出现了带木齿轮的水车、独轮手推车及马颈圈等节省劳力的器具。和环形的牛颈圈相比，马颈圈两端不相连接，用它套在马肩骨上可以避免勒住马匹而使其窒息，马颈圈的发明使马匹第一次被用来套挽拉重物。

## 中国汉朝和罗马的贸易优势因何终结

在罗马，贸易带来的权力和财富使诸如卡利古拉(Caligula，统治期为公元37—41年)和尼禄（Nero，统治期为公元54—68年)等皇帝堕入腐败，公元67年发生的军队叛乱致使尼禄皇帝走投无路，只好自杀。之后的几个世纪中，罗马皇帝们努力规范其统治，使其政府更加尽责可靠，使罗马的强盛得以持续。在公元98年至公元180年间，这种努力起到了很好的效果。但是，在马可·奥勒留(Marcus Aurelius)皇帝将王位传给他的儿子康茂德(Commodus)后，罗马统治开始动摇，他统治罗马的结果和他的名字“康茂德”(Commodus)一词的本意(“合适的”)恰好相反。

这个时期，中东各民族眼看东方的财富从自己的土地上流走而自身却被极度边缘化，于是他们开始起来主张自身的地位。这些民族使用的语言主要是像阿拉米语(Aramaic)、古埃及语这样的闪族语和含米特语。罗马帝国一向通过融合的希腊-罗马文化来同化它的希腊国民，实现对希腊国民的统治。

但对阿拉伯人，从西塞罗①(Cicero)到佐西姆斯②(Zosimus)等诸多罗马作家都一致地予以诋毁，罗马人也从未获得过使用闪族语和含米特语的亚洲和非洲各省臣民的忠心。诗人尤维纳利斯③(Juvenal)就把生活在罗马的叙利亚人(主要是奴隶)看作是“脏水”(sewerage)。“叙利亚”(“Syrian”)这个词也被当作贬义词用来指代包括奴隶在内的所有下等人。同时，罗马无所顾忌地把大量中东人招募到军队。公元193年，一位名叫塞普蒂米乌斯·塞维鲁(Septimius Severus)的北非将领在罗马掌握了政权，成为第一个闪米特人皇帝。此后，闪米特人统治罗马长达半个多世纪。塞普蒂米乌斯·塞维鲁将一些闪米特人的方式引入罗马统治体制，使罗马统治在3世纪上半叶得到了迅速发展。塞普蒂米乌斯·塞维鲁大多数时候是在中东而不是在罗马，他是第一个对罗马实行专制统治的皇帝，他在罗马处死了一批妨碍他的贵族(多数为拉丁裔)。塞普蒂米乌斯于公元195年征服美索不达米亚后，更多的中东人进入罗马帝国。公元212年，塞普蒂米乌斯之子卡拉卡拉皇帝(Caracalla)给予罗马帝国所有自由民帝国公民身份，阿拉米语以及阿拉米服饰和习俗被引入罗马及其宫廷，包括犹太教和基督教在内的东方宗教受到推崇，中东裔的皇帝一直统治罗马直到公元249年。

公元249年，拉丁裔将领德西乌斯(Decius)推翻最后一任

---

① 古罗马著名政治家、演说家、法学家和哲学家。

② 拜占庭帝国时期著名的历史学家。

③ 生活于1—2世纪的古罗马诗人。

闪米特皇帝“阿拉伯人菲利普”(Philip the Arab)。249 年至 282 年，两名将领因争夺皇位而引发了战争。同一时期，沙普尔一世(Shapur I)率领萨桑王朝(Sassanid)的波斯人、巴尔米拉[1](Palmyra)女王季诺碧亚(Queen Zenobia)率领的阿拉伯人以及乌克兰的哥特人(Goths)或侵扰或占领了罗马帝国的东部诸省，阿克苏姆(Axum)的阿比西尼亚[2](Abyssian)王国占领了也门、控制了地中海通往印度洋的航运通道，并且和波斯人一道控制了丝绸贸易。罗马货币持续贬值可能与(也可能不是)黄金外流用以支付东方货品有关。罗马帝国尽管依然存在，但它在印度洋贸易中的地位开始迅速被萨桑王朝的波斯人取代。

## 中国汉朝的衰落

中国汉朝的衰落如同它的兴旺一样，和罗马帝国几乎同时发生。公元 184 年，在中国的四川和中国东部，信奉道教(Taoist)的教众发动叛乱，叛乱一直持续到公元 220 年，致使中国分裂成三国割据状态。其中一国占据黄河流域，一国占据长江流域，而另一国占据了四川(汉朝的三分割据也预示了罗马帝国即将被一分为二)。就像罗马人招募德国人为其打仗一样，中国军队也雇佣半中国化的各蛮族人入伍。316 年，中国北方草原蛮族部落人洗劫了洛阳城，屠杀了城内 3 万多百姓；

---

① 古代叙利亚中部重要城市，位于大马士革东北，幼发拉底河西南处。

② 埃塞俄比亚的旧称。

同样在公元410年，西哥特人[1]（Visigothic）洗劫了罗马。最终，和西罗马被分裂成众多日耳曼部落王国一样，中国也被多个相互争斗的草原部落分割、控制。如同“神圣罗马帝国”兴起于欧洲的拉丁人和日耳曼人的相互混合，后来的中国历史也是中国中原和北方草原各民族混合的历史。

## 西印度洋贸易形势的变化

这时期伊朗的发展带来了波斯的复兴。公元227年，萨桑王朝的贵族——波斯人阿尔达希尔一世（Ardashir Ⅰ，统治期为公元227—241年）推翻了帕提亚王朝[2]（Parthian Dynasty），在法尔斯（Fars）建立起自己的统治。为争取更多的印度洋贸易，阿尔达希尔一世在底格里斯河和幼发拉底河以及波斯湾沿岸兴建了众多港口。因为蛮族部落的进攻，中亚丝绸之路遭到破坏，迫使波斯人转向印度洋，通过海上航线获取中国丝绸。很快，波斯商人成为了远至印度和东非的主要贸易者。232年，阿尔达希尔征服亚美尼亚。到260年，其子沙普尔一世（Shapur I）（统治期为公元241—273年）征服了美索不达米亚和叙利亚。沙普尔一世的成功得益于他建立的新式军队、旗下热诚的武士以及与外族的坚固联盟。因为有了中亚人发明的“马镫”（stirrup），他为部队配备了高大战马和长矛，从而建立

① 东日耳曼部落的两个主要分支之一，另一个分支是东哥特人。
② 又名安息帝国。

起了一支铠甲骑兵部队。沙普尔一世和他的儿子[霍尔米兹德(Ormizd)]还得益于民众对宗教的热情。他们支持摩尼教创始人摩尼(Mani, Manichaeus)(约公元216—276年)的信徒。摩尼出生于伊朗，宣称自己是琐罗亚斯德教[①](Zoroastrian)教士所预言的光明之神“密特拉”[②](Mithra)。尽管民众对宗教的追捧非常有利，但其持续的时间短暂，琐罗亚斯德教的领袖们既不承认摩尼是预言中的“光明之神”，也不接受摩尼把所有物质认为是恶，所有的精神认为是善的观点。274年，霍尔米兹德死后，摩尼被钉死在十字架上。

沙普尔一世和哥特人(Goths)、闪米特人(Semites)结盟。随着贸易由印度洋经波斯湾、底格里斯河和幼发拉底河进入里海和黑海，日耳曼的哥特人从波罗的海沿东欧各河流而下，旨在将贸易进一步向北欧发展。从226年开始，国王尼瓦(Kniva)派遣的东哥特人(Ostrogothic)舰队从乌克兰驶入黑海，他们袭击了爱琴海沿岸各地；而西哥特人则让罗马尼亚脱离了罗马帝国。251年，尼瓦在菲利普波利斯[③](Philippolis)战役中打败罗马军队并杀死了罗马皇帝德西乌斯(Decius)，致使罗马人在地中海东部的航运中断。260年，沙普尔一世又打败罗马军队，双方在边界地谈判时擒获了罗马皇帝瓦勒良(Valerianus)。从266年到272年，叙利亚的巴尔米拉(Palmyra)王后季

---

① 流行于古代波斯及中亚等地，是摩尼教之源，中国史称祆教、火祆教或拜火教。

② 古印度-伊朗神祇。

③ 今保加利亚境内普罗夫迪夫。

诺碧亚(Zenobia)谋杀了她的丈夫巴尔米拉国王成为女王，一度统治了地处波斯和罗马帝国之间包括叙利亚、黎巴嫩、巴勒斯坦、埃及和安纳托利亚(Anatolia)在内的地带。到272年罗马打败季诺碧亚之时，沙普尔一世和哥特人各自控制着自己的海域，亚历山大港的希腊和犹太商人处境艰难，罗马对印度洋贸易的控制被削弱，罗马钱币在印度几乎完全消失。

波斯在国王纳塞赫(Shah Narseh)统治时期(公元293—302年)，与南阿拉伯人统治的索马里和桑给巴尔建立了关系。为争取平衡，希腊人则和阿克苏姆的埃塞俄比亚王国合作。当时的埃塞俄比亚王国统治范围从埃塞俄比亚到也门，横跨红海南端。到3世纪末，阿克苏姆征服了以麦加为中心的汉志[①](Hijaz)，还一度征服了也门。4世纪中期，希腊出生的圣弗鲁门修斯(St. Frumentius)使阿克苏姆成为基督教国家，阿克苏姆和拜占庭帝国的联系更加紧密，圣经被翻译成其民族语言，不过在451年埃塞俄比亚人加入了埃及的“一性论科普特教派”(Monophysite Coptic)，坚持认为耶稣是纯粹的神。在阿克苏姆商人的协助下，拜占庭商人开始和埃塞俄比亚商人进行贸易，印度香料重新又经亚历山大港流向各地。拜占庭帝国君士坦丁堡的居民数因此而增至30万人，该城设有三道城墙。中国、印度、东非、埃及和叙利亚之间互通海上贸易，中国船只在斯里兰卡各港口与阿克苏姆及波斯的船只汇集。公元5世纪至6

① 又译“希贾兹”，位于今沙特阿拉伯王国西部沿海地带。

世纪，拜占庭经历了它的黄金时期，修建了圣索菲亚大教堂（Hagia Sophia Church），还首次使用了手绘的建筑说明图(用羊皮纸绘制)。

## 拜占庭对波斯的挑战

同一时期，因为罗马帝国的衰落，希腊人(他们继续着罗马的主要商务活动)进入了真空状态。284 年，罗马皇帝戴克里先(Dioclytianos/Diocletian)将都城从罗马迁至欧洲和亚洲交界处的马尔马拉海(Marmora)东岸的希腊城市尼科美底亚[①](Nicomedia)。在这个位置，罗马人既可以防止哥特人的海上入侵又有利于巩固东部边境。330 年，君士坦丁大帝(Konstantinos/Constantine the Great)又将首都迁到了位于马尔马拉海西岸的博斯普鲁斯海峡(Bosporus)南端更具战略位置的君士坦丁堡(Konstantinpolis/Constantinople)。

从 408 年到 450 年，普尔喀丽亚(Pulcheria)控制了她兄长狄奥多西二世[②](Theodosios Ⅱ)退隐后的拜占庭政府，并在其兄去世后又统治了拜占庭 7 年。这期间拜占庭的商业利益得到了进一步提升。当日耳曼部落侵袭拉丁语地区(the Latin West)时，希腊人则加强了他们在地中海东部的经济实力。和古埃及第十八王朝法老哈特谢普苏特一样，普尔喀丽亚排除希腊贵族的反对，大力支持希腊中产阶级和他们的工商业。她采取无须

① 现在的土耳其城市伊兹米特。
② 东罗马帝国皇帝。

通过城市议会的直接征税方法，避免了城市议会对商业的过度征税和向军事贵族的农庄转嫁税负；她还废除了奴隶身份，在政府机构中比贵族更优先提拔中产阶层人士。当反对派的贵族利用“蓝党”（Blue Party，起源于赛马派系）的支持来达到他们的目的时，她则支持另一派由中产阶层会员组成的“绿党”（Green Party）。

## 印度笈多王朝在东印度洋贸易中的申索

当中国和罗马双双进入危机时，印度便迎来了它在印度洋中最辉煌的重要历史时期——笈多王朝（Gupta Dynasty）时期。在这一时期，印度并未垄断印度洋贸易，当时的贸易仍然对包括波斯、希腊等多地的商人开放。像之前的孔雀王朝的皇帝一样，笈多王朝的创立者旃陀罗笈多一世（Chandragupta I，统治期为 320—330 年）将都城设在了巴特那①（Patna），但他摆脱了孔雀王朝时期国家控制经济的模式，实行了贸易私营化，于是商业迅猛发展。当时的贸易中既接受银币也接受玛瑙贝壳（产于非洲大陆东南方、印度洋中西部塞舌尔群岛）当作货币。天文学家阿里亚哈塔②（Aryabhata）关于地球绕地轴自转的观点使印度人对航海知识有了进一步的了解。印度主要的外售商品是纺织品，除了传统的平纹细布（主要销往地中海）还有织锦（其中有些为提花编织，有些采用金线和银线）、刺绣和印花棉布。

① 今日印度比哈尔邦首府。

② 5 世纪末印度著名数学家、天文学家。他的作品有《阿里亚哈塔历书》。

通往拜占庭的贸易经由红海向西延伸；印度商人直接从孟加拉湾出航，这促进了在柬埔寨、泰国、缅甸、印度尼西亚和中国等地商人侨居地的形成。

在笈多王朝之前，印度商人已经开始前往东南亚采购黄金，这使当地的商贸得到了发展，而印度文化对当地各文化的影响也促生了又一次多文化的融合。公元 1 世纪，阿若憍陈如[①](Kaundinya)将印度教徒带入柬埔寨定居，他的后裔成为后来高棉王国的国王。公元 2 世纪，印度教文明传入泰国。到公元 14 世纪，泰国人以大城府(Ayutthia，地名来自印度教中罗摩的都城的地名“Ayodhya”)为国都统治了泰国和老挝。受印度和缅甸的影响，印度教文明在泰国的影响进一步加深。公元 2 世纪下半叶，在占婆补罗[②](Champa)(越南南部)形成了一个既礼拜湿婆又礼拜佛陀的印度教王朝。公元 400 年左右，印度教徒开始在婆罗洲[③](Borneo)聚居，并一度成为当地社会的主要势力。公元 684 年，在爪哇和苏门答腊开始形成了受佛教影响的印度教王国。8 世纪，印度教“夏连特拉帝国”(Sailendra Empire)扩展到了爪哇、苏门答腊以及多数其他印度尼西亚岛屿和为印度供应黄金的马来半岛。该帝国的最大建筑成就是 8 世纪中叶在爪哇修建的“婆罗浮屠佛塔”(the Borobudur temple)。到了 9 世纪，东印度商业王朝依旧控制着爪哇、苏门答腊、马来

---

① 佛陀最初的五位侍从弟子之一。

② 又称“占城”。

③ 又名“加里曼丹岛”(Kalimantan Island)，现由印度尼西亚、马来西亚及文莱三国管辖。

亚和柬埔寨，他们把印度文化传入这些地区，促进了当地文化的繁荣，尤其在爪哇和柬埔寨产生了深刻的影响。笈多帝国衰亡多年后，受其影响的柬埔寨文化发展到了它的鼎盛时期。在以“阿修罗王”名字(the king of the asbura demons)命名的巴厘岛(the island of Bali)至今主要宗教仍然是印度教，这应该是印度商人和印度文化对该地持续影响的结果。

中国商人在这个时期没有对印度商人形成竞争力，主要是因为匈奴(Xiongnu)[或 Mongols(蒙古人)]对中国的入侵以及因此而发生的抗击匈奴的战争所致。那时的中国商人只把丝绸和陶器运到马来半岛北部，之后再由印度商人从马来半岛的西岸经安达曼群岛(Andaman Islands)转运到印度东岸。中国此前最后一个游牧民族建立的朝代是魏朝(Wei，北魏)。到 439 年，北魏占领了中国北方所有地区，建都城于洛阳(Luoyang)。在匈奴王(Attila)从蒙古转向欧洲征战时期，中国社会的力量得到恢复，北魏开始实行中国汉文化特点的政策。494 年，北魏将汉语定为朝廷正式用语，规定贵族着汉装，依从汉族习俗，采用汉族姓氏以及娶汉族妻室。直到这个时期，中国商人才重新沿着亚洲贸易航线再次扩展贸易范围。北魏佛教僧侣慧深(Hoei-Shin)甚至著书描写(或虚构?)了他穿越太平洋到达一处新陆地的航行经历。4 世纪晚期，中国佛教僧侣法显(Fahien)经中亚到达印度，在佛教圣地菩提伽耶①(Bodh Gaya)等地禅学

① 位于印度巴特那(Patna)城南，释迦牟尼的悟道成佛之地。

后经斯里兰卡和爪哇返回中国。而那个时期印度笈多国的商人已经在东印度洋直至马六甲海峡及其以外的范围内占据了优势，旃陀罗笈多二世（Chandragupta Ⅱ，统治期为375—414年）将笈多国的疆域扩展到了印度西海岸，印度人与拜占庭帝国亚历山大港商人之间的贸易活动使印度获得了繁荣。

贸易带来的财富使印度的创造力达到了新的高度，“曼达波”（Mandapas）（列柱式大厅）和“希诃罗”（shikharas）（陈列佛像的塔楼）取代了独立的佛堂而成为当时的建筑时尚。印度人在文学方面也取得了新的成就，出现的作品有迦梨陀娑①（Kalidasa）的戏剧、印度书册集《往世书》②（*Puranas*）以及教人如何吸引女性、提升性愉悦的性爱指南《爱经》（*Kama Sutra*）等。《达莎阿凡达》（*Dasha Avatar*）［或《十个化身》（*Ten Incarnations*）］讲述的则是毗湿奴（Vishnu）十次以肉身进入尘世的经历，其中毗湿奴的第九次化身（佛陀）入世预示了笈多印度教对佛教的吸收。印度教也同样吸收了耆那教，如：在寺庙里用动物图像代替动物作祭品以及强调素食。在中国，因为重返贸易，北魏时期的中国活力也得以爆发，相继发明了雕版印刷、火药和风筝；顾恺之还创立了山水画。因为和中国的贸易往来，日本也加入到了插花、园林艺术和世界最早的油画创作行列。以乡村为主的古老的印度教在完全吸收佛教并与耆那教调

---

① 印度古典梵语诗人，剧作家。

② 古印度一种文献集，内容主要包括宇宙论、神谱、帝王世系和宗教活动等，通常为诗歌体，以问答的形式写成。

和之后，终于战胜了自公元前 6 世纪以来一直受到的来自城市商人的挑战。6 世纪末，中亚的白匈奴[①]( White Hun)对笈多进行了最后一次入侵，摧垮了笈多帝国和它的贸易体系。

## 欧洲人参与地中海贸易第一个时期的结束

笈多帝国及其贸易的瓦解也使印度在西方的贸易伙伴发生了巨大变化。在拜占庭帝国，说闪米特语和含米特语的中东人以前对罗马人不满，这时对希腊人的统治同样也不满意。公元 6 世纪，因为查士丁尼一世(Emperor Iustinos I/Justinian，统治期为 527—565 年)过度放纵拜占庭的权利，闪米特人获得了一次脱离希腊统治的机会。农民血统的查士丁尼一世，娶了君士坦丁堡马戏团一位驯熊师的女儿狄奥多拉(Theodora)为妻，但他非常渴望证明自己能够成为一位出色的统治者。他在君士坦丁堡兴建了著名的圣索菲亚大教堂[②](Hagia Sophia)，宣称“我打败了你，所罗门!”[③]。他颁布新的罗马法律以巩固皇帝的权力，从日耳曼部落手中夺回了地中海西部的很多地区。

尽管这些消耗了拜占庭帝国的资源，查士丁尼一世仍然没有把波斯人从印度洋贸易中驱逐出去。6 世纪初，波斯人和埃塞俄比亚的阿克苏姆国王达成贸易协议，形成了在丝绸贸易的垄断地位，拜占庭用在丝绸上的花费因此急剧上升。531 年，

---

① 亦称嚈哒人，起源于蒙古草原的古代中亚游牧民族。

② 因其巨大的圆顶而闻名，被认为是“改变了建筑史”的拜占庭式建筑典范。

③ 以色列王国所罗门国王曾修建了“所罗门圣殿”，后世称为“第一圣殿”。

查士丁尼一世想通过阿克苏姆国王来瓦解波斯人在中国丝绸贸易中的垄断，但是阿克苏姆的商人并没能将波斯人挤出丝绸贸易，更别说代替他们在斯里兰卡的地位了。552年，拜占庭的修道士将蚕茧藏在竹条中偷运到君士坦丁堡，于是在叙利亚和希腊南部很快便开始了养蚕，君士坦丁堡开始了丝绸纺织。这样，尽管中国仍然在丝绸的出口上占据着重要地位，但它对丝绸产品的垄断已不复存在。因为能供应更高质量的产品，波斯人的地位不断提升，其实力可与拜占庭帝国的贸易伙伴阿克苏姆帝国相比肩。大约在540年，阿克苏姆帝国的阿拉伯殖民地总督艾卜莱亥（Abrahah）起兵反抗阿克苏姆，并独自抵抗住了来自埃塞俄比亚的两次征讨，拜占庭的利益因此受到了很大的影响。艾卜莱亥最终以向阿克苏姆国王进贡为条件实现了自治，拜占庭帝国通往印度洋的通道因此受到威胁。

## 波斯人和希腊人轮番得势

查士丁尼一世去世后留给他继任者的是一个充满民怨而动荡的中东。波斯萨桑王朝国王库思老一世（Khusru I Anushirwan/ Chosroes）趁此动荡之际在570年洗劫了安提俄克，同年他又控制了阿克苏姆统治下的也门，切断了拜占庭通往印度洋的通道。巴林岛和阿曼也开始依属于萨桑王朝，波斯商人开始在巴林岛和阿曼的各港口聚居。阿曼的很多阿拉伯商人成了波斯创世之神“阿胡拉·马兹达”（Ahura Mazda/Hormuz）的信徒。随着与也门贸易的终止，拜占庭帝国没药和乳香的贸易也因此而减少。574 年，查士丁尼二世（Iustinos Ⅱ）因不能控制危机而精神错乱。他去世后，大量斯拉夫人（Slavs）利用拜占庭的混乱在巴尔干半岛长期居住了下来。在“得胜王”库思老二世（Shah Khusru Ⅱ Parviz “the Victorious”）统治期间（589—628 年），波斯人进一步巩固了他们的胜利成果，603 年至 610 年期间，库思老侵占了叙利亚和小亚细亚通往博斯普鲁斯海峡的各要道。受拜占庭帝国的中东人的鼓舞，波斯人在 611 年洗劫了安提俄克，614 年占领了大马士革，615 年占领了耶路撒冷，616 年征服了埃及。亚历山大港的长老将该城让给了波斯人。

7 世纪初，印度洋和拜占庭帝国势力的短暂恢复牵制了波斯势力的发展。606 年，16 岁的曷利沙（戒日王）（Harsha）成为德里附近的“戒日王朝”（Kanauj）的国王，统治该王朝长达 41 年。这位戒日王精力充沛且倾心理政，他统治下的戒日王朝疆域从旁遮普一直到奥里萨（Orissa）。他是个人道主义者，曾阻止了他妹妹依照传统在丈夫死后以自杀方式为丈夫作祭献。他还资助学问，写过戏剧和诗歌，吸引印度尼西亚、中国、朝鲜以及日本的学生到他的那烂陀佛学院[①]学习。记叙了 500 多个佛陀转生故事的《本生经》（*Jataka*）[②]就是为戒日王收集并敬献给他的。其中的一个故事讲述的是佛陀为牛身时

---

① 创建于 5 世纪，位于今印度比哈尔邦巴腊贡，中国的玄奘、义净等僧人先后在此学习过。

② 原文可能有误，或引起歧义。最早的《本生经》（*Jataka*）是用巴利语写的，至少可以追溯到大约公元前 380 年。《本生经》多以散文和韵文写成，通过讲述佛陀释迦牟尼前生的故事来教化弟子。此处提到的《本生经》应该不是最早的巴利语经藏，疑为后人从《本生经》编辑、整理而成。——译者注

的耐心生活经历，以此强调：人如果要在转世与轮回中获得进步，就必须接受命运。

同一时期，拜占庭经历了它的最后一段飞速发展时期。出身亚美尼亚家庭的将领希拉克略（Heraklios I，统治期为公元610—641年）篡夺皇位之后分别于615年和626年两次击败了波斯人对君士坦丁堡的入侵。622年，希拉克略也采用配备有马镫和盔甲的希腊军队（即所谓的铁甲骑兵）进行攻击。他利用希腊海军善于连续作战的优势攻占了位于地中海东北角的西里西亚（Cilicia），把波斯人赶出了安纳托利亚（Anatolia）。627年，希拉克略截获了库思老二世写给他的军队的一封书信，信中命令处决一名波斯将领沙赫尔·巴拉兹（Shahr-Baraz），希拉克略在这份名单上又加上了400名其他波斯军官的姓名，然后把书信传送给了沙赫尔·巴拉兹。没想到，沙赫尔·巴拉兹和名单上的那些军人倒戈一击，推翻了库思老二世。希拉克略则利用萨桑王朝的这次骚乱率兵攻入伊拉克北部，并于同年在尼尼微[①]（Nineveh）赢得了军事胜利。这次的胜利让他得以在次年初占领萨桑王朝位于巴比伦北部的都城泰西封[②]（Ctesiphon）。不久，库思老二世去世，希拉克略重新控制了黎凡特。

在本章所涉及的1300年间（从公元前6世纪到公元7世纪），希腊人进入了西印度洋，他们抢夺了波斯人在西印度洋中的贸易，取代了波斯人在这里的主导地位。而罗马人则通过

① 位于今日伊拉克北部城市摩苏尔附近。
② 位于今日伊拉克首都巴格达东南的底格里斯河河畔。

征服希腊人长期享用了希腊人的胜利果实(与出现在东印度洋的中国一起)。在罗马统治衰落后，波斯人企图重拾以往的主导权却遭到了希腊人的挑战，最终以希拉克略的胜利告终。然而，希拉克略的胜利是短暂的，他统治下的闪米特人和含米特人根本不顺从于希腊的统治。同时，希腊和波斯人之间因争夺控制权而连年相互争斗，致使双方力量都消耗殆尽，也使他们极易遭受外来的攻击。这种攻击在希拉克略取得重大胜利仅7年之后便发生了，从而结束了地中海地区欧洲人强大势力首次对印度洋贸易的影响。人们总是希望自己和家人一直所了解的这个世界不会一夜间风云突变，但历史告诉我们的往往恰恰相反。

## 参考阅读

**关于印度和东南亚：**

Edward Conze, *A Short History of Buddhism* (London: Allen and Unwin, 1980);

W. W. Tarn, *The Greeks in Bactria and India* (Cambridge: Cambridge University Press, 1951);

Chai-Shin Yu, *Early Buddhism and Christianity: A Comparative Study of the Founders' Authority, the Community, and the Discipline*(Delhi: Motilal Banarsidass , 1981);

Kenneth R. Hall, *Martitime Trade and State Development in Early Southeast Asia*( Honolulu: University of Hawaii Press, 1985);

A. Reid, *Southeast Asia in the Era of Commerce, 1450–1680: The Lands below the Winds* ( New Haven, Connecticut: Yale University Press, 1989);

D. R. Sardesai, *Southeast Asia: Past and Present* ( Boulder, Colorado: Westview Press, 1997).

关于中国:

S. A. M. Adshead, *China in World History*( New York: St. Martin's Press, 2000);

Zhongshu Wang, *Han Civilization*( New Haven, Connecticut: Yale University Press, 1982);

Xinru Liu, *Ancient India and Ancient China: Trade and Religious Changes AD 1–600*( Dehli: Oxford University Press, 1988);

Yu Yingshi, *Trade and Expansion in Han China: A Study in the Structure of Sino-barbarian Relations* ( Berkeley: University of California Press, 1967).

关于波斯阿契美尼德王朝:

Pierre Braint, *From Cyrus to Alexander: A History of the Persian Empire*, trans. Peter T. Daniels ( Winona Lake, Indiana: Eisenbrauns 2002);

Andrew Robert Burn, *Persia and the Greeks*: *The Defense of the West*(*Stanford*, *California*: *Stanford University Press*, 1984);

John Curtis, *Ancient Persia* (London: British Museum Publications, 1989).

关于希腊：

Sarah B. Pomeroy, Stanley M. Burstein Walter Donlan and Jennifer Tolbert Roberts, *Ancient Greece*: *A Political*, *Social*, *and Cultural History*(New York: Oxford Unversity Press, 1999);

Charles W. Fornara and Loren J. Samons Ⅱ, *Athens from Cleisthenes to Pericles* (Berkeley: University of California Press, 1991);

Michael Grant, *From Alexander to Cleopatra*: *The Hellenistic World*(New York: Charles Scribner's Sons, 1982);

Naphtali Lewis, *Greeks in Ptolemaic Egypt*(Oxford: Clarendon Press, 1986);

Malcolm Francis McGregor, *The Athenians and their Empire* (Vancouver: University of British Columbia Press, 1987);

Frank William Walbank, *The Hellenistic World* (Cambridge, Massachusetts: Harvard University Press, 1982).

关于罗马：

Anthony Birley, *Septimius Severus*: *The African Emperor*(New

York：Doubleday，1972)；

Ernle Bradford，*Cleopatra*（San Diego，California：Harcourt Brace Jovanovich，1972)；

John Buchan，*Augustus*（London：Hodder and Stoughton，1937)；

A. Cameron，*The Later Roman Empire*（Cambridge，Massachusetts：Harvard University Press，1993)；

Robert B. Kebric，*Roman People*（London：Mayfield，1997)；

Yann Le Bohec，*A History of Rome*，trans. A. Nevill（Oxford：Blackwell，1996)；

H. H. Scullard，*Scipio Africanus*：*A Soldier and Politician*（Ithaca，New York：Cornell University，1970)；

C. W. Bowersock，*Roman Arabia*（Cambridge，Massachusetts：Harvard University Press，1983).

**关于拜占庭：**

Michael Grant，*Constantine the Great*：*The Man and his Times*（New York：History Book Club，2000)；

John Moorhead，*Justinian*（London：Longman，1994)；

Warren T. Treadgold，*A History of the Byzantine State and Society*（Stanford，California：Stanford University Press，1997).

# 第四章　阿拉伯的黄金年代

随着中国汉朝和拜占庭帝国的衰落，中国人和欧洲人在印度洋的贸易活动减少了。中国和欧洲地中海地区遭遇的困境为印度洋周边的初始商贸社会提供了独立商贸活动的机会。其中最引人注目的是最早进入文明的印度洋西端地区——“肥沃新月”和埃及的突出表现。伊斯兰教的兴起让伊斯兰社会重新团结起来，并形成了团结的意识。遍布各地的伊斯兰社会网络逐渐取代了早先的贸易模式。本章将涉及以下四个主要的阿拉伯人主导的贸易时期。

1. 7 世纪初麦加和麦地那地区信奉新兴伊斯兰教的阿拉伯人的崛起；

2. 7 世纪中期至 8 世纪中期大马士革的倭马亚王朝(Ummayad Caliphate)；

3. 8 世纪中期至 10 世纪初期巴格达的阿拔斯王朝(Abbasid Caliphate)；

4. 10 世纪至 11 世纪开罗的法蒂玛王朝(Fatimid Caliphate)。

阿拉伯黄金时期见证了印度洋地区各民族的持续繁荣。在 11 世纪，阿拉伯人与印度、印度尼西亚人之间在孟加拉湾贸易中的相互争夺和竞争达到了高潮。阿拉伯统治者们和他们的对手印度人建立了外交关系，印度洋东半部的贸易因此而上升。贸易的发展得益于造船技术的进步(横向式水密舱壁的设计使船只不容易沉没)，更大型、更适合航海、带罗盘的阿拉伯三角帆船的出现(罗盘也出现在了中国的平底帆船中)加大了制造品、木材、小麦、大麦、水稻、盐和糖等散装货物的运输量。阿拉伯人的三角帆船中帆桨并配，还配有尾舵，更好操控。船的两根桅杆各配有三角形船帆，船帆完全升起时船只可快速行驶，逆风时可调节船帆角度让船沿“之”字形前行。三角帆船的船板用椰子纤维绳相连，并经用力敲击后使各船板之间连接更紧密，船板间的缝隙处用椰子纤维、树胶和石灰制成的黏胶填塞。不过，因为人们迷信地认为水下磁力会将铁钉吸出，所以三角帆船一直没采用铁钉，因而其寿命很短，这成了它最大的弱点。船舷上装有柳条围栏可以防止海浪直接敲打舷墙。船上的导航采用了古希腊星盘和中国罗盘(这时已发展成自行摆动指针式)，星盘因为需要在自然垂直状态下才能找到地平线位置，而海上波浪起伏，于是四分仪也被采用。纬度的判断是根据测量北极星的高度来决定的，手举一块板子、伸直手臂将板子对准北极星，通过测量板子和一条下垂绳子所形成的夹角来确定船只所在的纬度。

647 年，戒日王去世后，在北印度的帝国戒日王朝逐渐衰败，贸易强国也随之发生变换。反佛教、反中国的势力将印度人阿朱那(Arjuna)推上了王位。中国人被他当庭处死，但太宗皇帝(Emperor Taizong)的使节王玄策(Wang-Hiuen-tse)逃往尼泊尔，并从那里率领一支西藏军队返回印度，打败了阿朱那。王玄策将1000名印度人斩首，并将阿朱那押回了中国。

在印度南部，以甘吉布勒姆(Kanchipuram)为中心、拥有大港口玛玛拉普兰(Mamallapuram)的帕拉瓦王朝(Pallava)在公元7世纪和8世纪间因贸易而繁荣起来。他们往阿拉伯销售肉桂、姜、胡椒、咖喱粉(由胡椒混合其他辛辣香料而成，最早是采用姜，现在采用的是姜黄)、辣椒粉(甜椒粉)和丁香，再从非洲东部购进酒石(葡萄和罗望子混合而成)。

这个时期印度洋的巨大繁荣促生了世界上最崇奉性的宗教派别——印度教性力派(Tantric Hinduism)。尽管对肉欲的崇奉源于社会的繁荣，但社会对性欲的崇奉却未能反哺社会的繁荣。相反，它不仅破坏了职业道德而且还破坏了促生它的社会繁荣。性力派对性的崇拜逐渐消耗了他们的精力而使其无力阻挡外来势力的入侵。性力派将“性力神”沙克提(Shakti)尊为宇宙的主导，他们尊崇毁灭之神湿婆(Shiva)和他的妻子迦梨女神(Kali)。那时的印度被分割成了众多个小王国，他们将部分财富用在了修建各种庙宇和神殿上。8世纪晚期，帕拉瓦王国的泰米尔人国王纳拉辛哈·瓦拉姆一世(Narasimha Varam I)在玛玛拉普兰(Mamallapuram/“Place of the Wrestler”)修建了一座毗湿奴神殿，神殿中的一处浮雕展现了恒河众神从喜马拉雅的神灵世界降临到凡人世界的情形。与此同时，罗湿陀罗拘陀王国(Rashtrakuta)的国王克里希那一世(Krishna I)(统治期为760—800年)在后来的孟买地区[孟买东部的埃洛拉(Ellora)和孟买港的神象岛上的采石场］修建了两座湿婆的石刻神殿。当时实行圣(庙)妓制，甚至许可僧人可以终身享用圣妓。对性的沉迷渗入教育系统，写淫秽书籍的学者和他们的著作也因此而名噪一时，如：克什米尔一位大臣写的《一个皮条客的观点》(*Kuttini Matam /Opinions of Pimp*)，梵语学者卡什曼陀罗(Kshemendra)写的《一个妓女的传记》(*Samaya Matraka/Biography of a Prostitute*)。

## 中国唐朝人在印度洋东部的贸易活动

此时的中国从中亚游牧民族的入侵和汉朝的瓦解中逐渐恢复起来。尽管中国人在印度洋的贸易直到宋朝才得以再度强盛，但印度和中国间的贸易此时已经又变得重要起来。唐朝是由起义将领于 617 年建立的，定都咸阳。唐太宗(Taizong)时期，唐朝征服了中国通往周边贸易的战略要地。唐太宗和日本联合，帮助高句丽和百济国王打败了新罗，并以此让朝鲜对唐称臣。他还再次征服越南，为其取名为“安南”(Annan/Pacified South)。671 年，中国佛教僧人义净(I-Ching)从广东出发，经苏门答腊到达印度。717 年至 720 年，一名印度人从斯里兰卡由海上到达了广东，由此开启了一条中国和印度之间的双向贸易之路。7 世纪，唐朝还派遣了使节前往越南和印度。唐朝从印度洋进口的物品种类繁多，有印度尼西亚的丁香、檀香木，缅甸的胡椒，波斯的大枣和开心果，索马里的没药和乳香。

唐朝的商品往远销到了君士坦丁堡。陆路的主要线路沿途和水路沿岸都设有带客栈的驿站。唐朝的包容政策鼓励了不同宗教的各民族之间的交往，他们既包括信奉当时国教的儒教徒，也包括佛教徒、道教徒、琐罗亚斯德教徒(Zoroastrians，拜火教)、摩尼教徒(Manichaeans)、犹太教徒、基督教徒和伊斯兰教徒。713 年，倭马亚王朝(Ummayad )哈里发瓦利德一世(Walid I)派到唐朝的使节因宗教顾忌不肯向唐明皇叩头时，也得到了唐明皇的允许。唐朝的经济出现了前所未有的繁荣。到 748 年，波斯和阿拉伯人的船只开始驶往广东，他们大批人居住在中国海南省。他们将中国的瓷器、丝绸和铜币传到伊拉克、埃及和桑给巴尔。

这个时期，茶从东南亚传入中国。原本只是用作药物的茶很快成为人们喜欢的饮品。为了盛液体，中国人用高岭土、长石和黏土经过高温烧制出了世界上最早的无缝瓷器。敲击瓷器会发出响声，这在当时被误认为是食物有毒所致。继而出现的越瓷以白色黏土烧制而成，瓷体光亮通透。本书前文提及，在 6 世纪因拜占庭的叙利亚僧人将蚕卵偷运回他们自己国家，中国因此不再垄断丝绸的生产技术(并不是说中国不再出口丝绸产品)。而瓷器，作为非常好的压舱物，成了阿拔斯王朝(Abbasid)时期中国销往阿拉伯地区的主要出口品。

## 阿拉伯民族的崛起

长期以来，聚居了众多犹太商人的红海沿岸各城市一直从往来于红海的贸易中获益，而麦加则成了往返于红海的商人们主要的中途停靠点，他们经麦加通过骆驼商队将货品从阿拉伯半岛分销到“肥沃新月”(对这个看法尚存有争议)。而前往麦加朝觐、绕着安放有椭圆形褐色陨石(黑石)的克尔白圣殿(the Ka’aba/“Cube”)游转、崇拜“月亮之神”安拉(Al-Lah)的大批朝圣者们，则更增强了麦加作为商贸中心的作用。与阿拉伯半岛的其他地方不同的是，阿拉伯商人在麦加的贸易活动不受世仇意识的影响。尤其是倭马亚王朝时期的古莱什部落①(Quiraysh/“Shark”)在麦加的贸易发展中获益良多。但在5世纪、6世纪，阿拉伯商人在印度洋的贸易渐渐被对手波斯人取代。570年，也门被波斯王库斯鲁一世派出的远征军占领后，阿拉伯人在红海的贸易也陷入困境。由于波斯人和希腊人之间的冲突，从印度洋到红海之间贸易通道的控制权频繁发生变化，这既刺激了麦加阿拉伯商人的发展，同时也令他们非常担忧。伊斯兰教的兴起从某种意义上说可以看成是宗教方面对历史发展的一个创造性回应。

## 穆罕默德

库斯鲁一世占领也门的同年，穆罕默德(Mohammed)出生在麦加古莱什(Quiraysh)部落的哈希姆(Hashimite)家族。成年后的穆罕默德受雇于富孀赫蒂彻(Kadija)，成为骆驼商队的领队来往于麦加和大马士革之间。20岁时他与40岁

① 伊斯兰教兴起前在麦加地区占统治地位的一个阿拉伯氏族部落，从事商业，没有从事畜牧与农业。

的赫蒂彻结婚，婚后他们生下了四个女儿，最大的叫法蒂玛(Fatima)。30 岁出头时，有一次他的一些熟人正在祈盼神灵能给予阿拉伯人一个更高远的精神启示，此时的穆罕默德开始有了最早的一些幻象。起初，他害怕这些幻象是来自神灵，但很快他确定这是真主(God)通过天使加百列(Gabriel)在和他交谈。

穆罕默德是个商人，所以他所宣讲的宗教对商人友善这毫不奇怪，《古兰经》也把诚实的商人与先知和殉道者同等对待。《古兰经》要求所有的信众只要有可能至少要去麦加朝圣一次。于是，众多的伊斯兰教徒从各地乘船前往麦加的吉达港(Jiddah)，这无疑对航运业产生了极大的推动。因为禁止收取利润，商人和放贷者只得依靠第三方或设法隐瞒利润。穆罕默德 40 多岁时，波斯军队控制了印度洋贸易，势力不断增强，横扫了整个中东。“常胜王”库斯鲁二世(Shah Khusro Ⅱ the Victorious)向拜占庭宣战后于 610 年征服安纳托利亚并一路直指博斯普鲁斯(Bosporus)，611 年占领安提俄克(Antioch)，614 年攻占耶路撒冷，617 年攻占了埃及。攻占后面的几个地区对库斯鲁二世来说相对容易，因为当地很多说闪米特语和含米特语的人不满拜占庭的统治。

到 7 世纪 20 年代早期，穆罕默德的信众越来越多，这让倭马亚人很担心。622 年，穆罕默德和他的一些追随者被迫逃往麦地那城(Medina)，这个地方位于麦加以北 320 千米的大马士革骆驼商道上。在麦地那，穆罕默德发起了对麦加的战争，给他的追随者们传达了为宗教而战的精神，这对他将来的成功非常有益。战斗非常激烈，穆罕默德派出刺客将对方的卫兵消灭。攻下麦地那后，因为麦地那的犹太人拒绝接受伊斯兰教，所有犹太男人因此而被处死，妇女和儿童则被卖作奴隶。630 年，拜占庭皇帝希拉克略一世(Heraklios I)在尼尼微城(Nineveh)打败了波斯人，希腊人因此控制了中东。同年，穆罕默德围攻麦加。倭马亚军队中最富智谋的穆阿维叶(Muawiya)和穆罕默德谈判并向他投降，成为穆罕默德的私人助手并改信伊斯兰教。穆罕默德继而又占领了波斯通往印度洋的战略要道也门。随后的一系列战役后，穆罕默德不仅控制了从埃拉特[①](Eilat)到也门的红海海岸，还控制了整个阿拉伯半岛西部。所有阿拉伯人都改而信奉了伊斯兰教。

## 早期哈里发

穆罕默德去世后，哈希姆家族认为他会让自己的堂弟、已故长女法蒂玛的丈夫阿里(Ali)当继承人，但最后首任继承人“哈里发”的位置却传给了穆罕默德最好的朋友——同时也是他最后一任妻子阿伊莎(Aisha)的父亲——出身台姆宗族(Taym clan)的艾卜·伯克尔(Abu Bakr)。634 年艾卜·伯克尔去世后，哈里发传给了穆罕默德的另一位女婿，同样来自台姆宗族的欧麦尔(Umar)(统治期为 634—644 年)。在伊斯兰教艺术作

① 以色列南部港口。

品中，性情暴烈的欧麦尔通常都是通过手握鞭子的形象来体现。他的鞭子的确发挥过致命的作用：他曾用鞭子抽打一位稍有过失的人，也曾因自己的儿子喝醉酒而用鞭子将其打死。而正是这种暴力在带领阿拉伯人步入世界重要势力圈中发挥了重要作用。

因为失去了波斯人庇护而深感不满的“肥沃新月”地区的闪米特人绝不愿意帮助拜占庭的统治。欧麦尔便利用这一机会并借助人们新生信仰的热情在阿拉伯半岛至中东地区发动了旋风般的军事行动，他承诺要控制所有这些地区的重要贸易航线。635 年，他们首先攻破了大马士革，很快叙利亚其他各地也相继被攻破。速度如此之快以致希拉克略率领的增援部队都没来得及赶到。当年，欧麦尔还占领了伊拉克，两年后的 637 年，耶路撒冷不战而弃。曾经被迫皈依基督教的巴勒斯坦犹太人则积极帮助阿拉伯人占领巴勒斯坦。又过了三年，欧麦尔于 640 年征服了埃及。一性论派的科普特人很愿意接受阿拉伯人，因为这样他们可以摆脱拜占庭的各种税负和希腊正教派对他们的宗教迫害。欧麦尔默许犹太人和科普特人为“经书之民”(Peoples of the Book)，只向他们征收较少的税负。他们和叙利亚的基督教徒、伊拉克的拜火教徒都被允许继续管理驿站。尽管犹太人和科普特人在当时对自己的闪米特族兄弟阿拉伯人取代了拜占庭的希腊人的统治很满意，可后来他们却都发现他们不过是阿拉伯人统治下受迫害的少数民族。欧麦尔的最后一次征战最终把当时已经被逐出了也门、巴林和伊拉克的波斯帝国送上了末途。642 年，阿拉伯人在哈马丹(Hamadan/Ecbatana)战役中彻底打败了波斯国王耶兹德格尔(Shah Yezdegerd)。阿拉伯人每占领一个地方都在那儿建立堡垒(garrison/amsar)，其中的一些堡垒后来发展成了繁华的大城市。伊拉克的巴士拉(Basra)和埃及的福斯塔特(Fustat)都是由这样的堡垒发展而来的。

## 欧麦尔进入印度洋

阿拉伯人很快就开始将注意力转向控制印度洋贸易。636 年，巴林新上任的伊斯兰总督袭击了孟买附近的印度洋海岸，而他的兄弟则抢占了印度河三角洲的船只。638 年，后一任巴林总督又穿过波斯湾袭击了波斯。641 年，为报复埃塞俄比亚人对阿拉伯海岸的袭击，欧麦尔派海军穿过红海进攻阿比西尼亚(Abyssinia)。642 年，埃及新任的阿拉伯人总督重开连接尼罗河与红海的古运河。阿拉伯人对印度洋到地中海之间贸易的控制有利于麦加到大马士革间骆驼商队的发展，但却导致了之后的 300 多年间红海与埃及之间贸易航线的衰退。仍然和拜占庭保持着联盟并秉持“一性论”的埃塞俄比亚的阿克苏姆人也同样被隔离在了贸易航线之外。

阿拉伯人和伊斯兰教徒的活动一直向东和向南延伸到了印度洋贸易航线。710 年，阿拉伯人攻占了今天巴基斯坦南部的信德(Sind)，并进而攻占了马拉巴尔海岸。他们在各港口城镇的沿路建立商人居住点，一直到斯里兰卡。由波斯人从印度带来的甘蔗、稻米和藏红花很快在信奉伊斯兰教的地区培植，并成为伊朗的主要种植物和阿拉伯人的日常食物。阿拉伯人和波斯人还在东非发展起了伊斯兰贸易中心。在东非，他们购进象牙、黄金、铁和奴隶，同时销售从中东购进的毛毯、铁具、坛罐，从印度购进的布、串珠、金属器具，从马尔代夫购进的玛瑙贝壳(用作钱币和饰品)，从泰国、缅甸购进的石罐、石壶，从摩鹿加群岛购进的香料以及从中国购进的瓷器。在东非还交易少量小麦、水稻、油料、黄油和染料等外来物品。从 671 年到 748 年间，波斯人、印度人以及马来西亚人都曾被当作在广东的船主而载入中国的文献。当时在津巴布韦王国购买的黄金是来自东非口岸的基卢瓦(Kilwa)和索法拉(Sofala)。黄金贸易给津巴布韦带来的繁荣在建筑上的表现就是用石头建造的高大“围城”(kraals)。尽管欧洲人和中国人都购买象牙，但最大的象牙买主是印度，因为非洲象牙比印度象牙更适合用作镶嵌宝石和装饰。奴隶在非洲较普遍，其交易主要在索马里各港口城镇进行，奴隶被运往中国、印度、波斯和中东(在印度，印度教允许奴隶买卖；而在波斯，成千上万的奴隶则是被送往硝石矿场做工)。

阿曼的阿拉伯人掌控东非的奴隶和农作物(产品)贸易已经很久了，但移居到非洲海岸的阿拉伯人直到 13 世纪才逐渐强大起来，开始在当地合法建立了独立的阿拉伯人酋长管理体制。最早在非洲的伊斯兰教徒来自波斯湾设拉子(Shirazi)，他们在摩加迪沙(Mogadishu)附近聚居，随后伊斯兰教徒慢慢扩散到东非的其他港口。在东非，阿拉伯人、波斯人、班图人(Bantur)以及后来的葡萄牙人居住在一起便逐渐形成了一种新的通用语——斯瓦希里语(Swahili)(源于阿拉伯语，即“海岸”之意)，它和豪萨语(Hausa)逐渐成为撒哈拉以南非洲地区最广泛使用的两种语言，使用人数超过2000万。在索马里各港口，阿拉伯人和波斯人成为商人团体中最为强大的势力，而本地的非洲势力则控制了非洲更靠南部的地区。阿拉伯人还控制了与坦桑尼亚隔海的桑给巴尔。阿拉伯商人从中国进口瓷器、地毯、丝绸、锦缎、珍珠和玻璃珠，印度商人也在东非口岸定居下来，他们带来了铁器和玛瑙珠。但是，伊朗人仍旧在一段时期内控制着波斯湾地区和中国间的贸易。东非斯瓦希里各城邦把他们的财富用来建造“柱墓”(在墓穴上面建有柱形建筑)和印度尼西亚风格的清真寺。

在印度洋各港口城镇，当地的商人们发觉伊斯兰教主张平等，且传播广泛，于是他们很快纷纷皈依了伊斯兰教，印度洋各港口伊斯兰商人因此迅速发展。伊斯兰商人开始使用早期汇票，还开始形成了合伙契约形式，这些做法都是向前人学习所得。伊斯兰教向异教徒收取货品价值10%的费用，向“经书之民”(犹太人和基督徒)收取5%，而向伊斯兰教徒仅收取2.5%。在欧麦尔统治期，“伊斯兰国家”(Dar al-Islam)——也就是“伊斯兰家园”(House of Islam)迅速扩展。但是正当欧麦尔准备发动又一次征战时，他遇害了。伊斯兰教徒的刺杀常发生在清真寺，因为人们跪地祷告时并无防备。当时，欧麦尔正带领信徒在麦地那作晨祷，一个波斯奴隶刺杀了他。

## 阿拉伯人对贸易的控制中心转移到大马士革

欧麦尔遇刺后，阿里和哈希姆家族依然没能成为继承人。当时，倭马亚家族的穆阿维叶（Muawiya）（穆罕默德的前任大臣）被任命为叙利亚大马士革的总督。他是一个政治家，曾说“只要能用言语表达的，我绝不使用我的剑”，这让他赢得了臣民的热爱，穆阿维叶所拥有的崇高地位使他在欧麦尔死后能够让他自己家族（倭马亚家族）的成员、先后娶过穆罕默德两位女儿的奥斯曼（Uthman）（统治期为644—656年）接任哈里发。645年，穆阿维叶建立了一支海军，他以亚历山大为基地，雇佣了亚历山大港训练有素的希腊水手，大马士革逐渐发展成为倭马亚人统治的中心。

阿里向奥斯曼的宗教领袖地位发起了挑战，他召集他的“什叶派”（*Shi'i*/Partisan）势力，试图打败穆阿维叶的“逊尼派”（Sunni/Traditionalist）势力，这场争夺直到661年阿里在伊拉克的库法（Kufa）清真寺作祷告时遇害才得以结束。穆阿维叶于是进一步巩固了大马士革倭马亚人的统治，到715年，倭马亚王朝的统治范围扩展到了北非和西班牙。为庆祝他们的成就，倭马亚王朝建造了“耶路撒冷圆顶清真寺”①（Jerusalem's Dome of

---

① 又称金顶清真寺、萨赫莱清真寺，坐落在耶路撒冷老城区，它一直是耶路撒冷最著名的标志之一。

the Rock）和“大马士革大清真寺”[①]（Great Mosque of Damascus）等艺术影响力深远的建筑。

## 阿拉伯人的贸易控制中心由大马士革转向巴格达

世界上任何一个地区能有机会发展成为印度洋贸易的主导者很大程度上都是地理位置发挥了巨大的作用，所以有些地区获得成功的机会还不止一次，埃及和意大利就是如此。而第一个能够再次获得主导印度洋贸易机会的国家是8世纪的美索不达米亚地区，即伊拉克。在自公元前6世纪以来的13个世纪中，美索不达米亚的统治中心大多数时期都是在伊朗。到公元750年，大马士革倭马亚王朝哈里发们的挥霍生活和不得人心，给伊拉克创造了一个很好的机会。穆罕默德的哈希姆家族带领伊拉克人要求获得政治上的领导权力，而穆罕默德叔父阿拔斯（al-Abbas）的后代阿布·阿拔斯（Abu al-Abbas）则呼吁倭马亚王朝结束给予阿拉伯血统的人特殊税负待遇，他强烈要求报复篡位者倭马亚家族的激情使他获得了“萨法赫”（al-Saffah/“the Blood Thirsty”）（“嗜血者”）的称号。萨法赫用阿拔斯的黑色旗帜取代了倭马亚王朝的白色旗帜和什叶派的绿色旗帜。750年，他夺取了大马士革，处死了大马士革的最后一任哈里发——马尔万二世（Marwan Ⅱ “the Ass”）。

① 位于叙利亚大马士革旧城中央，是伊斯兰世界的经典建筑之一，也是世界清真寺的建筑范本。

## 阿拔斯王朝在印度洋的贸易活动

阿拔斯王朝给波斯湾地区的贸易带来了活力。拜占庭帝国为了遏制经由埃及和叙利亚的贸易航线的发展，他们减少了在这些地区的贸易量，但这一政策却促进了波斯湾航线的发展。尽管埃及也是阿拔斯帝国的一个省，但为了波斯湾地区的贸易发展，他们不鼓励红海航线的贸易。埃及的红海运河因此被废弃。到 860 年，亚历山大港的人口从 60 万下降到了 10 万，法罗斯岛灯塔（Pharos lighthouse）也变成了废墟。巴士拉（Basra）（兴建于 638 年，用作伊拉克主要港口）、巴林、霍尔木兹又重新发挥起它们的作用，成为通往印度和经由阿曼的马斯喀特（Muscat）通往东非航线上的繁荣港口城市。因为在巴格达开挖了连通底格里斯河和幼发拉底河的运河，货物运输的能力得到了提升。阿拉伯人向伊朗人学习航海技巧，因此通过阿拉伯人，很多波斯的航海术语也最终传入到英语之中，如："barge"（驳船）、"helm"（舵）、"lateen"（三角帆船）、"anchor"（锚）。阿拉伯语也成了印度洋地区的贸易通用语。因为以巴林、卡塔尔和伊朗各港口为据点的海盗日益成患，商船都不得不由士兵护卫并且配备"希腊火药"（Greek fire/ naphtha）。825 年，阿拔斯王朝派出一支大舰队驱赶在巴林附近海域活动的海盗。

从 8 世纪初开始，阿拔斯王朝通过先向斯里兰卡遣送伊斯兰商业移民的方式在斯里兰卡建立中途停靠点，继而阿拉伯商人们驾驶着自己的船只进入了东印度洋，并经由马六甲海峡到达中国。阿拉伯商人像之前的波斯商人一样成为印度洋和中国海域之间贸易的重要运输商。不过，他们和中国商人在孟加拉湾和南海海域产生了竞争。贸易的发展让印度尼西亚群岛也迎来了它们的黄金时代。在苏门答腊南部，以巴邻旁（Palembang）为中心、信奉小乘佛教的三佛齐帝国（Srivijaya empire）开始兴起。它们进行海上贸易，到7世纪末至13世纪间势力发展强盛。8世纪末9世纪初，在爪哇又兴起了佛教的夏连特拉王国（Shailendra kingdom），该王国因在婆罗浮屠（Borobodur）修建了世界上最大的佛塔①而闻名。在柬埔寨的吴哥（Angkor）兴起了高棉王国（Khmer kingdom），它同样以寺庙而闻名，到12世纪，高棉王国达到鼎盛。

巴格达、印度、印度尼西亚、中南半岛、中国、朝鲜、埃及和东非间的商贸迅速发展。758年，阿拉伯人和波斯人联合进攻中国广东，中国因此关闭广东的对外贸易。792年，广东重启对外贸易，伊斯兰商人也经常来到这里，在广东出现了大量的阿拉伯聚居点，中国皇帝批准他们拥有自己的“qadi”（法官）。犹太商人则往来于东亚东部的中国和西欧西部的法国之间。阿拉伯和犹太商人不停地来往于巴格达，他们经营印度的胡椒、肉桂、姜、椰子，中国的大黄，摩鹿加的肉豆蔻、肉豆蔻干皮，婆罗洲的樟脑，帝汶岛的檀香，斯里兰卡的红宝石，

① 即千佛坛。

东非的奴隶以及其他多种商品。有些奴隶被贩卖到伊拉克南部，他们想让奴隶将那里的沼泽地改造成小麦田，最终当然只是一场徒劳。另一些奴隶则被卖到了枣椰树种植园和采珠场。哈里发曼苏尔(al-Mansur)(统治期为754—775年)夸口说在伊拉克和中国间的贸易畅通无阻，所有船只都能到达巴格达。大约在850年，伊本·胡尔达兹比赫[①](Ibn-Khurdadhbih)著书描述了波斯湾与中国间的贸易航线。阿拉伯人一点一点地逐渐从中国和印度人手中抢走了东亚海域的贸易，并最终完全控制了该地区的贸易局面，甚至中国销往印度的商品都是由阿拉伯船只运输。由于阿拉伯人在东亚海域的活动，到15世纪末，大多数印度尼西亚人都改而皈依了伊斯兰教。

因为阿拔斯王朝格外看重波斯湾贸易航线，贸易开始扩展到了底格里斯河和幼发拉底河。但在底格里斯河和幼发拉底河，船只只能航行到希特[②](Hit)和拜莱德(Beled)附近的河坝口，再往上游，船只的航行则非常困难，尤其是在底格里斯河，因为水流湍急，河岸也不适合拖船，但通过在某个地点搬运到陆地的方式，货物被继续一直运到了里海和黑海，又从那里运往俄国的伏尔加河(Volga River)、顿河(Don River)、第聂伯河(Dnieper River)和德涅斯特河(Dniester River)，继而再到达波罗的海。这些贸易一步步促进了俄罗斯的发展，最初是可萨贸易王国(Khazar trading kingdom)的形成，后来是基辅罗斯

① 波斯地理学家。

② 位于今伊拉克境内的幼发拉底河中游。

(Kievan Russia)的创立。

哈伦·拉希德[1](Harun al-Rashid/ Aaron the Just)(统治期为786—809年)和他的儿子们使巴格达的财富、权力和创造力达到了鼎盛。哈伦的宫廷贪图富贵，女人们将宝石挂在前额头饰上，宫廷筵席以鱼舌等美味为食。宫廷作曲家兹里亚卜(Ziryab)创立了一种二十一音阶、节奏细腻的新的音乐形式。因为贵族中盛行举办文学晚会和诗歌竞赛的风尚，很多最负盛名的阿拉伯文学瑰宝便在巴格达应运而生，如记录穆罕默德行为习惯的《圣行》(*Sunna*，《逊奈》)、穆罕默德的言行录《圣训》(*Hadith*)。而《一千零一夜》(*Thousand and One Nights*)所展现的则是那个时代的财富和特色，书中的人物——水手辛巴达(Sinbad)——把读者带入了印度洋贸易之旅，他带领着读者走入印度洋各地，了解各地丰富多彩的事物：大鹏鸟的故事发生在马达加斯加，无疑是巧妙地用这只南印度洋的大鸟来代表非洲的鸵鸟和澳大利亚的鸸鹋；辛巴达从食人族中侥幸逃出是在描写新几内亚；为了得到椰子，辛巴达故意向猴子扔石头诱使猴子用一个接一个的椰子回击，这部分描写的则是马尔代夫群岛的景象；而他贩卖红宝石和女奴的地方应该是斯里兰卡；辛巴达从大象坟场获得象牙应该是发生在东非。稍后出现的《阿布·扎伊德的故事》(*Tales of AbuZayd*)[或称作《阿尔·哈里里故事集》(*the Collection of al-Hariri*)]是一部流浪汉小说，其中

---

① 阿拔斯王朝哈里发。

的流浪汉历险故事同样是发生在印度洋贸易沿线。

在中国，造纸术的发明和使用得到了政府的支持。阿拉伯最早的造纸业开始于794年的巴格达，使用的原料是亚麻或大麻碎片。哈伦·拉希德在巴格达创建了第一所伊斯兰医院，以它为模式，医院出现在了阿拉伯帝国各地。9世纪后期，波斯医生拉齐斯(al-Rhazi/ Rhazes)担任了巴格达医院的院长，他著有一部医学百科全书，也是历史上著书记载临床天花的第一人。在位于下游的库法(al-Kufah)，贾比尔[①](Jabir)进行了化学实验。马蒙[②](al-Mamun)统治时期(统治期为813—833年)，花剌子米引入阿拉伯数字、零的概念和十进位制。他还算出了对数表(对数是指一个“底数”要得到另一个给定“真数”所需的“幂”)，对数因而以他的名字命名[③]。因为和印度密宗(Tantric India)之间的频繁贸易往来以及受密宗的魔术、悬空技、空中爬绳等特技戏法的影响，苏菲派(Sufi)的神秘主义和魔幻飞毯传说在10世纪早期的巴格达开始盛行。而苏菲派引入的“巴拉卡”(baraka)祈福修习方式也在宗教方面为促进贸易做出了贡献。商人们通过祈福修习以获得伊朗苏菲派已故11世纪圣人阿布·伊萨克·依布朗西姆·伊本·沙赫里亚尔·卡扎卢尼亚(Abu Ishaq Ibrahim ibn Shahriyar al-Kazaruniyya)的庇护。这种

---

① 阿拉伯炼金术士、药剂师，被称为“现代化学之父”。

② 阿拔斯王朝第七任哈里发。

③ 此处原著可能有误，英文单词“algorism”(“十进位制”) 和“algorithm”(“算法”)出自“algoritmi”即花剌子米(al-Khwārizmī)的拉丁文译名，因为在12世纪，花剌子米关于印度“十进位制”方面的著作被翻译成拉丁文。而“对数”(“logarithm”)是由苏格兰数学家纳皮尔(J. Napier，1550—1617年)发明的。——译者注

祈福修习方式在 13 世纪达到鼎盛，信众广泛遍布于中东到印度乃至中国。

## 巴格达势力衰落的原因

罗马帝国在其发展过程中因为没能满足各民族的需求，也没能使社会各民族和谐发展，从而导致了它贸易和势力的衰落，而也是同样的原因导致了巴格达的衰落。哈伦·拉希德的次子马蒙(al-Mamun)推翻了他同父异母的哥哥阿明(al-Amin)(统治期为 809—813 年)。马蒙的母亲是波斯人，于是他联合伊朗什叶派，答应让什叶派的阿里·阿米达(Ali Amida)当继承人，并承诺将都城迁往伊朗。马蒙将一些接受过训练的刺客扮成高级奴隶送给阿明和他的主要支持者们，在马蒙给出信号后阿明和他的支持者们即刻被击倒。马蒙(统治期为 813—833 年)给予了伊朗的支持者们重要的职务，但却一直没迁离巴格达，被许诺将成为继承人的阿里·阿米达也离奇死亡。

拉希德的第三个儿子，完全阿拉伯血统的穆塔西姆(al-Mu'tasim)(统治期为 833—842 年)上任后，马蒙任命的伊朗官员全部被肃清。为抗衡其他势力，他建立了一支由来自中亚的突厥奴隶组成的军队和卫队——马穆鲁克(Mamluks)，并和他们一道搬到巴格达城外的新都城——萨马拉(Samarra)。但在 861 年，突厥人谋杀了穆塔西姆的儿子——他的继承人穆塔瓦基勒(al-Mutawakkil)，并随意指定和废除哈里发。由于国内动荡不安，加之 879 年中国的广州遭起义军洗劫(十余万胡商遇害)，从此巴格达商人一蹶不振，伊斯兰教徒和中国之间的直接正常贸易也停止了。直到892年，哈里发穆克塔迪尔(al-Muqtadir)(统治期为908—932年)才重新建立了一支由来自马格里布①(Maghreb)的柏柏尔人(Berbers)组成的军队抗衡突厥人。但是，这些士兵后来也变得同样狂妄、嚣张，他们在932年谋杀了穆克塔迪尔，并将他的人头当作战利品游街示众。

在穆克塔迪尔死后的混乱中，伊朗人在波斯的设拉子建立了布韦希王朝(945—1055年)。与大流士三世统治下的公元前6世纪、沙普尔一世统治下的公元3世纪和库思老一世统治下的公元6世纪一样，此时的伊朗再次开始巩固其势力，为控制世界财富和势力做准备。但在追逐这个主导地位的竞争中，伊朗却注定只是个伴娘，而永远无法成为新娘。在不断的种族争战中，伊朗的势力和伊拉克一样被削弱。尽管靠近波斯湾贸易航线，但伊朗既没有人口稠密的海岸，也没有适合航行的河道能使贸易深入到其腹地，其主要水域是其西部的底格里斯河和幼发拉底河。伊朗竭尽全力想控制美索不达米亚地区，致使该地区资源耗尽。此时，已经阿拉伯化了的埃及正在准备再一次登上历史舞台的前沿。

## 在印度洋贸易中埃及阿拉伯人崭露头角

宗教和种族的分裂削弱了巴格达的势力，但它却促进了突

① 摩洛哥、阿尔及利亚和突尼斯三国所在地区。

尼斯新势力的发展。马格里布的柏柏尔人对东方的哈里发政权从来就不怎么忠诚。早在 8 世纪晚期，什叶派伊德里斯王朝(Idrisid Dynasty)统治下的摩洛哥就跟随信奉伊斯兰教的西班牙一道主张脱离巴格达，实现政治独立。以突尼斯为中心统治着马格里布其他地区的逊尼派艾格莱卜王朝(Sunni Aghlabid Dynasty)因为拥有西部强大的海军从而得以摆脱巴格达的控制，获得了自治。突尼斯曾利用这支海军控制了西西里(一直到 902 年)、意大利南部部分地区、撒丁岛(Sardinia)、科西嘉岛(Corsica)、普罗旺斯(Provence)的圣特罗佩斯(St. Tropez)以及爱琴海(Aegean Sea)的部分岛屿。893 年，什叶派的伊斯玛仪派（Ishmaeli)[或称七伊玛目派(Sevener)]的伊玛目(imam)艾布·阿卜杜拉·侯赛因(Abu Abdullah ash-Shii)从“肥沃新月”地区来到马格里布传教。他利用柏柏尔人对宗教的热情煽动他们的种族不满情绪。艾布·阿卜杜拉宣称救世主“马赫迪”(“弥赛亚”)(Mahdi/ Messiah)即将到来，并以此发展了大批的追随者。凭借着这些追随者，908 年他推翻了艾格莱卜王朝的统治，自称为救世主“马赫迪”和穆罕默德的直系后裔(其女法蒂玛与阿里的后代)，建立了法蒂玛王朝，宣布自己为哈里发乌拜杜拉(Obeydallah)。作为法蒂玛王朝的首任哈里发，乌拜杜拉着手扩张，他将遗留的艾格莱卜王朝势力逐出了西西里和阿尔及利亚，并将利比亚收在他的统治之下。

法蒂玛王朝哈里发穆仪兹(al-Mo’izz)(统治期为 953—975 年)就是利用马格里布的这股势力和强大的海军开始了他的东

征之旅。穆仪兹受过良好的教育，能讲阿拉伯语、柏柏尔语、苏丹语、希腊语和斯拉夫语，他不仅是个诗人而且还具备军事才能。958 年，他征服摩洛哥，969 年[①]又从阿拔斯王朝的突厥伊赫什德半自治王朝（Turkish Ikhshid Dynasty of governors）手中夺取了埃及。972 年，穆仪兹将首都迁往新建的开罗城（Cairo），开罗即“戛希赖城”（al-Cahira），有“战神”（Mars）和“凯旋”（the Victorious）之意。尽管逊尼派的埃及人不特别喜欢什叶派的统治，但法蒂玛王朝所带来的繁荣和强盛使他们很快平定下来。

## 法蒂玛王朝进入印度洋

派兵征服巴勒斯坦和叙利亚后，穆仪兹建立了一支埃及红海舰队打击海盗，埃及便再次强势进入了印度洋。穆仪兹的舰队经常从埃及出发经亚丁到达印度、中国和东非，法蒂玛王朝夺取了波斯湾到波罗的海之间贸易线路上的商业主导地位，至此将“维京时代”（Viking Age）推向了末路。地中海因此重新活跃起来，意大利、法国和西班牙获得了新的活力。像腓尼基时代一样，犹太人在法蒂玛王朝的贸易中发挥了很大作用，并扩大了他们一直以来在印度科钦[②]（Cochin）的贸易活动。在与埃及的阿拉伯商人进行生意往来中，犹太人用夹杂有希伯来字母

---

① 原著有误，原著为 696 年。——译者注

② 位于印度西南沿海佩里亚尔河口南岸，濒临阿拉伯海的东南侧，是世界著名的香料出口港。

的阿拉伯语做记录。在印度洋沿岸各地逐渐形成了一个范围广泛的伊斯玛仪派（七伊玛目派）的什叶派商人圈(既有阿拉伯人也有非阿拉伯人)。商人们从尼罗河乘船来到阿斯旺(Aswan)，再乘坐大篷车到红海海岸乘船。亚丁因为是通往印度马拉巴尔海岸的中途停靠港而受益匪浅。穆仪兹鼓励通过发展亚历山大的玻璃和釉瓷(lusterware)产业来增加出口，他们还把金、银、铜、纺织品、纸张、书籍和黄铜制品运往印度，换回香料、药品、染料以及中国的丝绸和瓷器。埃及利用所获得的财富发展高等教育，兴建了爱资哈尔清真寺(al-Azhar/"Brilliant")。爱资哈尔清真寺后来发展成了著名的教育中心，并成为现在开罗大学的核心。

埃及商人活跃在东非海岸各地，给正在发展中的斯瓦希里语(Swahili-speaking)社会注入了活力。索马里人接受了伊斯兰教，他们很多人和阿拉伯人通婚。在今日坦桑尼亚隔岸的桑给巴尔岛屿开始慢慢出现了众多的伊斯兰殖民地，在11世纪，来自巴林岛的阿拉伯人在索马里创建了摩加迪沙。津巴布韦的黄金和象牙贸易非常兴旺，为了保护自己，当地的国王们纷纷用黄金和象牙贸易中获得的财富给自己修建了高高的花岗岩"围城"(kraals)①或普通城堡。东非海岸有几个城邦是采用阿拉伯人的方式由"酋长"(sheik)或"苏丹"(sultan)统治的。11世纪初兴建了蒙巴萨(Mombasa)，到11世纪末，讲斯瓦希里语的

① 此处原文为"kralls"有误，根据前文应该是"kraals"。——译者注

人开始在摩加迪沙和其他港口城市定居，他们还和马达加斯加进行贸易往来，而早在公元第一个千年早期就已经有苏门答腊人在马达加斯加定居，到 10 世纪又有很多苏门答腊人移居马达加斯加。

## 早期法蒂玛王朝的印度和中国贸易伙伴

在 10 世纪、11 世纪和 12 世纪，印度商人也变得更加活跃，朱罗王国(Chola)的泰米尔商人的贸易范围从科罗曼德尔海岸和锡兰往东一直延伸到马六甲海峡的三佛齐王国(kingdom of Srivijaya)，位于印度南部的泰米尔人朱罗王国和印度中北部的昌德拉王朝(Chandella realm)的发展非常突出。罗阇罗阇一世(Rajaraja the Great)(统治期为 985—1014 年)时期，朱罗王国发展达到了鼎盛，罗阇罗阇一世以马德拉斯南部的坦焦尔城(Tanjore)为都城统治着印度的东南部、锡兰(斯里兰卡)北部和印度西南部的马尔代夫群岛。其子拉金德拉(Rajendra)继而统治了喀拉拉(Kerala)、奥里萨(Orissa)，甚至远征达到了西孟加拉(West Bengal)、苏门答腊和马来半岛。1016 年和 1033 年，拉金德拉派使节前往中国。朱罗政权支持一个泰米尔人的商人组织，该组织的贸易活动遍及孟加拉湾各个角落。朱罗王国还拥有一支强大的海军，控制了印度东南部的科罗曼德尔海岸和西南部的马拉巴尔海岸。与马拉巴尔海岸以胡椒贸易为主不同的是，印度东南部泰米尔商人主要经营的是棉布。尽管朱罗王国曾经至少派遣过一支海军攻占马六甲，但这个战略要塞却一直被都城设在苏门答腊岛上巴邻旁(Palembang)港的三佛齐王国控制着。

贸易的繁荣同样导致了印度文化上的奢侈和堕落。罗阇罗阇在坦焦尔城修建寺庙，寺庙采用陡斜式屋顶，上面装饰有大量神像。这样的寺庙建筑风格沿贸易线路向东流行起来，并影响了柬埔寨吴哥窟的建筑风格。在中国，位于台湾对岸的泉州的一个13世纪的寺庙也是这种建筑风格。朱罗国的铜雕中很多雕刻的是湿婆的毁灭之舞以及卡莉(迦梨)女神与捕获的对手交媾并将其残食的场景。印度中北部的昌德拉王朝(Chandela Dynasty)利用当地的金刚石矿(这些金刚石矿吸引了大批埃及商人)所获得的财富在克久拉霍(Khajuraho)修建了印度最大的湿婆和迦梨神殿["魔鬼神殿"("Place of the Serpent")]。在克久拉霍，至今还有春天交配和繁殖的节日。在这个节日里朝圣者们往湿婆神像的生殖器上抹水、油、牛奶、酸奶、人的骨灰、香水等，还用花环装饰它。克久拉霍神殿的雕刻中还有呈现《爱经》(*Kama Sutra*)上描写的性交技巧。同一时期的尼泊尔也开始有了"库玛丽女神"(Kumari)崇拜，他们分别在加德满都和其他尼泊尔城市的2岁到4岁的女孩中各选出一位"童女神"(Kumari)。"童女神"在她们进入发育期之前一直被当作"迦梨"女神。童女神的确认仪式在黑暗的房子里进行，房子里面供奉着刚宰杀但还在抽搐、呻吟的水牛、公羊、公鸡、公鸭等动物的头颅，被选上的童女在屋子里安然地走着，而信徒们则装扮成恶魔的模样在周围到处乱跑。

## 埃及法蒂玛王朝的衰落

初期的强盛过后，后继统治者们的无能动摇了开罗的地位。公元1000年前夕，宗教方面对于千年到来之际的“千禧预言”（millennial expectations）则更加剧了开罗的动荡。相信救世主将在公元1000年到来之际降临的想法在基督教世界引起了不安。这种预言的疯传来源于圣经的《诗篇》第90章第4篇（Psalm 90：4）和《彼得后书》第3章第8篇（Ⅱ Peter 3：8）中关于上帝视千年为一日的说法。因为对“千禧年”的期盼所掀起的对基督教的狂热使欧洲产生了一批或多或少比较有信服力的信奉基督教的统治者，其中包括：拜占庭帝国的罗曼努斯·利卡潘努斯（Romanos Lecapenos）、基辅罗斯（Kievan Russia）的弗拉基米尔一世（Grand Prince Vladimir）、德国的奥托一世（Otto I）、匈牙利的圣·伊什特万（St. Stephen）、教皇利奥九世（Pope Leo Ⅸ）、法国的罗贝尔二世（虔诚者）（Robert II the Pious）和挪威的奥拉夫一世（King Olaf I Trygvesson）。当人们清楚地明白他们这代人不可能迎来新的救世主之后，11世纪的欧洲君主们在个人行为中则明显表露出反基督教的行为，其中有：希腊的佐伊女皇（Greek bassilisa Zoe）、德国皇帝亨利四世（Heinrich Ⅳ）、法国国王腓力一世（Philippe Ⅰ le Gros）以及英格兰的“征服者威廉”（William the Conqueror）。

欧洲的千禧年之盼所影响的范围之遥远令人吃惊。在中国和日本，净土宗（Jodo）已经成为信众最广的佛教宗派。净土宗是受基督教和佛教双重影响的宗教(人们在贸易上的交流往来所致)，它强调纯净和永生以达到信仰的真诚，这可能更多是基督教而不是佛教的观点。净土宗尊崇“西方净土”(the West)的“无量光佛”(the boundless light Amida Buddha)，警示人们阴府的危险，期待神圣的救世弥勒佛(Savior Miroku)在千年之际降临并对世界进行审判。因为对佛教徒的迫害，9 世纪佛教在中国的影响力减少。而在日本，佛教仍然发挥着它的主要影响力。那时的中国佛教徒将经卷藏埋到土堆中等待弥勒的到来。在日本，僧人源信(Genshin)在 9 世纪晚期写下了教典《往生要集》(*Essentials of Salvation*)。出于对社会道德的担忧，日本女作家紫式部(Lady Murasaki Shikibu)在 900 年写下了世界上最早的长篇小说巨著《源氏物语》(*The Tale of Genji*)。小说描写的是一位王妃自我牺牲的故事。11 世纪，中国宋朝晚期和日本的藤原(Fujiwara)后期经历了一段摈弃净土宗佛教的自我放纵时期。在 12 世纪，日本的鸟羽僧正(Toba Sōjō)①就曾写了一部动物寓言的插画书，书中的佛陀被描绘成被怯懦的兔子所膜拜的高傲青蛙。中国在宋朝时期继续享受着它的商业繁荣，而这个繁荣的形成则部分要归功于加入了印度洋贸易。

千禧年新救世主降临之说对埃及也产生了很大的影响。什叶派的教义变得更加宣扬救世，在千年至福说盛行最狂热时，基督教对开罗法蒂玛政权的影响也非常强烈。当时，哈里发阿

① 此处原文有误，鸟羽僧正英文应该是 Toba Sōjō，而非原文的 Tobo Sojo。——译者注

齐兹(al-Aziz)(统治期为975—996年)的母亲深受斯拉夫人的影响，所以这个高个、红发、蓝眼睛的哈里发提拔了一些基督徒任政府高职。他的妻子是个俄罗斯基督徒，他还将他妻子的两个兄弟提拔担任了亚历山大和耶路撒冷的基督教主教，并终止了以往对改信基督教的伊斯兰教徒必须按伊斯兰教法予以处死的做法。当时的埃及与希腊和意大利商人间的接触非常密切。

阿齐兹的继位者是他的儿子——同样长着一双蓝眼睛的哈基姆(al-Hakim)(统治期为996—1021年)。因为其母亲、祖母、两个舅舅、一个摄政王以及其他一些官员都是基督徒，哈基姆被基督教热情所包围。他自己则是个极端的清教徒，他禁止买卖酒，禁止包括棋类在内的公众娱乐和游戏。但是，当千年至福说被证实毫不可信之后，哈基姆于1003年转而激烈地反对基督教。出于对信奉基督的母亲的愤怒，他禁止有身份的女性外出，甚至不允许她们出现在屋顶或窗口附近。鞋匠们被禁止制作室外用的女鞋，基督徒们被责令在脖子上佩戴大十字架，而犹太人则必须佩戴铃铛。1009年，哈基姆命令拆除包括“耶路撒冷圣墓教堂”①(Jerusalem's Church of the Holy Sepulchre)在内的所有基督教和犹太教教堂[“伯利恒圣诞教堂”②(Bethlehem's Church of the Nativity)得以留存下来是因为它里面

---

① 又称“复活大堂”，基督教圣地，位于以色列东耶路撒冷旧城，是耶稣遇难、安葬和复活的地方。

② 传统认为该地是耶稣诞生地，是留存至今的最古老的基督教堂。

一些地方要举行伊斯兰教的祈祷活动]。很多基督徒被强制改信伊斯兰教，不改信伊斯兰教的政府官员则被处死，埃及全境还实行了宵禁。

随着反基督教措施的实行，哈基姆开始潜心于巫术。他的会议都是在晚上进行，而且下令所有人在晚上工作白天睡觉。他还设计了一次抽奖，赢者可以得到大笔财富，而输掉的人则被处死。追随哈基姆的“七伊玛目派”(Sevener)——或称“伊斯玛仪派”(Ismailite Shiite)教徒组织成立了一些大的分支。他们以开罗新修建的“哈基姆清真寺”(Mosque of al-Hakim)为中心，采用古埃及的魔法仪式、严密的习修和等级制度。这些派别的成员或作为支持者或作为密探。如今，“哈基姆清真寺”作为异教场所已被废弃。因为逊尼派的反对日益明显和强烈，哈基姆将这些组织的成员全部处死，很多人因此迁出埃及。阿尔及利亚和突尼斯脱离了法蒂玛帝国。有个晚上，哈基姆骑着驴在开罗的福斯塔特“商城”视察时，偶然看见一个女人模型，手举一张讽刺他的漫画。他非常愤怒，于是砸碎了模型，洗劫并焚烧了福斯塔特城，并屠杀了当地的百姓。之后，他将埃及人村子的村民迁往福斯塔特居住。

1016年，哈基姆宣布自己是真主化身，接受他声言的信徒们被称为德鲁兹派(Druzes)。该派别以哈基姆的高级教士德拉齐(al-Daruzi)的名字命名。有一次愤怒的埃及暴民袭击了德鲁兹派，德拉齐和一批追随者们被迫逃往了黎巴嫩山(Mount Lebanon)南麓(该地至今仍保留着德鲁兹派的信仰)。为了报复，哈基姆将他的苏丹军队分派到开罗的各居民地，对百姓继续新的杀戮。但因为突厥和柏柏尔人士兵加入到了受害者之中，与他们一起反击苏丹军队，这次的杀戮行动最终没能完全实施。不久后的1021年2月13日晚，哈基姆独自骑驴到野外后失踪，翌日他的驴被发现，驴体被肢解，同时被发现的还有留有砍痕和血迹的哈基姆的衣物。哈基姆的尸体一直没被找到，但德鲁兹派相信他依然活着而且总有一天会重新出现。哈基姆的儿子阿里·查希尔（ez-Zahir）（统治期为1021—1036年）与其父亲一样性情不稳，最终将埃及引向了进一步的衰落。一次他邀请年轻女性到他开罗的王宫举行招待会，当2660名女性急切地挤进大厅后，阿里·查希尔却砌墙将她们全部围堵在屋内，最终她们全部被活活饿死。阿里·查希尔31岁时死于瘟疫，他的儿子、继承人穆斯塔西尔（al-Mustansir）同样残酷、暴躁，但最终没能改变埃及衰败的势头。

## 巴格达短暂的复兴努力

1070年，穆斯塔西尔34岁，他的突厥马穆鲁克士兵将苏丹卫兵驱逐，并控制了哈里发政权。穆斯塔西尔的母亲和女儿们逃往巴格达，她们全部在塞尔柱帝国①（Seljuk）的突厥人苏丹阿尔普·阿尔斯兰（Alp-Arslan）那里过着寄人篱下的生活。1055年，阿拔斯帝国的逊尼派哈里发把塞尔柱突厥人迎进了巴

① 11世纪的伊斯兰帝国，亦称塞尔柱王朝。

格达，以此对抗什叶派的布韦希王朝对巴格达的控制。塞尔柱人的领袖图格里勒·贝格(Tughril Beg)被封为“苏丹”——“当权者”(“Authority”)。图格里勒·贝格和他的侄子——也是他的继承人——阿尔普·阿尔斯兰统治巴格达期间(1063—1072年)，其政权稳定，伊拉克的势力得到了恢复。当埃及危机此起彼伏之时，巴格达正努力想夺回它在8世纪、9世纪所享有的主导地位。1071年，阿尔普·阿尔斯兰从埃及手中夺取了耶路撒冷，从希腊手中夺取了安纳托利亚。在凡湖北岸的曼齐刻尔特(Manzikert)战役中打败了拜占庭皇帝罗曼努斯·戴奥真尼斯(Romanos Diogenes)。中亚的突厥人潮水般涌入了安纳托利亚半岛，驱使希腊语的居民向西迁移。阿尔普·阿尔斯兰的儿子马立克沙(Malik Shah)(统治期为1072—1092年)吸纳了一批有才学之士为其效力，其中包括他的维齐尔(Vizier)[①]尼扎姆·穆勒克(Nizam al-Mulk)。此人写有治国之道的著作。1073年，马立克沙派遣一支军队进入埃及，表面上是要将穆斯塔西尔从马穆鲁克卫兵中救出，实际上是要让埃及降服。控制埃及的突厥人被推翻后，由信奉基督教的亚美尼亚维齐尔们接管法蒂玛政权直到12世纪。马立克沙于稍后的1076年从埃及手中夺取了大马士革。

然而，巴格达争取再次实现主导地位的种种尝试都被扼杀在萌芽中，这其中的原因和本书认为与亚欧地区当时盛行的犬

① 历史上伊斯兰国家对宫廷大臣的称谓。

儒主义思想影响有关。当时有三个很有影响的人物：维齐尔尼扎姆·穆勒克（Vizier Nizam al-Mulk）、莪默·伽亚谟（Omar Khayyam）和哈桑·本·萨巴赫（Hasan Ben Sabbah），他们曾经是呼罗珊（Khorasan）地区内沙布尔城（Nissapur）伊斯兰学校的同窗。从他们后来对社会产生的影响就可以看出当时的犬儒主义思想对社会的影响。维齐尔尼扎姆·穆勒克在学习期间曾和莪默·伽亚谟、哈桑·本·萨巴赫有个类似于耶鲁大学至今仍保留的“骷髅会”（Skull and Bones Society）的约定，即：三人当中若有一人成功则必须帮助另外两人。当尼扎姆·穆勒克担任维齐尔后，莪默·伽亚谟请求得到一笔资金供他生活并进行他喜欢的写作；而哈桑·本·萨巴赫则要求在重要部门获得一个高职位，尼扎姆·穆勒克答应了他们的请求。莪默·伽亚谟用得到的那笔资金写下了著名的波斯语诗歌《鲁拜集》。这部产生了很大影响力的诗集表达了对信仰的质疑，诱导人们转而及时行乐。诗人用生动的意象描绘了自然的美丽和感官的快乐，同时讥讽人们无时无刻不对天国救助所抱的期待。尼扎姆·穆勒克自己在弥留之际就引用了《鲁拜集》中的诗句来表达他自己对死后将发生什么毫不知晓。哈桑·本·萨巴赫则试图通过阴谋在官场上获得提升，为此被尼扎姆·穆勒克解职。为了伺机报复，哈桑·本·萨巴赫担任了伊斯玛仪派（七伊玛目派）的领袖，并以位于德黑兰北面、厄尔布尔士山脉（Alburz Mountains）中的阿剌模忒堡［Alamur Castle /“Eagle's Nest”（“鹰巢”）］为中心成立了一个名为“阿萨辛”（Hashishim）的恐怖组织（英文单词

assassin 即来源于此)。他以“山中老人”(Old Man of the Mountain)为名，对抗马立克沙政府。1092 年尼扎姆·穆勒克被“阿萨辛”一成员刺杀，马立克沙派军队围攻阿剌模忒堡，但在阿剌模忒堡被攻破之前马立克沙却不幸去世。

很快，马立克沙的儿子们就为争夺继承权而展开了争斗。塞尔柱王朝各派系纷纷在各地制定自治条令，成为摄政王，而哈桑·本·萨巴赫在伊朗北部、伊拉克和叙利亚各地扩大势力。这些争斗所导致的阿拔斯帝国哈里发政权的分裂，使巴格达在它本该巩固势力的关键时刻力量被削弱，却给埃及创造了可以重新夺回主导地位的机会。1098 年，法蒂玛王朝哈里发穆斯塔里(al-Mustali)夺回了耶路撒冷，阿拉伯的黄金时期似乎将可以持续下去，一直到某个不确定的将来。到这个时期为止，阿拉伯人已经占据优势长达近 500 年，他们的势力开始是以麦加和麦地那为中心，继而是大马士革，再是巴格达，最后是在开罗。无论哈里发的都城落在何处，阿拉伯人始终处于最显耀的位置。也就在这个时期，中国人再次出现在印度洋贸易向东延伸的地区。与此同时，地中海北岸各民族也从西面重新开始加入了印度洋贸易活动。

## 参考阅读

**关于本时期阿拉伯人的总体情况：**

Karen Armstrong, *A History of God: The 4000-Year Quest of*

*Judaism, Christianity and Islam* ( New York: Ballantine Books, 1993) ;

E. A. Belyaev, *Arabs, Islam, and the Arab Caliphat in the Early Middle Ages*( New York: Praeger, 1969) ;

K. N. Chaudhuri, *Asia Before Europe: Economy and Civilization of the Indian Ocean from the Rise of Islam to 1750*( Cambridge: Cambridge University Press, 1990) ;

G. von Grunebaum, *Medieval Islam* ( Chicago, Illionois: University of Chicago, 1946) ;

Albert Hourani, *A History of the Arab Peoples* ( London: Faber, 2002) ;

George F. Horuani, *Arab Seafaring* ( Princeton, New Jersey: Princeton University, 1995) ;

Charles Philip Issawi, *The Middle East Economy: Decline and Recovery* ( Princeton, New Jersey: Princeton University, 1995) ;

Maxime Rodinson, *Mohammed* ( New York: Vintage, 1974) ;

W. Montgomery Watt, *Muhammad* ( Oxford: Oxford University, 1961).

**关于倭马亚王朝:**

Maulana Muhammad Ali, *Early Caliphate* ( Columbus, Ohio: Ahmadiyya Anjuman Ishabt Islam, 1932) ;

Abd al-Ameer Abd Dixon, *The Umayyad Caliphate in the Reign of Abdal-Malik ibn Marwan, 684–705* (London: Luzac, 1971).

**关于阿拔斯王朝：**

G. Le Strange, *Baghdad during the Abbasid Caliphate* (New York: Curzon/Barnes and Noble, 1972);

H. St. John Philby, *Harun al Rashid* (Englewood Cliffs, New Jersey: Appleton-Century/Prentice-Hall, 1934);

Al-Tabari, *The Reign of Al-Mu'tasim* (New Haven, Connecticut: American Oriental Society, 1951);

Gaston Wiet, *Baghdad: Metropolis of the Abbasid Caliphate* (Norman: University of Oklahoma, 1971).

**关于法蒂玛王朝：**

Shaukat Ali, *Millenarian and Messianic Tendencies in Islamic History* (Lahore: Publishers United, 1993);

Richard Brace, *Morocco-Algeria-Tunisia* (Englewood Cliffs, New Jersey: Prentice-Hall, 1964);

Norman Cohn, *The Pursuit of the Millenium* (New York: Harper Torchbooks, 1961);

Natalie Zemon Davis, 'Millenium and historical hope,' *Tikkun*, vol. 14, no. 6 (Nov. -Dec. 1999), pp. 57-59;

Richard Erdoes, *AD 1000: Living on the Brind of Apocalypse* (San Francisco, California: Harper and Row, 1988);

Richard Erdoes, 'The Year 1000,' *Psychology Today*, vol. 23 (May 1989), pp. 44-45;

Stanley Lane-Poole, *A History of Egypt in the Middle Ages* (London: Frank Cass, 1968);

Bernard McGinn, *Visions of the End: Apocalyptic Traditions in the Middle Ages* (New York: Columbia University Press, 1979);

James Reston, Jr., *The Last Apocalypse: Europe at the Year 1000 AD* (New York: Doubleday, 1998);

Paula Sanders, *Ritual, Politics, and the City in Fatimid Cairo* (Albany: State University of New York Press, 1994);

Gaston Wiet, *Cairo: City of Art and Commerce* (Norman: University of Oklahoma, 1964).

**关于中国唐朝和宋朝：**

Kenneth K. S. Ch'en, *Buddhism in China: A Historical Survey* (Princeton, New Jersey: Princeton University Press, 1964);

Kenneth K. S. Ch'en, *The Chinese Transformation of Buddhism* (Princeton, New Jersey: Princeton University Press, 1973);

Jacques Gernet, *Buddhism in Chinese Society: An Economic History from the Fifth to the Tenth Centuries* (New York: Columbia University Press, 1995);

Arthur F. Wright, *Buddhism in Chinese History* (Stanford, California: Stanford University Press, 1959).

# 第五章　中国和地中海北部地区的复苏

从公元 12 世纪到整个 15 世纪，中国重新加大了在印度洋西端的贸易活动；地中海地区的欧洲各民族也加紧了他们在印度洋上的贸易活动。中国人的加入对印度洋贸易的短期影响非常重大，似乎正是中国人的贸易活动触发了意大利贸易的兴起。但是，从长远意义上说，意大利的发展所产生的影响更为重要，因为它奠定了欧洲人在现代世界历史中的领导基础。中国和地中海地区在技术和商业上的发展得益于他们的军事优势，而他们在军事上的优势则来源于革新和发明，革新和发明带来的军事、技术和商业发展使他们在世界崭露头角。本章将从以下三个不同阶段追溯这个时期。

1. 中国和意大利(在法国的帮助下)先后重新加入印度洋贸易(始于 11 世纪，延续到整个 12 世纪和 13 世纪)；

2. 中国在印度洋的贸易达到顶峰(13 世纪后期到 15 世纪早期)；

3. 中国退出印度洋贸易而意大利的影响继续增长(15 世纪)。

也许有人会认为意大利和中国的影响太小，不足以说明这个时期是一个具有特殊意义的阶段。他们会认为印度洋区域周边的各民族(包括印度人、东南亚人尤其是埃及的阿拉伯人)仍然在印度洋贸易中发挥着主要作用。但是，中国商业的影响使得印度洋贸易进入了全新的水平，而意大利人在印度洋西端贸易中的突出表现则使印度洋贸易发生了转变，这个转变最终将印度洋的贸易控制权和印度洋的管理权转到了欧洲人的手中。

## 中国增加在印度洋上的贸易活动

自公元 960 年宋太祖(General T'ai Tsu / Grand Progenitor)建立宋朝后，中国一直不断增强在地中海地区的贸易。11 世纪至 15 世纪初是中国历史上参与印度洋贸易的顶峰时期。中国实力的增强源于河南与河北铁和钢产量的迅速增长，而铁和钢产量的增长则归功于中国在 11 世纪发明了在高炉中用焦炭炼铁的技术(中国北方木材短缺)。开挖运河工程则打通了内河的水路交通，使铁、钢、粮食和其他商品得以销往“大运河”(Grand Canal)周边及中国中部其他河流沿岸地区。肥料的有序使用和种子的改良提高了农业生产产量，农作物的种植也越来越呈现区域化的特点。“大运河”沿岸从南到北，一座座商业城市随之兴起，其中包括了“大运河”北端的宋朝第一个都城开封和运河南端宋朝后来的都城杭州。

河流具有的低水位期使运河水系的利用具有季节性，这刺激了中国南北方口岸贸易的增长，而多项革新发明则支撑了水上航运的发展。先是磁罗盘(magnetic compass)的发明，它最早出现的时候是一个扁平的鱼状磁针，放置在一碗水中的稻草上。磁罗盘最早是被用来为建造寺庙寻找合适的方位(看风水),1119年它被传到了阿拉伯,尽管还很难把它直接用在浪潮汹涌的海上导航,但作为一个思路,它却为导航提供了巨大的可能性。其次是中国两项早期的发明得到了新的应用:火药被用以制造兵器(地雷和手雷),雕版印刷术被用以活字印刷(尽管活字印刷的诸多特点还不够成熟)、纸币印刷和卷轴装书籍(scroll book)[①]的印刷。到1107年,宋朝的都城已经使用纸币,征收税务于是也采用纸币替代了实物。合伙制(多数是在家族中)、汇票以及调解合同纠纷规则的引入,促进了中产阶级的发展。这一时期中国财富的增长激励了创作能力的发展,宋代的雅士皇帝徽宗(Hui Tsung)(统治期为1100—1127年)喜爱绘画,并在他下令建造的巨大海船里收集了他喜爱的各种花卉和石头。他还以自己独特的绘画方式开创了一种新的绘画风格——"院体画"(palace style),这种风格的绘画注重细微、精妙的描绘,在一次朝廷出资、主题为"桥头竹林小酒馆"的绘画竞赛中,夺冠的作品只画了桥头、几根竹苗以及酒馆店牌几个局部景象。

1127年,游牧民族女真族(Jürchen)占领了中国北部,宋徽宗被俘,遭囚禁至死。女真骑兵一路南下追剿残余的宋朝军队,但长江流域纵横交错的稻田排水渠阻碍了他们的进军。1135年,宋徽宗的侄子宋高宗(Kao Tsung)(统治期为1127—

① 在宋朝,书籍的装帧形式已由"卷轴装"发展为"蝴蝶装"。——译者注

1162年)迁都至长江口的杭州。新都城靠近海洋，这使宋朝较以往更看重海上贸易的重要性。他们专门组建了一支水军以防止女真人从运河南下，这支水军配备了明轮驱动的装甲战船，船上有弩手和弹射器。后来这支水军被用来打击偷袭商船的海盗船，并且加入了造船业的私人股份。该水军拥有船只数百艘，人员超过5万，杭州城因为海上贸易带来的巨大财富而兴旺起来。到1130年，约1/5的政府收入来源于海上贸易的特许权税。中国当时盈利最大的出口品是纺织品、茶和瓷器，其中茶和瓷器产于东南部海岸的福建。也就是在宋朝后期(1127—1179年)，在城市开辟专门娱乐区域的想法开始形成。

后来，广东发展成了一个重要的启运港口，进一步推动了中国贸易向印度洋的扩展。随着手工艺品生产的恢复，中国商人成为东南亚商业的最强主力(他们在海外形成了永久的聚居地)。12世纪，广东高桅帆船穿过马六甲海峡，并继而到达印度西南部的奎隆(Quilon)。在奎隆，他们用丝绸、漆器及一些铁器和钢换取南亚的香料和其他产品。在纳拉辛哈·德瓦一世(King Narasimha Deva)统治期间(1238—1264年)，随着贸易的发展而繁荣起来的印度奥里萨(Orissa)，文化活动随即兴旺，而各种各样的活动也促成了“太阳神神庙”(Surya’s sun chariot)在科纳拉克(Konaraka)的修建。当时，中国的陶器远销到了东非海岸。

到13世纪早期，拥有印度洋上最好船只的中国从阿拉伯人手中接管了大量的海上贸易。中国的商用船只为平底大帆船，长度一般在30米左右，能装载120吨货物和数百名人员。中国船的船帆呈矩形高高升起，它的平衡舵使船只航行非常平稳。船板的拼接使用了熬煮过的桐油，从而避免了船只渗水，使船只在印度洋上能航行自如。航海时，宋朝人使用前面提到过的水浮式磁罗盘测定方向，而航速的测定则是通过在船头向船外前方投掷漂浮物，再通过数号子节拍的方式来观察船只追上漂浮物所用的时间，夜间航行则通过星象分布图来导航。在海上贸易竞争中，中国商人采用“满舱塞填”的装船方式，从而比马来商人的恶意装船习惯更有优势。中国船只船体的增大既减少了营运成本，又增加了散装货物的贸易量，而算盘和十进制的运用则使记账更加简便。

在广东和其他中国的港口城市出现了阿拉伯商人聚居区，宋瓷在开罗和其他中东城市开始流行。据称，那时已经有贸易行会，和同时期的欧洲一样，这些行会是以商人所在街道组成的。中国当时的人口总数猛增到1亿。新兴商人阶层的财富让以拥有土地为主的贵族阶层黯然失色，宋朝的社会也变得更加平等，更加和平。为满足那些在商业上取得越来越多财富的商人的需求，在中国各城市，一个个娱乐区开始形成，米酒店、茶店、现场表演剧场和木偶剧场数量激增。朝廷官员和富裕起来的男人不再需要妻子外出工作，他们找到了一个方式让妻子不出家门，那便是“缠足”——将小女孩的足掌用布条紧紧裹扎，随着女孩身体的成长，脚趾便逐渐向脚底弯曲直至最后脚背断裂。女人的脚用这种方式改造过后，脚背断裂、弯曲并弓起，女人们穿上小鞋子后便步履蹒跚，只能在屋内走动，不再适合外出远行。

## 意大利人重返印度洋贸易

11世纪末，从印度洋经由埃及到地中海的商品贸易不断增多(这其中，中国贸易的扩展发挥了一定作用)，在这个贸易中意大利逐渐占据了优势，而拜占庭帝国的希腊人再也没有能力继续保持他们在地中海商业中已经维持了上千年的控制地位。因为，从8世纪开始，拜占庭的统治者们禁止希腊商人进行海外贸易，这一政策的制定是为了防止一直由希腊人经销的木材和武器等欧洲商品流入伊斯兰教徒手中，但这一政策让意大利人乘机介入并提供了这一需求。

当时的意大利涌现出了大批商人，尤其是在威尼斯、热那亚(Genoa)和比萨(Pisa)这些商业繁荣的港口城市。威尼斯从一个拜占庭帝国的属地变成了受拜占庭欢迎的盟国，并且从1082年开始被免除了向拜占庭缴纳税负。意大利人在这一时期的贸易能扩展到地中海得益于他们在商业上的创新。他们或从阿拉伯人那里借鉴抑或是自己开发了一些融资的方法。最迟在14世纪，意大利出现了复式记账法(将账目分为应付账款项和应收账款项，并分别用红、黑两种颜色进行详细记录)，他们还开始采用海上保险、汇票(早期的旅行支票)以及赊账等方式，英语中的单词“check”(支票)就是来源于阿拉伯语的“sakk”。拜占庭的希腊人也已经使用汇票这种金融方式，罗马统治下的巴勒斯坦也熟知这种汇票。到 13 世纪末，已经开始采用起源于印度、非常简便的阿拉伯数字记账。那时意大利人的船安装有两种船帆，这样船只更好操控。船上除了装有能加快船只速度的旧式横帆外，还安装了便于调控航行方向的大三角帆，航行时可以通过选择升挂横帆或大三角帆来调节船只航行的速度或方向。威尼斯人青睐的吃水浅的低舷帆船上也安装了横帆和三角帆混合船帆，以便船只在威尼斯岛屿间的礁湖里航行。为了适应大西洋或其他深水港口航行，热那亚和比萨人的大型圆头深吃水船（naves/nefs/Koggen/ tubs）也都混合安装了三角帆和横帆。

此外，还有两项技术也推动了航海方面的发展。一是盒式水罗盘的应用，他们将宋朝人发明的放在碗中的水浮磁罗盘安置到盒子里，盒子里的水不像碗中的水那么容易溢出。罗盘改进后，船只即便在下雨的天气也能在地中海上航行，只要海面比较平静、罗盘的水不会全部溢出。尽管仍然存在这些局限，但意大利人的航海次数翻倍增长，从而大大降低了航运成本。二是结合罗盘的应用，意大利人还使用波特兰海图（portolan charts）。这种海图用绘制罗经花（compass roses）（交织线）的方式绘制地中海上的直线航行线路。与以前沿海岸航行相比，沿直线航行图航行既节省了航行时间又减少了航行成本。要确定船只在航海图中的位置就必须记录行驶的速度，当时意大利人开始采用绳结测速法（counting knots），就是将一根绳子每隔一定距离打上一个结，再将绳子固定在一条木板上，测速时将木板抛入海中，通过观测一定时间内滑出船尾的绳节数量来测定船只航行的速度，而时间的测定采用的是沙漏，如今的航速单位“节”是每小时6076英尺(1.852千米)。从那时起，地中海无论冬季还是夏季都有船队在航行。

11世纪下半叶，意大利城邦夺取了阿拉伯人对地中海西端的控制权。比萨人和热那亚人于1050年夺取了科西嘉岛，1053年占领了撒丁岛，1063年一支比萨舰队在巴勒莫(Palermo)打败了阿拉伯人的舰队，1087年又一支比萨舰队突袭了马格里布。到11世纪90年代，意大利城邦已开始做好准备要控制经由埃及的印度洋贸易。而中东的权力争斗已经为西欧的征服打开了大门，但要实现这一目的还需要强大的军事力量予以支持，于是，意大利人找到了法国。

## 法国的作用

因为在多项新技术上取得的突破，11世纪的法国开始显示它的地位。这些新技术包括马颈轭、曲柄、齿轮、马蹄铁和马具的应用(其中马颈轭、曲柄和齿轮的发明可以追溯到中国唐代)，这些新技术的使用提高了挽具的使用效率。

随着带犁板的重型耕犁的应用和“三圃制”(three-field system)①的实施，法国农业效益也得到了提高。加上随之而来的人口激增，法国开始利用重型装甲骑兵部队的优势向西班牙和

① 也称“三田制”，即将田地分成三块轮流用于春播、秋播、休闲，与之前采用的把田地分为耕作、休耕的“二圃制”相比，用于耕作的田地数量得到了增加。

意大利南部派遣军事力量。

## 讨伐异教的圣战精神对法国十字军心态形成的影响

10世纪后期，基督教千禧年信徒的活动（如前文所述）在伊斯兰边境地区激起了新的斗争精神。或许有人认为，这一时期即便是印度的发展也与这次防御性反击有关，因为伊斯兰教徒实施了自雅利安人以来对南亚次大陆最大规模的入侵和征服。伊斯兰教徒的大肆入侵导致人们相互间仇恨，印度北部也因此被撕裂，势力被削弱，无力在周围的商业旋涡中立足。在伊斯兰教徒看来，印度教徒不是“经书之民”（Peoples of the Book），所以和对待多数犹太教徒和基督教徒不同的是，那些在伊斯兰扩张战争中被俘而又不愿改变信仰的印度教徒们要么被屠杀要么被迫为奴。因此，尽管后来印度各方领袖们尽力争取改善两个宗教之间的关系，但伊斯兰教徒和印度教徒之间的憎恨依然是世代相传。

印度北部最著名的伊斯兰征服者是伽色尼王朝（Ghazni，今阿富汗加兹尼城）的马默德（Mahmud）。公元1000年，马默德在白沙瓦（Peshawar）击败了印度军，继而占领了印度北部的大部分地区。马默德本人不是虔诚的宗教信徒，1018年，他的伽色尼军队洗劫了印度教圣城马图拉（Mathura）。1019年，他又占领了戒日王朝的都城曲女城（Kanauj）［邻近阿格拉（Agra）］，并对城内的百姓进行了大屠杀。而对待佛教徒，马默德的反异教行为更加令人震惊。之所以如此对待佛教徒，部分是因为佛教传教士的传教让他觉得佛教是比伊斯兰教更大的威胁，另外还有商业方面的动机。因为，印度教徒主要以从事农业为主，而佛教徒则是伊斯兰教徒在城市商业上的竞争对手。因此，佛教徒被屠杀，佛教寺庙、僧院、书院、艺术品以及书作被毁，印度的佛教因此而遭受了致命的打击。到 11 世纪末，在中亚、阿富汗以及印度西北部已经很难见到佛教的踪影了，整个印度西北部沦为贫困之地。

12 世纪和 13 世纪，马默德的继任者们沿袭他的暴政，继续统治印度北部。1175 年至 1206 年，古尔王朝(Ghur)(今阿富汗境内加兹尼附近)的穆罕默德(Muhammed)对印度西北部进行多次屠杀和掠夺。古尔王朝迁都德里后，德里成为伊斯兰教的领地。尽管印度南部没有即刻受到影响，但这次的占领代表着伊斯兰教徒的控制范围将很快扩展到南亚次大陆的大部分地区以及古吉拉特(Gujiarat)各港口。在接下来的三个世纪中，伊斯兰教的影响更是从印度扩展到了东面的马来西亚和西面的东非沿岸。当摩加迪沙成为东非的伊斯兰教中心之后，基尔瓦王朝①(Kilwa)的苏丹们将转变异教信仰的行动进一步引向非洲内陆。伊斯兰教徒群体于是迅速扩展，他们在印度洋贸易中相互合作，并从而促进了伊斯兰商人的发展。

马默德对印度的占领也带来了创新性的成果。尽管他只是个马穆鲁克出身的突厥奴隶兵，却想成为一个流芳百世

---

① 10 世纪阿拉伯人、波斯人在东非桑给巴尔岛的基尔瓦城建立的伊斯兰教王朝。

的优秀领袖。他在加兹尼创建了一所大学和一座博物馆，资助阿尔比鲁尼(al-Biruni)成为宫廷天文学家、资助阿尔法拉比(al-Farabi)成为宫廷哲学家 、资助菲尔多西(Firdausi)成为诗人——波斯史诗《王书》(*Book of Kings*)的作者，甚至还恳请(尽管没能成功)哲学家伊本·西拿[Ibn Sina/阿维森纳(Avicenna)]为他的宫廷效力。

与此同时，在伊斯兰世界另一端的西班牙安达卢斯(al-Andalus)也兴起了一股强烈的反异教情绪。在科尔多瓦(Córdoba)，一位名叫阿尔·曼苏尔(al-Mansur)(统治期为976—1002年)的狂妄领袖领导了一起反对倭马亚王朝的斗争，因为倭马亚王朝的哈里发不断接受基督教的影响。哈里发阿卜杜勒·拉赫曼三世(Abd al-Rahman Ⅲ)(统治期为912—961年)是纳瓦拉王国中信仰基督教的王后托达(Queen Toda)的侄子，他让一些阿拉伯化了的基督教徒[莫扎勒布(mozárabes)]在军队中担任了领导职务，并且让斯拉夫人担任自己的保镖。阿尔·曼苏尔掌权后便发动了对基督教徒和犹太人的迫害，这也成为哈基姆(al-Hakim)打击中东地区基督徒和犹太人(本书上一章已经谈到过)的前奏。阿尔·曼苏尔对西班牙北部的基督徒进行了多次讨伐异教的军事行动，致使该地区遭到了毁灭性的破坏。“圣地亚哥德孔波斯特拉教堂”(the church of Santiago de Compostela)被焚烧，教堂的钟当作战利品被基督徒战俘们拖到了科尔多瓦。古兰经有条经文说，讨伐异教战场中的尘土能让神(God)满意，因此阿尔·曼苏尔每次讨伐异教时都将战场上的尘土收集起来，装入圣物箱中。曼苏尔还对赞成基督教的开罗法蒂玛王朝的哈里发阿齐兹表示不满，并写信批评他。但阿齐兹却在回信中轻蔑地写道：如果他听说过(狂妄的)阿尔·曼苏尔，那他一定会回信；但是，他从没听说过，所以就不回复了。

11 世纪，为了把伊斯兰教徒从南方赶走，法国的诸王和骑士们纷纷涌入西班牙加入了抗击伊斯兰教徒的战斗。亲身接触、了解了伊斯兰教徒的反异教情绪后，法国人也效仿并利用这种宗教激情为自己服务。娶了西班牙卡斯提尔国(Castile)国王阿方索六世(King Alfonso Ⅵ)的私生女、在西班牙与摩尔人的战斗中失去了一只眼睛的图卢兹伯爵雷蒙德(Count Raymond of Toulouse)成为进军耶路撒冷的第一次十字军东征(First Crusade)的统帅。西班牙这场抗击伊斯兰教徒的宗教战争也得到了教廷的支持，因为当时的教廷在“叙任权斗争”(the investiture controversy)(神圣罗马帝国教宗与皇帝之间的权力斗争)中一直强硬地主张自己的权力。意大利商人和法国骑士之间原本就存在着自然的联系，他们之间的合作就是等待时机的成熟，而身为法国“克吕尼隐修院”(French Cluniac)修道士出身的罗马教皇乌尔班二世(Pope Urbain/ Urbano/Urban Ⅱ)则成就了这个合作。

## 第一次十字军东征促进了东部地中海意大利商人的发展

1095 年，在法国克莱蒙(Clermont)的一次教会会议中，教皇乌尔班号召他的法国人加入伟大的远征军，组成了第一次十字军。远征军的目标是在圣经流传地区(Bible lands)消灭异教徒。热那亚、比萨和威尼斯为十字军提供船只，为此他们获得了在黎凡特的特别贸易权。1099年7月，十字军攻占了耶路撒冷。1102年，新建立的所谓耶路撒冷王国(Latin Kingdom of Jerusalem)的国王鲍德温一世(Baudouin I)(统治期为1100—1118年)在阿斯卡隆(Ascalon)战役中被埃及海军打败。但在国王鲍德温二世(Baudouin Ⅱ)(统治期为1118—1131年)时期，埃及人被迫与耶路撒冷王国合作。1128年，一支威尼斯海军击败了法蒂玛王朝的舰队并将其赶出了巴勒斯坦港口，法蒂玛王朝哈里发阿米尔(al-Amir)以及王朝中信奉基督教的亚美尼亚裔维齐尔和鲍德温二世讲和，意大利商人于是在埃及的地中海贸易中获得了重要的地位。耶路撒冷王国国王富尔克(Foulques )(统治期为1131—1143年)统治时期，继续加紧了与信奉基督教的科普特人和亚美尼亚人主导的埃及政权的联系。哈里发阿尔·哈菲兹(al-Hafiz)(统治期为1130—1149年)对基督教感兴趣，喜欢到西奈的圣凯瑟琳修道院(the monastery of St. Catherine)度假。富尔克因为担心塞尔柱王朝的突厥人和库尔德(Kurds)人，于是和埃及、大马士革建立了三国同盟。阿尔·哈菲兹甚至每年都出资帮助富尔克加强耶路撒冷王国的军力。

## 第一次十字军东征对印度洋贸易的影响

埃及商人继续在印度洋贸易中发挥他们的重要作用，他们从印度运来稻米、棉制品，从中国运来瓷器、钢，从东非运来奴隶和象牙，不同的是他们现在的贸易活动开始和意大利人有了合作。“法兰克人”(“Franks”)(主要是意大利人)和希腊人、叙利亚人、也门人以及伊拉克人一样可以在亚历山大城拥有专门的“客栈”(funduq/lodging-house/caravanserai)，他们并不亲自前往印度洋地区。法蒂玛人有时会将尼科二世(Necho)时期开挖的连接红海和尼罗河的运河堵住，以防止意大利人的船只通过该运河驶入印度洋。尽管如此，意大利人对印度洋贸易仍发挥着重要的间接影响，佛兰德[①](Flemish)的纺织品被推广，被用来换取东方商品。意大利人还向埃及供应木材，并为埃及所依赖的马穆鲁克军队提供奴隶新兵。当然，意大利人的最大影响是十字军东征期间因为西方与黎凡特地区的接触而在欧洲所形成的东方纺织品、胡椒以及其他香料的新消费市场。与此同时，在中国的南宋时期(the Southern Sung Dynasty)也出现了同样的奢侈品消费市场。1150 年至 1250 年期间，摩加迪沙通过控制由索法拉(Sofala)(位于现在莫桑比克)北运的黄金流入通道而发展成为东非沿岸最主要的贸易港口。

意大利人在这个东、西方贸易圈中承担了地中海上的大多数贸易。为庆祝他们在 11 世纪获得的越来越多的财富，意大利人在威尼斯修建了令人惊叹的“圣马可大教堂”(San Marco basilica)，在比萨(Pisa)修建了古典主义特色的“比萨大教堂”(Pisa’s duomo)，“比萨大教堂”的钟楼就是著名的“比萨斜塔”

① 位于中欧低地西部、北海沿岸，包括今比利时的东佛兰德省和西佛兰德省、法国的加来海峡省和北方省、荷兰的泽兰省。

(leaning tower of Pisa's campanile)。11 世纪末，意大利最早的中世纪大学开始形成，出现了以研究法律为主的“博洛尼亚大学”(Bologna)和以医学研究为主的“萨勒诺大学”(Salerno)。在贸易中获得了财富，又得益于与中东接触的法国也同样显示出了它的文化能量。在法国南部，贸易的繁荣与刺激促生了游吟诗歌的形成和发展，出现了罗马式建筑和雕塑。“巴黎大学”(University of Paris)的发展极大地提高了巴黎作为拉丁基督教世界(Latin Chritendom)领导城市的地位。哥特式建筑被引入巴黎，最早建成的巴黎哥特式建筑是皇家陵园“圣丹尼斯大教堂”(Church of St. Dénis )。“巴黎圣母院”(Nôtre-Dame de Paris)开创了四部和声合唱法，其四声部分别为女高音、女低音、男高音(男童声)和男低音(男声)。

## 法国成为影响埃及和意大利贸易合作的障碍

法国人曾经为意大利商人确立在埃及的地位发挥了重要的作用。然而，当意大利人和埃及人之间达成了新的互惠互利关系后，法国的宗教极端主义则显得尴尬，并开始越来越多地妨碍意大利人和埃及人之间的合作。到 12 世纪末，法国势力在黎凡特的跳板——“耶路撒冷拉丁王国”(the Latin Kingdom of Jerusalem)——已经完全名存实亡。1147 年至 1149 年进行的第二次十字军东征组织混乱，反而加速了法国在黎凡特势力的衰弱。1164 年，库尔德逊尼派将领萨拉丁(Salah ed-Din/ Saladin/ “Reformer of the Faith”)让基督徒对埃及政权的控制走向终结。

意大利人继续在埃及的贸易中获利，但是萨拉丁不允许意大利商人私自进入印度洋，甚至也不允许他们进入开罗。为了防止欧洲人闯入印度洋贸易，萨拉丁占领了红海东海岸的汉志、也门、亚丁、埃拉特和叙利亚，从东南、西以及西北面对耶路撒冷王国形成了包围。但是，安条克亲王(the prince of Karach/Antioch)沙蒂永的雷纳德(Reynauld de Châtillon)却率领法国军队发起进攻，想要挤进该贸易圈。1183年，他监造了一支舰队试图为法国商人开辟印度洋贸易通道。意大利商人遵守和埃及人的盟约拒绝为法国人提供该东部海域的秘密航线。在耶路撒冷王国地中海港口组建的这支雷纳德的舰队在埃拉特港重新集结，进入了红海。萨拉丁反应迅速，他派出他的弟弟阿尔-阿迪勒(al-Adil)率领一支在地中海港口苏伊士组建的舰队在红海集结。当雷纳德舰队第二次进攻麦地那和麦加时，阿迪勒的舰队将其围困，消灭在吉达港，并将舰队的所有人员处死。

法国人这次对印度洋航线的挑战结束了耶路撒冷王国作为一个重要国家的地位。1187年，在加利利海(the Sea of Galilee)(太巴列湖)西侧的哈丁战役(Horns of Hittin)中，萨拉丁打败了十字军，占领了耶路撒冷和巴勒斯坦大部分地区。拉丁王国缩小到只剩下地中海口岸的一小块“飞地”(enclave)。埃及政府开启了一项新的措施，即安全通行证措施。商人必须获得安全通行证才能得到航行的许可和安全保障。这种做法被后来在地中海的海上势力沿用了数百年。萨拉丁政府(联合也门一道)将犹太人和科普特人从印度洋贸易中挤出，帮助埃及的伊斯兰教“卡里米”派(Karimi)垄断了地中海贸易。13 世纪，埃及和亚丁、古吉拉特的坎贝湾以及东非的基尔瓦之间形成了三角贸易关系。基尔瓦超过摩加迪沙成为津巴布韦黄金贸易在东非海岸的交易中心，它当时的重要地位从那里已经发现的大量这一时期的印度玻璃珠和中国瓷器可见一斑。

后来的十字军东征并没能真正地巩固耶路撒冷拉丁王朝，萨拉丁和他的弟弟——也是他的继承人——阿尔-阿迪勒(统治期为 1193—1218 年)以及王朝后来的首领们继续维持意大利商人在埃及的重要地位，允许他们在亚历山大、阿科(Akko/Acre)、推罗[①](Tyre)和其他黎巴嫩港口城市保留他们的贸易总部。伊斯兰商人自由乘坐意大利人的船只，伊斯兰文化开始在巴勒莫和托莱多(Toledo)的欧洲宫廷中形成。伊斯兰商人往来于意大利南部和十字军东征过的黎凡特各港口。

伊斯兰教徒夺回圣城耶路撒冷后，埃及和意大利人在 13 世纪仍然保持着协作的关系，这让法国人和教廷非常失落。对法国人而言，十字军东征是为基督而战；而意大利人则是从商业考虑，起初让他们获益的十字军宗教激情已经逐渐给他们带来了诸多不便，而且有可能破坏他们和埃及之间收益丰厚的贸易。意大利人和法国人之间的这个矛盾最终演变成了对抗，这种变化在 1203 年至 1204 年的第四次十字军东征期间已经有了

① 黎巴嫩南部港口，又译作泰尔、提洛、提尔。

很明显的表现。这期间，威尼斯总督恩里克·丹多罗(the Venetian doge Enrico Dandolo)让法国士兵转而去占领基督徒控制的君士坦丁堡，这样既避免了对埃及的进攻又使威尼斯海军占据了地中海东部。1204 年至 1261 年间，拜占庭帝国先后换了五任法国人皇帝，这分散了法国人的精力，让威尼斯人有机会建立起了一个有军事力量支持的繁荣的贸易帝国。他们控制了君士坦丁堡的培拉(Pera)码头和造船区，以威尼斯(共和国)的克里特作为中心在伯罗奔尼撒半岛的哈尔基斯(Negroponte, Chalkis)和后来的阿科建立驻地。1212 年，威尼斯又同样背叛了儿童十字军，他们将东征的儿童当作奴隶卖到了埃及和突尼斯。

阿尔-阿迪勒的儿子阿尔-卡米勒(al-Kamil)(统治期为 1218—1238 年)继续采取支持威尼斯的政策。出于对基督徒的宽容，他将很多早期十字军的儿童兵送回国。1219 年，他还允许意大利修士亚西西的圣方济各[①](San Francesco d'Assisi)为他讲道。但法国继续反对埃及和意大利的合作。1221 年，布里昂的约翰(Jean de Brienne)入侵埃及未果。当完全是意大利人的西西里王国的腓特烈二世[②](King Federico Ⅱ of Sicily)迫于圣战压力不得不在 1228 年似乎勉强入侵巴勒斯坦时，忙于内战的阿尔-卡米勒同意将没有城墙和防御的耶路撒冷转交给他[不包

① 又称圣法兰西斯。

② 父亲是神圣罗马帝国皇帝亨利六世，母亲为西西里王国唯一的女继承人康斯坦丝。

括圆顶清真寺(Dome of the Rock),并未实际控制],以示相互友好和同盟。罗马教皇谴责此举为闹剧而不予接受。巴勒斯坦很快重新被埃及统治。曾经在1270年至1272年间参加过十字军东征、后来成为英格兰国王的爱德华一世(King Edward I)是批评威尼斯人继续和埃及进行贸易的西欧代表人物。

## 法国人鼓动蒙古人介入

在埃及人和意大利人看来,法国人以基督的名义对中东的不断进攻是可以控制的,但是,当蒙古人出现在中亚继而向中东扩展后,这一切已经变成了一个致命的威胁。法国人和教皇们希望让不信教的蒙古人皈依天主教,从而形成一个反抗伊斯兰教徒的强大的同盟。1245年,教皇英诺森四世(Pope Innocenzo Ⅳ)派修士普兰·迦儿宾(柏郎·嘉宾,Gian Piano Carpini)和圣西蒙·昆亭(Simon de Saint Quentin)去游说蒙古人。1246年又派出两批同样的说客,但三次的使团都没能让蒙古人同意皈依基督教,也没能和他们达成同盟。1247年,迦儿宾返回复命。但在1248年,一蒙古将领派遣自己的信使前往塞浦路斯,双方提议联合行动,打击对抗圣路易九世(St. Louis Ⅸ)率领的第七次十字军东征的伊斯兰教徒。1249年,路易九世率领第七次十字军进攻埃及却遭击败,路易九世被俘,后被赎回。1250年,路易九世派遣安德烈·德·朗朱米(André de Longjumeau)前往说服蒙古人继续和他们合作,但提议未被接受。仍不甘心的路易九世在1253年至1255年,又派威廉·卢布鲁克(William of Rubruck)前往蒙古和中国游说，但仍然没能成功。

法国人和蒙古人之间可能形成的合作对埃及来说事态严重，不容忽视。突厥马穆鲁克军队掌握了政权后，苏丹拜巴尔斯(Sultan Baybars)率领的马穆鲁克军队于1260年在巴勒斯坦的“阿音札鲁特战役”(battle of Ain Jalut/“Goliath’s Spring”)中打败了蒙古军队，阻止了蒙古人的西进。法国人和罗马教廷后来与蒙古人之间的进一步协商也没能改变这一结果。1260年，教皇和路易九世派多米尼加人阿什比的大卫(David of Ashby)修士作为使节去见成吉思汗(Genghis Khan)的孙子旭烈兀(Hülegü)。因为旭烈兀的妻子脱古思可敦(Doquz Khatn)及他军队的总将领都是景教徒(Nestorian)，旭烈兀已经和信仰基督教的亚美尼亚人和格鲁吉亚人联盟，而且在1258年占领巴格达时旭烈兀并没有伤害基督徒和他们的教堂，因此路易九世希望能转化旭烈兀并和他结成联盟。作为回应，1263年旭烈兀也派使节去拜见教皇乌尔班四世(Pope Urbano Ⅳ)，但是，旭烈兀却于1265年去世，事业未竟。1287年，蒙古向法国国王和教皇派出了最后一位使节列班·扫马(Rabban Sauma)，但为时已晚，作用甚微。1277年在埃及的马穆鲁克苏丹拜巴尔斯去世之前，已经在开罗重新建立起了阿拔斯哈里发(傀儡)政权(Abbasid caliphate)，并且消灭了法兰克人在黎凡特的势力。就这样，因为遏制了法国人的积极努力，又承蒙拜巴尔斯阻挡了蒙古人的西进，威尼斯人保住了他们从埃及经地中海的贸易地位。同样地，蒙古人动摇了以往的秩序，给印度洋及世界贸易、强权与文明带来了新的重大巨变。

## 蒙古人的兴起

13 世纪早期，一支凶悍强横的民族冲出蒙古，征服了欧亚大片地区，最终导致印度洋贸易形式发生变化。这次蒙古势力的爆发被认为是历史上游牧民族和农耕民族间最后一次大的冲突。自从开始采用了农耕技术，农田的扩展使能够用来放牧的土地逐步减少，各牧场之间的通道一个接一个地被农田阻断。千百年来，农耕民和牧民之间产生的敌对情绪曾经一次又一次导致了他们相互间的战争。

铁木真(Timuchin)，多被称为成吉思汗[Genghis Khan，即“天之主”(“Heavenly Lord”)]，为心怀不满的蒙古牧民指引了出路。铁木真童年时，父亲在和另一部落交战中战败身亡，渴望报复的他后来组建了一支 13 万人的军队，在攻占城墙和城门时他使用火药武器和弩炮，战斗中他还常使用佯退策略引诱敌方追赶，然后突然调转马头追击、围歼敌军。成吉思汗还是个谍战和心理战专家，他利用商人作间谍，对付违抗者的手段极端残忍，下令对所征服之地进行大规模摧毁和破坏。他的军队所经之地哪怕是有一只活猫或狗存留都会激怒他。他们将战俘的头颅砍下，再堆积成一个个金字形塔。统一外蒙古(Outer Mongolia)后，成吉思汗于 1205 年消灭了内蒙古(Inner Mongolia)。1211 年至 1215 年，成吉思汗征服了满洲金朝(Chin in

Manchuria)的女真族(Jürchen)，1219年至1221年征服了中亚突厥人的花剌子模[1](Khorezm)。然后，成吉思汗把中国西北部地区变为荒原，最终结束了征服。

成吉思汗的儿子——也是他的继承人——窝阔台(Ögödei)继续扩张，并于1231年征服了朝鲜。他的三个孙子则将蒙古征战范围进一步扩展：拔都(Batu)于13世纪40年代征战欧洲；旭烈兀于13世纪50年代进军中东；13世纪60年代至90年代忽必烈(Kublai Khan)征战中国中原、东南亚和印度洋。拔都于1237年征服伏尔加保加利亚(Volga Bulgars)，1240年征服俄罗斯，1241年摧毁了波兰南部和匈牙利。正当进军维也纳时，窝阔台去世，拔都被召回蒙古参加其堂弟蒙哥(Möngke)的继位选举。可能是欧洲的森林让习惯平原的拔都士兵感觉惶恐不适，蒙古人从此没再回到欧洲。蒙哥的弟弟旭烈兀征服了伊朗和伊拉克，对黎巴嫩的阿萨辛派[2]刺客进行了清剿，其中的幸存者逃往孟买，那儿至今仍由阿迦汗(the Agha Khan)(七伊玛目派/伊斯玛仪派的后代)统治。通过与蒙古王室家族联姻，埃及的马穆鲁克苏丹已经有了蒙古血统。这个时期的故事《一千零一夜》的埃及版中，“阿拉丁神灯”中的阿拉丁娶的是一位中国公主，其暗示的就是埃及苏丹们的蒙古裔妻子。旭烈兀的哥哥忽必烈(统治期为1260—1294年)进一步向中国南部扩张，建立了元朝(Yüan/“Origin”)，定内蒙古的上都(Shang-tu/

① 包括今阿富汗、伊朗、乌兹别克斯坦、土库曼斯坦等地区。
② 伊斯兰什叶派伊斯玛仪派的一个支派。

Xanadu）为夏季都城，定北京为冬季都城。1279 年，忽必烈的军队在装备有弩炮、火焰投射器、火炮、燃烧箭的新型大型海军战舰的协助下完成了对中国南部的征服。

## 忽必烈统治下的中国重返印度洋贸易

蒙古人给以印度洋为中心的世界贸易带来了历史上最戏剧性的一次变化。在旭烈兀征服伊朗和伊拉克之后，他们切断了波斯湾的贸易航线。而埃及苏丹拜巴尔斯破坏了十字军控制的黎凡特港口，波斯湾地区商品因此不能向西运输，这让危机进一步加剧。大批的伊斯兰教徒从被蒙古人摧毁的中亚、伊朗和伊拉克逃往印度、东南亚和东非定居。和青铜器时代初期一样，阿拉伯海的主要贸易线路向南改道，阿拉伯和波斯商人势力因此而被削弱，而居住在从亚丁湾至马六甲一带的来自坎贝的古吉拉特印度教徒则从中受益。

商人们后来试图恢复波斯湾的贸易线路，却发现他们现在需要面对马穆鲁克的埃及红海线路的竞争，而红海航线也受到了政治因素和反复暴发的黑死病导致的人口急剧下降的负面影响。同时，忽必烈从中国向印度洋的海上扩张使大多数的印度洋贸易东移。蒙古人过高地征收税负使众多拥有土地的人退出商务，从而动摇了继续生产所需的再投资。泰米尔人和锡兰人之间的战争使锡兰的大多数稻田荒废。在泰国人的攻打下，高棉王朝的统治终结，柬埔寨因此也经历了同样的经济崩溃。另一方面，蒙古帝国的建立使黑海和中国之间贯穿中亚的陆路贸易变得更加安全，而蒙古帝国利用中国商人向印度洋扩展则在总体上促进了印度洋贸易的新发展。但是，从长远看，蒙古人对印度洋贸易的负面影响是不可愈合的。

忽必烈一直对扩大对外贸易、促进中国瓷器和丝绸品的销售以及与东南亚建立新的商贸联系非常感兴趣。1279年，在征服中国南部后，他立即派使节前往安南国(Annam)(今越南北部)促进与安南的商贸联系，获取香料、珍珠、药材和各种动物。安南国王也派遣贸易使团以运送贡品者的身份前往中国。为了更进一步靠近印度洋，忽必烈于1273年派遣了三个使节前往异教的缅甸蒲甘王国(Burmese kingdom of Pagan)索要贡品。使节被杀后，忽必烈于1277年派遣了一支复仇大军进攻缅甸。这支军队在后来的十年中迫使缅甸与元朝合作。当占城国(Champa)(今越南南部)也同样拒绝给元朝进贡时，元朝军队于1279年攻入占城，结果却陷入了游击战、湿热气候和疾病的困扰。尽管如此，忽必烈依然继续坚持贸易推进。

1289年，忽必烈试图进入爪哇，于是派遣使节前往爪哇要求国王臣服元朝。国王克塔纳伽拉(King Kertenegara)拒绝臣服并在元朝使节的脸上打上了烙印。1292年，忽必烈出兵2万人、战船上千艘攻打爪哇岛。击败一支爪哇舰队后，元兵登陆并取得了一时的胜利，但最后遭爪哇军队伏击而失败，被迫返回中国。忽必烈于是鼓励叛军推翻了国王克塔纳伽拉，并协助其女婿韦查耶(Widiaya)建立了印度教王国满者伯夷国(Hindu kingdom of Madjapahit)。这样，元朝军队占领了越南和缅甸并影响着爪哇，忽必烈于是控制了中国到印度间贸易航线上的几个关键点。接着，他又利用其舰队更全面地控制了印度洋。1281 年，忽必烈派使节前往斯里兰卡，1285 年和 1290 年又派使节前往马拉巴尔海岸，在斯里兰卡和印度半岛南部建立了贸易站并使十个印度王国成为元朝的进贡国。中国商人在苏门答腊、斯里兰卡和印度西海岸的卡利卡特[①]( Calicut) 居住下来。当时的中国完全控制了东部印度洋。所以，14 世纪到中国的阿拉伯人伊本 · 白图泰( ibn-Battutah) 就在他的书中说过，在印度和中国之间的海域中航行的全是中国的船只。

但是，意大利和中国之间的贸易接触却依旧沿用上辈人最初的方式，即通过基督教传教士和法国人( 以及教宗) 的联盟进行。1287 年，忽必烈派遣景教修道士列班 · 扫马( Rabban Sauma) 前往罗马和巴黎，试图争取达成一个联合反伊斯兰的协定。威尼斯人和热那亚人从克里米亚各贸易站购得来自东方的物品，然后再用它们换购银器[ 他们在西欧销售希腊白酒，再买入佛兰德( Flemish) 和意大利等地用英格兰上好羊毛织成的布匹，将布匹销往黎凡特后购买银器]。威尼斯商人尼科洛( Niccoló) 和马菲奥 · 波罗( Maffeo Polo) 说他们曾经和北京人交易过，而尼科洛之子马可 · 波罗( Marco Polo) 则在他的游记中记载他经陆路到过中国，并且在为忽必烈服务过 17 年( 1275—1292 年) 之后经印度洋航线返回意大利。14 世纪，热那亚商人

① 印度西南部港市科泽科德，在中国古籍中称为古里。

在中国南方厦门(Amoy)附近的刺桐(Zayton)(今泉州)聚居，在刺桐和北京都有了基督教传教活动。1291年，意大利天主教会修士约翰·孟德·科维诺(Gian di Monte Corvino)和商人皮耶罗(Piero di Lucalongo)一同来到北京，约翰·孟德·科维诺在北京修建了教堂并把《新约全书》(New Testament)和《圣咏经》(Psalter)翻译成蒙文。

在13世纪和14世纪更迭之际，非洲的贸易格局也经历了一次变化。基尔瓦王朝征服了对手索法拉，从而垄断了津巴布韦的黄金出口。基尔瓦及其北面远至摩加迪沙的沿海城市还出口象牙。因为贸易繁荣，基尔瓦、摩加迪沙和桑给巴尔铸造了钱币，基尔瓦王朝还通过修建大清真寺和王宫来展现它经济上的成果。

## 文明世界大部分被毁，为欧洲人的进入打开了大门

蒙古人统治时期，中国在印度洋的贸易得到了进一步发展，陆路方面也开始了与意大利人之间的新的亚欧贸易，但原本领先世界的亚洲国家和埃及却在未来的几个世纪中势力被严重削弱。这主要有两个原因：一是蒙古军的占领摧毁了多数地方的军事力量；另一个原因是，蒙古军队侵占中国云南和缅甸时遇上黑死病(Black Death)的暴发，随着他们进军欧亚和北非，黑死病也随蒙古军队向这些地方扩散。这次黑死病的暴发和流传导致了当地人口灾难性地减少。

基辅时期相对繁荣的俄罗斯因为拔都的入侵而遭到破坏。

北面的瑞典人和德国人趁俄罗斯力量被削弱之际占领了他们的部分领土，而蒙古人则向俄罗斯人大量征收钱财和青年男女（男人被送去当兵，其中一些被派去帮助忽必烈攻占越南）。向可汗请愿的人必须双手着地一路爬着磕头。俄罗斯受尽残暴与贫困之苦，他们与贸易隔绝，并从此留下了专制统治的传统。

伊朗、伊拉克、埃及和印度也受到了相似的重挫，中东从此再也没能够重拾它从前有过的繁荣。1258年旭烈兀占领巴格达时，巴格达那些装帧精美的书籍手稿被投进底格里斯河，手稿阻塞了河道，溶解的墨汁染黑了河水。城内的人口几乎全部被杀光，尸体腐烂后散发的恶臭使蒙古军队不得不撤退。伊朗和伊拉克因黑死病暴发导致人口下降，同时又受到政治动荡、农业衰退、贸易萎缩的打击。旭烈兀在伊朗和伊拉克建立的蒙古伊儿汗王朝（the Mongle Il-Khan/“Vice-ruler” dynasty）对海洋不感兴趣，拥有巴士拉和其他一些波斯湾港口的巴格达在后来的500年中完全失去了它在国际上的重要地位。尽管马可·波罗在他的书中记载至少波斯湾海口的霍尔木兹港依然繁荣，但他记载的准确性却受到质疑。在埃及，同样因为黑死病导致了人口的下降，同时，蒙古-突厥马穆鲁克联合政府统治的腐败、商业限制导致的开罗地区伊斯兰和犹太人商业大家族的毁灭都给埃及带来了重创。尽管如此，马穆鲁克仍然继续保持了埃及以前在印度洋贸易中的重要作用。事实上，他们并没有建立一支永久的海军，但他们守住了在红海的各港口。这些港口由埃及卡里米伊斯兰商人经营，他们利用这些港口由护航船保护航行到印度的卡利卡特和奎隆港。在那里，他们买进胡椒和香料，再通过威尼斯贸易伙伴将它们销往欧洲。14 世纪，印度的统治者从属于中国皇帝，受此威胁，印度教徒终止了印度洋周边的大量贸易(尽管古吉拉特和印度南部伊斯兰化了的商人的贸易活动有所增加)。

中国同样也遭受了破坏。北方地区被毁坏，人口减少，而蒙古人的入侵以及蒙古人之间的相互残杀将中国带入了战争的苦海。蒙古人大量征税以应付不断扩张所带来的财政需求，中国北方被洪水破坏的运河航道因一直失修而长期不能发挥作用。教育体系被破坏，科举考试被中断。忽必烈尽管欣赏中国文化，但非常有限。因为家人不喜欢住在房屋内，于是他把帐篷搭在了皇家公园里。曾经一直是中国文化标志的伟大发明创造力开始枯竭。蒙古人留下的主要是一些军事建筑，比如北京古城墙上坚实高大的防卫塔楼。在创新性方面，元朝统治者对华丽颜色的热爱改变了中国人以往对淡雅色彩的喜好。蒙古人大量使用金色，使其成为仅次于红色和紫色的第三大用色。当时中国最具积极意义的文化发展是中国方言戏的繁荣。这些方言戏由各地专业说书人创作，表现的主要是唐代以来英雄人物的英雄故事。

因为蒙古人大量征收粮食、大批征调男性，朝鲜的经济也遭受了严重打击。1127 年女真通古斯人(the Jürchen Tungus)征服中国北方给日本带来的不安、1224 年蒙古人开始对中国的入侵、1274 年和 1281 年忽必烈两次试图征服日本未果，这些事件使日本在镰仓幕府(Kamakura shoguns)统治时期进入军事化社会，日本由此开始进入了封建时期。饱受恐吓的日本在此后的几个世纪中一直保持防守并与外界隔离，只是在16世纪有过短暂的开放。西欧的财富也同样呈螺旋形下降之势。贸易被破坏导致了失业的增长，民众营养不良，缺乏对疾病的抵抗力，很快流行病在欧洲迅速蔓延。开始于1347年至1350年的黑死病夺走了西欧约1/3的人口。随着财富的流失，贵族和中产阶级为夺取控制权而互相争斗，法律和秩序也因此而被破坏。

## 蒙古的衰落

建立在暴行基础上的蒙古统治注定会像它之前的亚述、巴比伦和秦朝统治一样，迅速走向灭亡。因为征战，蒙古人口过度分散并急剧下降，以至他们无力阻挡周围民族对他们的牧场的侵占，他们控制的牧场数量越来越少。14世纪后半叶，各地的原住民纷纷起来反抗。

1340年统治西亚的伊儿汗王朝失败后，中国的反元起义推翻了蒙古统治并建立了明朝(1368—1644年)。起义由出身平民氏族的洪武帝(Hung-Wu)[①]率领。幼年在一座天台宗佛教(Tendai Buddhist monastery)寺庙[②]长大并接受教育的洪武帝，25岁那年加入了反元组织“白莲教”(White Lotus Society)，最

① “洪武”(Hung-Wu)为朱元璋统治时期的年号，故朱元璋也被称为“洪武帝”。
② 即皇觉寺。

后成为该组织的领袖。以此为起点，他后来又散布救世主弥勒佛将降世，并给生活在黑暗中的众生带来光明的传言，这给反元的起义更增添了宗教热情。利用各地爆发的反元内战，洪武帝于1356年占领南京并于1367年控制了整个长江流域。1368年，他攻入北京并建都南京成为明朝(意即“光明”)第一位皇帝。

驱逐蒙古人并在北部边境采取军事措施阻挡蒙古人入侵，这些措施使明朝政权步入了非常专制的集权统治，但因此也削弱了人们的创新积极性，使中国的资金不能再投向能创造更大经济利益的行业；同时，蒙古入侵后想要恢复中国传统文化的思想也影响着中国社会回到过去轻视工业和贸易的儒家官僚主义模式上。

德米特里·顿斯科伊大王子，即莫斯科大公(grand prince of Muscovy)(统治期为1359—1389年)在库利科沃原野(Kulikovo Polo/“Snipes Field”)取得了胜利。在乌兹别克斯坦(Uzbekistan)，帖木儿(Timur Lenk /Tamerlane or “Iron Man the Lame”)——突厥人，其母亲为成吉思汗后裔——统治了中亚，他采用蒙古人的恐怖方式反击蒙古人。他挑起的反叛战争使得因为蒙古人的掠夺和流行病施虐而早已脆弱不堪的中亚丝绸之路完全中断。到1394年，他已将其疆域扩大到了伊朗和伊拉克，1398年又占领德里，并将城内的百姓屠杀或卖作奴隶。

## 中国进入印度洋贸易的顶峰期

明朝曾经一度恢复并提升了中国在印度洋贸易中的地位。

1407年，一支中国军队占领了越南的安南（越南北部）。1420年，中国海军拥有战船1350艘，其中有些战船排水量高达1500吨［相比之下，瓦斯科·达·伽马[①]（Vasco da Gama）船队旗舰的排水量只有300吨］。大量的中国私人商船在朝鲜、日本、东南亚、印度和东非进行贸易。室町幕府（Ashikaga shoguns）统治下的日本禅宗（Zen）文化盛行，随之发展起来的有茶道（the tea ceremony）、能剧（“No” play）、修行阁（meditation pavilions）、枯山水庭园（rock gardens）和折纸（origami paper arrangement）等文化艺术形式。当时，中国为远距离航行建造了一种超大船只——“福船”（fuchuan）。为了应对海洋中的风浪，“福船”的船首和船尾高高翘起，船底为尖形，有四个外悬甲板，船底部有的龙骨贯通首尾使船体更坚固，船头还绘有所谓的龙眼，这种长达400英尺（约122米）的远洋“福船”是有史以来最大的一种木制船舶。出生云南的中国宫廷太监、伊斯兰教徒郑和（Cheng Ho/Zheng He）在1405年至1433年间先后率领船队进行了7次远洋航行。他们曾经停靠婆罗洲、马六甲、爪哇、苏门答腊、斯里兰卡、卡利卡特、亚丁、霍尔木兹、也门、马林迪、摩加迪沙、桑给巴尔等港口。郑和的船队配有众多火炮手和弩箭手，其船队出航的一个主要任务很可能是镇压当时那些引起物价飞涨、妨碍海上贸易、活动日益猖獗的海盗。

① 葡萄牙航海家（约1469—1524年），西欧直达印度航海路线的开辟者。

肯尼亚海岸附近拉穆群岛(Lamu archipelago)上的巴准群岛(Bajun Islands)有个帕泰岛(Pate Island)，岛上的一个分支部落瓦尚嘎族人(Washanga subclan)认为他们是当时在那里遭遇船难的中国海员的后代。瓦尚嘎族人成为讲斯瓦希里语的巴准(Bajuni)渔民的一部分。和邻近其他民族相比，他们的肤色较浅、体形较瘦小，面目清秀。在巴准人身上还可以看到一些中国人的影响，其中包括：男人飘垂的胡须、女性头发从头中间一分为二编成发辫、华贵的丝绸服装、用手指击打乐鼓演奏的带亚洲特点的音乐(而非洲其他地方则是用手掌击打乐鼓)。在帕泰岛已经发现了大量的明朝器皿。瓦尚嘎人的民间传说中有个关于马林迪国王送长颈鹿给中国皇帝的故事，中国的民间传说中也有同样的故事。在桑给巴尔——中国当时的一个贸易基地，仍保留着热衷贸易和种植稻谷的传统。

在泰国，抗拒中国皇帝威权的贵族被处罚，海盗被镇压，中国帮助泰国人攻打高棉并在 1408 年兼并了安南，而中国则从泰国获得了用以制造船舵的硬红木。中国已经控制了巴邻旁[①]和苏门答腊，这得归功于早些年中国海盗在这些地方的活动。在苏门答腊，中国人获得了胡椒、姜料、草药、樟脑、乳香和硫黄(用作药物)。将商品从印度尼西亚、马来亚运往中国进行贸易成为东南亚各城邦的主要收入来源。1391 年左右，由巴邻旁流放王子伊斯坎达尔·沙(Iskandar Shah)在马来西亚南

① 古称旧港，即今天的巨港，印度尼西亚南苏门答腊省首府。——译者注

部港口建立的马六甲王国(Malacca)成为中国的附庸国。这一时期，马六甲的中国商人团体开始形成。伊斯坎达尔将这个地区的宗教信仰转变成伊斯兰教后，马六甲和阿拉伯之间的贸易关系更加顺畅。14 世纪末和 15 世纪期间，在马来西亚和印度尼西亚群岛大多数地区，伊斯兰教取代了印度教和佛教的地位，巴厘岛则是个例外。郑和的伊斯兰教徒身份也成为他与印度洋地区伊斯兰统治者们交往的有利因素。阿拉伯人(一定程度上是印度人)将印度尼西亚和马来西亚的香料和染料、印度的棉花、丝绸和胡椒以及中国的蚕丝绸和瓷器带到亚丁和埃及。中国把马六甲当作它在东南亚的主要停靠港，中国人组成的社区开始在那儿扎根。他们经马六甲出口苏门答腊的胡椒和印度尼西亚的稻谷以换取古吉拉特的棉花。

郑和还到过位于印度南端西南方向的马尔代夫群岛，那里是椰子和玛瑙的来源地。在印度马拉巴尔海岸刚兴起的重要港口卡利卡特，中国使节们帮助一位和中国友好的候选人获得了王位。卡利卡特为中国供应它内陆西高止山地区出产的胡椒、肉桂、姜、小豆蔻和姜黄，从而成为南亚最重要的港口。从印度出口到中国的还有珍珠、珊瑚和宝石。中国还和与卡利卡特相邻的科钦进行贸易。从 1408 年到 1438 年，中国军队在斯里兰卡驻扎，孟加拉、霍尔木兹和东非都曾派贸易使团前往中国。波斯湾口的霍尔木兹则喜欢进口珍珠(来自巴林岛)、红宝石、蓝宝石、黄晶、珊瑚、琥珀、黄金、银、铁、铜、朱砂、地毯、毛织品和盐。郑和还会见过亚丁的苏丹，从苏丹那里中国人获得宝石、珍珠、珊瑚、琥珀和玫瑰香水；作为交换，亚丁的苏丹则从中国人手中获得瓷器、胡椒、黄金、银以及檀香。中国人从吉达和佐法尔购买乳香、没药、芦荟和药物。郑和还到过索马里的摩加迪沙和肯尼亚的马林迪，那里的人用单桅三角帆船把当地的农产品运到阿拉伯地区，而阿拉伯人则用农产品交换到丝绸、锦缎、地毯、香水、珍珠、玻璃球和中国瓷器。

然而，为维持海军而征收的繁重税负让中国人负担沉重，怨声载道。中国的儒家思想对商人的趋利行为不予认可，他们批评这种为追逐利益而进行的海外扩张行为。1420年，明朝皇帝朱棣（Emperor Zhu Di）（统治期为1402—1424年）[①]修建北京紫禁城（Beijing's grand Forbidden City），民众压力进一步加重。次年，朱棣发现他的两名嫔妃与太监有染，于是组织调查，众多嫔妃被处死。在被处死前，有些嫔妃将自身过错的原因归咎于61岁的朱棣将她们打入冷宫。不久之后，紫禁城的三座大殿遭雷击而被烧毁，朱棣认为这是上天在施怒于他，于是他进入天坛（Altar of Heaven）祈福。从天坛出来之后，朱棣宣布将削减公共开支以降低税负。

明朝政府逐渐开始觉得海军卷入商贸是一个错误。而且，1417年大运河上开始使用深水闸，它使中国南北间的贸易货物即使在枯水季节也可以通过运河航道运输，而不需要通过海路

① 原文为“1399—1424年”有误，应为“1402—1424年”。——译者注

进行。1428 年，在遭遇了越南近 10 年的军事反抗之后，中国军队从安南撤出。1436 年，明朝政府停止建造远洋船只，并中断了已经进行的海军航海活动，所有中国人被禁止进行海上贸易。因为儒家对商人唯利是图的不满和偏见，成功的商人们或被课以重税，或者生意被政府接管。

## 15 世纪意大利影响的复苏

蒙古人对中东、俄罗斯和中国所产生的负面影响一直持续到这个时期。蒙古人控制的最终结果是使中国、日本、伊朗和伊拉克(甚至埃及)在未来的数百年中失去了在世界历史中的领先地位。15 世纪末，尽管终于打败了蒙古人，但此时对于这片曾经繁荣、文明过的地区要重新恢复昌盛为时已晚、力所不能。在所有的古文明世界中，唯一没有遭受蒙古人严重破坏的地区只有西欧。尽管也遭遇了经济破坏和瘟疫的侵袭，但欧洲人依然独立且富于尝试和进取精神，这使他们在没有了外部强劲竞争对手的状况下可以自由地开始控制世界贸易、财富、势力和创造力。引领现代世界贸易和历史进程的角色也因此毫无阻碍地由欧洲人担当。

中国人从印度洋东端退出后，意大利人在印度洋西端(西至埃及)的影响力又进一步提高。在埃及，因为蒙古人势力的衰落，长期和伊朗伊儿汗王朝(the Il-Khans of Iran)通婚的突厥马穆鲁克卡拉温王朝(Turkish Mamluk Dynasty of Kalaun)的声望也被毁。1368 年，蒙古人的统治首先是在中国垮台，继而于

1380年失去了对伊朗的统治，结果使切尔克斯人（Circassian）（主要是斯拉夫人）的马穆鲁克于1382年掌管了政权。首任切尔克斯人苏丹巴尔库克（Barkuk）继续将突厥语当作政府使用的语言，但用阿拉伯语备存记录。与以前的突厥马穆鲁克相比，切尔克斯马穆鲁克的统治者不是世袭制，苏丹是由切尔克斯士兵选举产生。这一制度助长了派系的斗争，导致了持续的巷战。

13世纪波斯湾贸易的衰落以及15世纪初中国退出印度洋贸易后，埃及以及它的贸易伙伴南部阿拉伯人（尤其是阿曼人）、印度西部的古吉拉特人（他们都是伊斯兰教徒）成为在阿拉伯海地区活动的主要贸易商人。1436年之后，随着中国人的退出，这些商贸者逐渐掌控了马六甲海峡的贸易（此时的马六甲海峡由马六甲城控制）。野心勃勃的埃及苏丹巴尔斯拜（Sultan Bars-Bey）（统治期为1422—1438年）扩大了埃及在印度洋的贸易，他们进一步开发了麦加的吉达港，授予埃及富商在印度洋贸易的垄断权。15世纪，阿拉伯人的单桅三角帆船主宰了红海和波斯湾的贸易。埃及在印度的商业控制中心建在胡椒的主要出口港卡利卡特，他们在卡利卡特以50第纳尔①（dinars）购进的胡椒再以130第纳尔的价格在亚历山大港出售给威尼斯人。随着意大利的贸易复苏逐渐扩展到它北面的各邻邦，欧洲对香料、丝绸、黄金和象牙的需求变得越来越大。帖

① 当时的货币。

木儿(Tamerlane)向埃及发出了要求联盟的请求，但苏丹巴尔库克决定不和中亚的霸权者分享埃及重新迎来的财富，于是他在回复中说帖木儿的信满是献媚，不堪卒读。1424年，为展示埃及在黎凡特的势力，巴尔斯拜从雅克·德·卢希南(Jacques de Lusignan)国王手中夺取了塞浦路斯。1468年至1495年，卡特·贝(Qait Bey)统治下的埃及依旧雄心勃勃。卡特·贝同样是个敛财者，因为没能成功炼出金子，他竟然叫人把炼金术士的眼睛和舌头挖掉。

巴尔库克恢复了红海贸易航线，这让埃及的贸易伙伴意大利再次迎来了大量的贸易机会。在和埃及的交往中，他们尽力争取经济上的优势。15世纪给意大利带来的财富和安逸促发了意大利的文艺复兴。马穆鲁克统治下的埃及沿袭了他们在十字军东征时期和意大利之间建立起来的密切商贸关系。他们延续着和意大利之间旧的伙伴关系，只是这次意大利不再需要法国在中东的军事合作，而法国则在努力挣扎着从14世纪开始的分裂中寻求复苏。

1380年打败热那亚后，威尼斯成为地中海东部的主要军事力量。拥有3000艘船只的威尼斯舰队是当时整个地中海最大的。他们在所有船只上安装了三个桅杆，加快了船的航行速度。但用这项新发明造船费用高，需要从普鲁士进口松木桅杆和昂贵的船帆。他们在旧式的长船(galley)上装上了三桅杆，建造了大型帆船(galleon)；在圆体船(round-hulled nave)上装上了三桅杆，建造了新型的“卡拉维尔快船”(caravel)(其船帆造价昂贵)。磁罗盘的转盘式样也进行了改良，把磁针安装在有方位刻度标示的纸盘飞轮上。尽管有了这些技术改革，但航行依旧需要在相对平静的海上才能顺利进行。

威尼斯人将由埃及出产的原材料(甘蔗和亚麻)生产的产品(糖和亚麻纺织制品)返销到埃及，从而完成了向超级商人的转变。埃及的中产阶级(包括卡里米商人)由于黑死病而受到重创，埃及政府因此不得不接管正日益繁荣的蔗糖和纺织品生产行业，同时于1429年实行了对胡椒和香料贸易的垄断。但后来的官僚政治和过高的税负限制了技术的发展，从而使也门人有机会重新取得了印度洋西部的部分贸易。当埃及蔗糖生产还在依靠水轮和牛拉式方法时，威尼斯人已经开发了新型的制糖工艺。塞浦路斯和克里特岛以奴隶为劳力的甘蔗种植园为威尼斯提供了部分蔗糖，生产的糖果远销各地，取代了埃及福斯塔特生产的糖果。我们今天的英语单词“candy”(糖果)即来自意大利语的单词“Candia”(克里特，Crete)。同样，埃及的亚麻(flax)也被佛罗伦萨等意大利纺织业中心的亚麻制品(linen)所取代。威尼斯人被允许在亚历山大港设立了两个大的货栈[同时热那亚人、法国人和加泰罗尼亚人①(Catalans)也被许可各设立一个小的货栈]。在亚历山大城，混杂了阿拉伯语、希腊语词汇的变异了的意大利语成了贸易的通用语言。

作为威尼斯一个必不可少的军事同盟，佛罗伦萨在威尼斯

① 伊比利亚人的后裔，今很多居住在西班牙，为西班牙人口最多的少数民族。

人获取的贸易财富中分享到了利益。威尼斯之所以要和佛罗伦萨合作，是想和它一起齐心协力共同对付来自米兰公爵居安·加利阿索·维斯康蒂(Duke Gian Galeazzo Visconti of Milan)的扩张和同为港口的热那亚的竞争所带来的双重威胁。威尼斯和佛罗伦萨还通过互派常驻大使的方法来确保双方之间同盟关系的稳定，这是一项新发明的举措。占领波河流域大多数地区之后，居安·加利阿索·维斯康蒂于 1402 年再次进军佛罗伦萨。然而还没攻破佛罗伦萨，他却因病去世。佛罗伦萨则通过军事行动获得了一些新的地区，尤其重要的是在 1405 年占领了比萨港和阿尔诺河(Arno River)河口地区。威尼斯也从而获益，它将威尼托(Veneto)变成了它控制下的内陆城邦。曼图亚[①](Mantua)和费拉拉[②](Ferrara)则得以幸存，成了缓冲国。1453 年，随着君士坦丁堡落入土耳其人之手，威尼斯的老劲敌热那亚失去了势力，而威尼斯在控制了克里特岛和塞浦路斯后，它对东地中海的控制也随之增强。

当米兰、威尼斯和那不勒斯发展到人口超过 10 万时，在意大利贸易城市中各方面发展最显著的是佛罗伦萨，它不仅拥有 4 万人口还拥有比萨港。佛罗伦萨的商业银行家们和最显赫、最具影响力的美第奇家族[③](Medici family)之所以能成功，是因为他们采用了先进而完善的银行和贸易管理技术。佛罗伦

---

① 位于米兰城东南面。

② 位于威尼斯西南面。

③ 佛罗伦萨的名门望族，从银行业起家，逐渐获取政治地位，14—17 世纪的大部分时间里，他们是佛罗伦萨实际上的统治者。

萨的商人比威尼斯商人更自由，因为威尼斯人必须向威尼斯政府租赁船只，而美第奇家族已经学会授予各分支银行独立的职责。这样，当家族的一个分支银行倒闭时并不会波及其家族的其他银行。美第奇家族能在竞争中占据优势的另一个原因是采用了“双账本记账”(double bookkeeping)(一套账本用来供政府税收官员查看，另一套用来记载真实账目)和“假名账户”(pseudonym accounts)(用来隐瞒有问题的收益)等非法的手段。马穆鲁克则将意大利货币和埃及货币一道当作它主要的储存货币。

让意大利人能够在这一时期走到了商贸最前列的并不光彩的革新手段以及他们在埃及的贸易获得的巨大收益也使他们在创新方面(同样是为了竞争和牟利)取得了巨大的成就。在创新方面，15 世纪的意大利给予世界的礼物是“意大利文艺复兴”(Italian Renaissance)。它最早以佛罗伦萨为中心，继而向其他地方传播，特别是在罗马。佛罗伦萨的创造力在 15 世纪初期的爆发，部分是在防御居安·加利阿索·维斯康蒂的过程中被点燃的。为了显示佛罗伦萨的伟大，他们为完成“佛罗伦萨洗礼堂”(Florence’s Baptistery)两座青铜门的浮雕设计而举行了一次竞赛，结果洛伦佐·代·吉贝尔蒂(Lorenzo dei Ghiberti)的设计获胜，后来，米开朗基罗(Michelangelo)将其中一座青铜浮雕门称为“天堂之门”。多纳泰罗·巴地(Donatello Bardi)成功地为大教堂钟楼雕刻了一座逼真的大理石塑像，取得了雕塑比赛的胜利，而菲利波·布鲁内列斯基(Filippo Brunelleschi)则以

94 米高的圆顶结构完成了大教堂的建造。马萨乔(Massaccio)、保罗·乌切洛(Paolo Uccelo)和莱昂·巴蒂斯塔·阿尔伯蒂(Leon Batista Alberti)的绘画作品因其采用的透视法和它们所达到的三维效果则进一步推进了现实主义艺术。

15 世纪中叶，文艺复兴的第二代创作由“国父科西莫”(Cosimo Pater Patriae)[①]统领下的美第奇家族所控制。这时期的作品更关注的是世俗财富而不是教堂，因此其作品的格调也更世俗化。布鲁内列斯基建造了美第奇家族宏伟的“皮蒂宫”(Palazzo Pitti)，米开罗佐(Michelozzo)设计了“美第奇宫”(the Palazzo Medici)，在“美第奇宫”的庭院中摆放了多纳泰罗雕刻的文艺复兴时期第一尊裸体雕像(头戴牧童帽的大卫塑像)。马尔西利奥·费奇诺(Marsilio Ficino)——曾经在柏拉图塑像前祭燃蜡烛，并推广魔法书籍《赫姆提卡文集》(*Corpus Hermeticum*)——担任了“科西莫柏拉图学院”(Cosimo's Platonic Academy)的院长。

1469 年至 1492 年期间，奢侈而喜好逸乐的洛伦佐·德·美第奇(Lorenzo il Magnifico)领导的意大利第三代文艺复兴进入了一个大胆的享乐主义创作爆发期。波拉尤奥洛(Pollaiuolo)和委罗基奥(Verrochio)为洛伦佐的宅邸和花园塑造了很多滑稽的雕像作品。桑德罗·波提切利(Sandro Botticelli)

① “国父科西莫”(Cosimo Pater Patriae)的真名是科西莫·德·美第奇(Cosimo de' Medici)

在绘画《春》(*Allegory of Spring*)[①]中描绘了青年人和春天的景象。皮科·德拉·米兰多拉(Pico della Mirandola )在《论人的尊严》(*De Hominis dignitate*)中称赞人比动物和天使更伟大，而且为了了解希伯来魔幻和神秘学著作(Cabbala books)，他还学习了希伯来语。

第四代文艺复兴时期，罗马也加入创作者行列，并与佛罗伦萨一道成为主要的创作中心。当列奥纳多·达·芬奇(Leonardo da Vinci)游走于佛罗伦萨至法国沿途各地并留下众多杰出画作时，教皇儒略二世(Pope Giulio Ⅱ)(统治期为1503—1513年)部分出于纪念其个人家族的原因，开始重修梵蒂冈(the Vatican Palace)和“圣彼得大教堂”(St. Peter's Basilica)，由多纳托·布拉曼特(Donato Bramante)和米开朗基罗(Michelangelo)担任设计，拉斐尔(Raffaelo)绘制教皇接待室的绘画，米开朗基罗在“西斯廷教堂”(Sistine Chapel)的天花板和东墙上绘制“最后的审判”(God's judgments)。梵蒂冈的艺术杰作处处彰显了意大利在贸易中聚集的巨大财富和势力，但这些财富和势力却即将遭到严重的削弱。

## 意大利的衰落

1492年和1494年，美第奇银行和佛罗伦萨政治领导层垮塌，加上西班牙占领那不勒斯、法国占领米兰，使得罗马

---

① 原著为 *The Return of Spring*，有误。——译者注

和威尼斯成为意大利存留下来的两个最强的城邦。胸怀伟大理想的教皇儒略二世[儒略·德拉·罗韦雷(Giulio della Rovere)](统治期为1503—1513年)发动了对威尼斯总督列奥纳多·洛雷丹诺(Leonardo Loredano)的战争，并于1512年占领了佛罗伦萨。在米开朗基罗为博洛尼亚城设计教皇儒略的塑像时，教皇授意让他的塑像手中握剑而不是圣经。有人说，儒略保留了圣·保罗的剑，抛弃了圣·彼得的钥匙。1506年，儒略占领了佩鲁贾(Perugia)和博洛尼亚。1508年，儒略建立“康布雷同盟”(League of Cambrai)，他还联合法国、德国、阿拉贡①(Aragon)一道对抗威尼斯。儒略威吓要将威尼斯重新变回渔村，而洛雷丹诺则回应要将儒略重新变成一名教区牧师。这个区域内的众多势力相互为敌，纠缠在这片小区域的内部战争中，却没有精力注意到一个新兴的势力正悄然在印度洋贸易中兴起。

到这个时期为止，印度洋贸易所带来的前所未有的巨大财富及因此而产生的强大势力和人类创造力一直被印度洋周边各民族及它所延及的地区所控制，其中的两个时期有地中海地区的欧洲人和中国人的密集参与。这之前的400年中，意大利人和中国人加入了由印度洋向外扩展的贸易。从13世纪后期到15世纪早期，中国在印度洋贸易中逐渐形成了长达几个世纪的影响力。15世纪中国退出印度洋贸易后，意大利

① 11—15世纪时伊比利亚半岛东北部阿拉贡地区的封建王国。

成为印度洋贸易中主要的域外受益者。但是，一个崭新的地区［欧洲大西洋地区（Atlantic Europe）］和一条崭新的进入印度洋的航线［好望角（the Cape of Good Hope）］将使未来500年间，旧有的印度洋贸易与世界财富、势力和创造力之间的关系被改变。

## 参考阅读


**关于十字军东征时期的埃及：**

R. Irwin, *The Middle East in the Middle Ages: The Early Mamluk Sultanate, 1250－1382* (Carbondale, Illinois: Southern Illinois University Press, 1986);

Peter Thorau, *The Lion of Egypt: Sultan Baybars and the Near East in the Thirteenth Century* (London: Longman, 1987).

**关于十字军东征和耶路撒冷拉丁王国：**

Karen Armstrong, *Jerusalem: One City, Three Faiths* (New York: Ballantine Books, 1996);

James A. Brundage, *The Crusades: Motives and Achievements* (Boston, Massachusetts: Heath, 1964);

Armin Maalouf, *The Crusades Through Arab Eyes*, trans. Jon Rothschild (London: Al Saqi Books 1984);

Jonathan Riley-Smith, *The Crusades: A Short History* (Athlone: Orca Book Services, 2001).

**关于这一时期的印度洋：**

Jan Julius Lodewijk Duyvendak, *China's Discovery of Africa* (London: A. Probsthain, 1949);

Abu-Lughod, *Before European Hegemony: The World System AD 1250–1350* (Oxford: Oxford University, 1989);

David R. Ringrose, *Expanision and Global Interaction: 1200–1700* (New York: Longman, 2001);

Morris Rossabi, *Voyager from Xanadu: Rabban Sauma and the First Journey from China to the West* (Tokyo: Kodansha International, 1992).

**关于这一时期的中国和蒙古：**

William H. McNeill, *The Pursuit of Power: Technology, Armed Force, and Society since AD 1000* (Chicago, Illinois: The University of Chicago Press, 1982);

Luan Baoqun, *Tales About Chinese Emperors: Their Wild and Wise Ways* (Hong Kong: Hai Feng, 1997);

Wolfram Eberhard, *A History of China* (Berkeley and Los Angeles: University of California Press, 1971);

Louise Levathes, *When China Ruled the Seas: The Treasure Fleet of the Dragon Throne, 1405 – 1433* (Oxford: Oxford

University Press, 1994);

Mauricio Obregón, *Beyond the Edge of the Sea: Sailing with Jason and the Argonauts, Ulysses, the Vikings, and Other Explorers of the Ancient World*(New York: Random House, 2001);

Kevub Reilly, *The West and the World: A History of Civilization*(New York: Harper and Row, 1989);

Morris Rossabi, *Khubilai Khan: His Life and Times* (Berkeley: University of California Press, 1988).

**关于这一时期的欧洲：**

Barbara Tuchman, *A Distant Mirror: The Calamitous 14th Century* (New York: Knopf, 1978);

D. S. Chambers, *The Imperial Age of Venice, 1380-1580* (San Diego, California: Harcourt Brace, 1970);

Hans Baron, *The Crisis of the Early Italian Renaissance: Civic Humanism and Republican Liberty in an Age of Classicism and Tyranny* (Princeton, New Jersey: Princeton University, 1955);

Gene A. Brucker, *Renaissance Florence* (New York: Wiley, 1983);

John Rigby Hale, *Florence and the Medici: The Pattern of Control* (London: Thames and Hudson, 1977);

Garrett Mattingly, *Renaissance Diplomacy* (Boston, Massachusetts: Houghton Mifflin, 1955);

Raymond de Roover, *The Rise and Decline of the Medici Bank, 1397-1494* (New York: Norton, 1966).

# 第六章　北大西洋地区影响的首次确立

16 世纪开启了一个延续至今的新时期。在这个新时期，北大西洋沿岸各地区在印度洋的势力和贸易竞争中扮演着重要角色。蒙古人给亚洲和埃及造成的毁灭性影响，无论是通过战争还是传染病，都给大西洋地区的欧洲人提供了崭露头角的机会（他们在该时期受到的战争和传染病的影响不及亚洲和埃及严重）。这种局势的最先受益者是文艺复兴的意大利人。但随着通往印度洋的第四条海上航线的发现，意大利人逐渐被伊比利亚半岛（Iberian Peninsula）人所取代。继伊比利亚半岛人之后的是大西洋沿岸的其他民族（其中尤为显著的是从一开始就为伊比利亚人的成功发挥了重要作用的荷兰人和英格兰人）以及后来的美国人（在英格兰的引导和帮助下）。

南大西洋区域各民族没能在这一转折时期受益的原因，在非洲是因为它的气候特征（加上气候特征所导致的自给式经济模式和有限的人口）以及河流泛滥对贸易的阻碍；在南美洲是因为它相距遥远以及因此而导致的该地区社会的相对落后。本章将分析北大西洋地区加入印度洋贸易的初期。当时，伊比利亚半岛人因为船只采用铆钉结构、装备有火炮、使用常平架罗盘(gimbal① compass)等先进技术，因而他们引领了印度洋的贸易。本章，我们首先分析葡萄牙人在 16 世纪初如何进入印度洋；再分析从 1525 年开始，西班牙对葡萄牙的影响如何逐步加剧直至 1580 年西班牙国王夺取了葡萄牙王位；然后再分析在 17 世纪中期西班牙瓦解前，对印度洋贸易的影响。

本章还将探讨 16 世纪伊比利亚人势力在印度洋的鼎盛时期；荷兰人在几乎整个 17 世纪期间积极进入印度洋的时期；英格兰人在 17 世纪末出现在印度洋；1689 年至 1815 年英格兰和法兰西为控制贸易而进行的战争；19 世纪初英格兰成果的最后巩固。本章还将看到，该时期末英国人因为在印度洋取得成功而强制取代了印度洋地区的制造业。

在这一时期，伊斯兰教徒和印度教徒之间相互仇恨，伊斯兰对南亚次大陆的征服缓慢且不彻底以及莫卧儿人(Moguls)在海上事务方面的参与欠缺，这些因素削弱了印度的势力。帖木儿的玄孙巴布尔(Babur/Baybar)离开突厥斯坦(Turkestan)于 1504 年重新占领了阿富汗的喀布尔(Kabul)，1526 年又占领了德里，从而建立了莫卧儿帝国(Mughal)，帝国如此命名源于帖木儿有一半的蒙古血统。像他可怕的祖先一样，巴布尔的手段残忍(胜利后常将人头垒筑成人头塔)，他的军队的武器先进(有火绳枪和火炮)，到 1530 年去世前，巴布尔控制了印度北

① 此处原文拼写疑有误，应该是 gimbal，而非原文的 gimbel。——译者注

部的大多数地区，并将其组建成一个军事政权。每位官员都在军队享有军衔，他们视皇帝为最高统帅，服从于皇帝。

巴布尔之子、藏书家胡马雍(Humayun)统治之后，巴布尔的孙子阿克巴(Akbar)(统治期为1556—1605年)完成了对北部印度的占领，从而打开了通往阿拉伯海(1574年占领古吉拉特)和孟加拉湾(1576年占领孟加拉)的两条通道。因为古吉拉特主要的老港口坎贝被淤塞，苏拉特(Surat)(印度西部)取而代之成为该地区的主要港口。他们通过孟加拉各港口与乌木海岸(the Coromandel coast)(科罗曼德尔海岸)、缅甸、泰国以及东南亚进行贸易往来。阿克巴统治时期进行的道路修建工程促进了印度北部地区和这些港口间商品的往来运输。但葡萄牙人和海盗的活动限制了莫卧儿王朝在海上的发展。占领区的印度教百姓和占人口少数的伊斯兰教上流之间的相互怨恨也制约了阿克巴。他曾试图融合印度教徒，让印度教臣民开始进入一个崭新的、积极的状态。为此，他修建了全新的都城法特普希克里(Fatepur Sikri)，迎娶了一位印度拉其普特族公主(Rajput Indian princess)，安排印度教徒进入政府高级职位，取消了针对印度教徒的不公平的人头税。1582年，他创立“丁-伊-伊拉希”(Din Ilahi)①[或称为“圣神信仰教”(“Divine Faith”)]，将伊斯兰教和印度教的内容糅合。然而他的这些举措未能改变人们的观点，他去世之后的印度在政治和宗教上仍然处在分裂的

① 原文为Din Ilahi，常见的拼写是Din-i Ilahi，故在此译为丁-伊-伊拉希。

状况。这些问题还未解决，西方的欧洲人却已经牢牢地控制了印度洋贸易。

## 航海者恩里克(亨利王子)

14世纪80年代，欧洲各地的中产阶级纷纷发动叛乱，以此表达要求参与国家政治的诉求，但他们的目标几乎没有在任何一个地方得到实现。葡萄牙则是个例外，因为那里的资产阶级反抗运动正巧碰上了范围更广泛的民族独立运动。1385年，葡萄牙国王费尔南多一世(King Fernão)去世后，中产阶级拒绝接受费尔南多一世之女比亚特丽丝(Beatriz)和她的丈夫——卡斯提尔王国[①](Castile)国王胡安一世(Juan I)——的统治，尽管胡安一世承诺不插手葡萄牙的事务，但葡萄牙人意识到小小的葡萄牙最终有可能会被军国主义的卡斯提尔王国所吞并。于是，在科英布拉[②](Coimbra)召开的议会中，前国王佩德罗一世(Pedro I)的私生子——腼腆的若昂(João)——被宣布加冕为葡萄牙新的“阿维什王朝”(Avis)的国王，成为若昂一世(João I)，并成立了一个由律师、商人、牧师及行会代表组成的枢密院(royal council)。当胡安一世联合葡萄牙众多贵族率军队进攻葡萄牙之时，若昂向葡萄牙的老盟友英格兰求援。在1385年8月14日的阿勒祖巴洛特战役(the battle of Aljubarota)中，英格兰的长弓箭手部队为葡萄牙军队赢得了胜利。此后，

---

① 伊比利亚半岛中部的封建王国，后来逐渐和周边王国融合，形成了西班牙王国。

② 葡萄牙北部城镇。

中产阶级在葡萄牙社会中保有重要的地位，他们令葡萄牙社会充满活力和商业生气。

葡萄牙与英格兰和佛兰德[①](Flanders)之间的贸易所带来的商业势头吸引了来自摩洛哥巴巴里海岸(Barbary coasts)、阿尔及利亚、突尼斯和利比亚的海盗。为抵御海盗的袭击，若昂一世政府派遣一支远征队前往攻占并控制了摩洛哥的港口城市休达(Ceuta)，并以它为基地保护直布罗陀海峡。1415年，19岁的“航海者恩里克”(Henrique O Navegador/ Henry the Navigator)占领了休达，并留在休达担任总督。将休达变成抗击海盗的基地需要资金，而恩里克注意到阿拉伯人从几内亚湾附近金矿买卖黄金的贸易非常繁荣。他意识到如果能建立通往黄金海岸的海上直接航道，就能绕开阿拉伯人中间商，由葡萄牙人直接经营利润丰厚的黄金贸易。

阿拉伯人对西非海岸非常熟悉，而且在1380年的加泰罗尼亚[②](Catalan)地图上已标出了几内亚湾，只是因为博哈多尔角(Cape Bojador)(非洲撒哈拉沙漠以西)外海域危险重重，那时的欧洲和黄金海岸之间还没有形成贸易往来。一个多世纪以来，加泰罗尼亚人都知道高耸的悬崖、内陆的沙漠、浓雾以及博哈多尔角时而超过50英尺(15.24米)的海浪等因素，这些在当时是通往几内亚湾无法克服的障碍。另外，赤道北面附近

---

① 位于西欧低地西南部、北海沿岸，包括今比利时的东佛兰德省和西佛兰德省、法国的加来海峡省和北方省、荷兰的泽兰省。

② 位于伊比利亚半岛东北部，从前是阿拉贡王国中的一个公国，在13世纪和14世纪曾垄断了地中海西部的海上贸易。

的无风带，海面平稳，既没有风也没有流动的海流推动船只行驶，这也是人们不敢往那里航行的另一个原因。当时需要解决的问题是，必须探索出能跨越数英里进入大西洋的途径，从而避开博哈多尔角。抱着这一想法，恩里克开始研究如何能解决这些困难的新航海线路。他于是在科英布拉大学(University of Coimbra)创立了航海学校，还在葡萄牙东南端的“萨格里什角”(Cape of Sagres)上他的“王子堡”(Vila do Infante)建立了航海研究中心，被威尼斯人排除在地中海东部贸易之外的热那亚航海者纷纷涌入这些学校和机构。

在这些航海学校，他们进行航海技术的发明和改造，航海技术因此有了突破。之前，他们就已经使用象限(quadrant)、六分仪(sextant)和星盘通过测量北极星的高度确定纬度(在北半球)。他们用意大利人在 13 世纪制作的波特兰海图为远海航行确定位置，还在船上安装了北欧人熟悉已久的中央舵。现在，他们用“常平架罗盘”代替了老式的盒式罗盘。新式罗盘安置在双枢轴(double pivot)上，可以自由摆动，这种罗盘的使用使远洋航行最终成为可能。有了这些技术上的改进，恩里克于是派出船队远航进入大西洋。1419 年，葡萄牙在马德拉群岛(Madeira)建立了殖民地，1432 年又在亚速尔群岛(Azores)建立了殖民地。1434 年，博哈多尔角的问题已经被解决，到 1460 年恩里克去世前，葡萄牙已经在几内亚湾建立了殖民地，并控制了那里的黄金贸易。葡萄牙皇室也仿照意大利的“弗罗林”(florin)和“杜卡托”(ducat)货币铸造了葡萄牙纯金金币“克鲁扎多”(cruzado)。当时一次海上航行的利润可高达700%。

## 若昂二世和曼努埃尔一世

在恩里克去世后的20年中，葡萄牙一直享受着他的努力所带来的丰硕成果。之后，精力充沛的若昂二世(João Ⅱ)(统治期为1481—1495年)继续进行海上探索，他将着眼点集中在寻找穿越非洲进入世界最理想的贸易之地印度洋的入口。葡萄牙派探索船沿非洲西岸向南航行。在1486年，巴尔托洛梅乌·迪亚士(Bartolomeo Dias)到达非洲大陆南端的好望角(the Cape of Good Hope)(这是若昂对它的命名)。迪亚士本想继续航行至印度，但船员哗变。迪亚士的返回正合若昂二世心意，慎重的若昂二世觉得这么重大的行动应该先做好周密准备，于是他开始收集有关该探索地区的信息。1487年他委派会讲阿拉伯语的佩罗·达·科维良秘密从开罗经亚丁进入印度，科维良带回了有关香料和埃及马穆鲁克军事实力的详细情报。

1495年，若昂二世做好了远航印度的准备。瓦斯科·达·伽马(Vasco da Gama)绕过好望角，1498年他在肯尼亚的马林迪找到了一位印度向导，此人愿意带他们前往印度西岸的胡椒王国卡利卡特。但那位来自印度西南部[①]马拉巴尔海岸的卡利卡特的富裕首领“扎莫林”(Zamorim)(意为“海洋之王”/“卡利卡特之王”)却认为这些新来的人拿不出什么东西可以与他做贸

① 此处原文有误，马拉巴尔海岸是在印度西南部(southwest)而非东南部(south-east)。——译者注

易，并认为和他们进行贸易可能会招致掌控该地区贸易的埃及马穆鲁克人的不满。瓦斯科·达·伽马的船只离开时，卡利卡特王还派战船尾随，葡萄牙人得以逃脱，觉得非常庆幸。1499年，当瓦斯科·达·伽马返回里斯本时，若昂二世已经去世，若昂二世的侄子“幸运儿”曼努埃尔一世（Manoel O Afortunado，“the Fortunate”）成为葡萄牙国王。1500年，葡萄牙又派出了由佩德罗·卡布拉尔率领的一支远征船队前往印度。在航程中途，佩德罗·卡布拉尔宣布巴西（Brazil）归葡萄牙所有。在卡布拉尔炮轰卡利卡特后，其首领才同意和葡萄牙人进行贸易，并允许他们在港口设立货栈。这次的成功葡萄牙人的青铜炮起了决定性作用，因为印度人的船只是由木板用绳索拼接而成的，这样的船只既不能承受葡萄牙人的炮击，也不能承受在自身船只上用重炮向外进行炮击所产生的回弹力。印度洋的当地船只因船体太轻不能承载很多门火炮，而且即便是偶尔装载有一两门火炮，也绝对不可能由青铜所制。这次，卡布拉尔船队满载着丰富的商品返航回到葡萄牙。

为了挽回第一次航行所经历的失败之名，瓦斯科·达·伽马于1502年请求再次出航印度。当他再次来到卡利卡特宫廷，期待像卡布拉尔一样和印度人进行合作时却发现，卡利卡特之王扎莫林再次发怒不与其合作。卡布拉尔曾要求将所有伊斯兰教徒赶出卡利卡特，但卡利卡特之王却和古吉拉特的苏丹以及也门酋长一道向埃及马穆鲁克苏丹古里（al-Ghuri）求援，于是一支40条船只组成的马穆鲁克舰队很快出现在了卡利卡特港，并对葡萄牙船队进行攻击。马穆鲁克舰队的主要攻击策略是将船只滑近敌方船只侧面并捣毁敌船的船桨，但葡萄牙的船只根本没有船桨，他们只有威力惊人的火炮，就是凭着这些火炮，葡萄牙人取得了胜利，瓦斯科·达·伽马船队最终满载物品回到了葡萄牙。

这个时期，葡萄牙和印度之间贸易往来的繁荣分流了红海航线的贸易。葡萄牙人将铜、铅、水银以及非洲的黄金运往印度，从印度运回的主要有黑胡椒、肉桂、姜、丁香、肉豆蔻和肉豆蔻皮。船队 3 月份从里斯本出发，这样，船只到达印度洋后可以借助印度洋的夏季季风一路往北直到印度；而返航则在 1 月份从印度出发，船只借助印度洋的冬季季风可以顺利地一路南下直到好望角。为了巩固葡萄牙在该地区的贸易利益，阿方索·德·阿尔布克尔克（Afonso de Albuquerque）在 1504 年的地面战役中击败了扎莫林，印度人死亡人数多达 2 万。此后扎莫林退隐到一个印度教修道院，而阿尔布克尔克修建了堡垒，由葡萄牙人控制卡利卡特。埃及人曾试图将香料的贸易线路转向印度尼西亚和斯里兰卡，但一切均为徒劳，因为葡萄牙人也将那条线路封堵了。商人们开始向葡萄牙国王申请租约进口和销售胡椒、香料的权利。商品实行定价销售，从亚洲买来的胡椒和香料只能按照规定的价格在里斯本出售，然后由另一些和葡萄牙国王签约的商人再将这些商品销往欧洲的其他地方。

## 意大利人的回应

到1504年，再没有香料进入意大利的港口，但教皇儒略二世和威尼斯总督洛雷丹诺都在集中精力忙于他们彼此之间相互对抗的“康布雷同盟战争”(War of the League of Cambrai)，并无暇充分关注这个外来的威胁。儒略正忙于征占佩鲁贾①(Perugia)和博洛尼亚②(Bologna)，直到1506年才终于实现。对葡萄牙人在印度洋的行动意大利人只采取权宜之策。洛雷丹诺总督联合埃及对抗葡萄牙，儒略则命令葡萄牙国王曼努埃尔停止葡萄牙人在印度洋上的活动，并说这会让在中东的少数族裔基督教徒遭到伊斯兰教徒的报复。威尼斯人帮助埃及组建了一支装备有火炮的新型舰队，但他们的主要精力是对抗教皇。1505年，苏丹古里(Sultan al-Ghuri )派遣这支由1500名伊斯兰教徒组成的现代化的舰队重返印度洋宣誓他们的霸权。在距离斯里兰卡不远的外海，他们伏击了由葡萄牙首任印度洋总督佛朗西斯克·德·阿尔梅达(Francisco de Almeida)之子洛伦索·德·阿尔梅达(Lourenço de Almeida)率领的葡萄牙舰队，洛伦索胸部中弹身亡，他的舰队被击败。

然而意大利人的胜利并没能持续多久，葡萄牙人很快就专心投入到这场争夺中。于是，伊斯兰教徒的宗教暴戾遭遇了针锋相对的回应，伊比利亚半岛的基督徒以十字军般的狂热展开

---

① 意大利中部城市。

② 意大利北部城市。

了反击，以十字架(cross，代表基督教)对抗新月旗(crescent，代表伊斯兰教)。1506年，阿方索·德·阿尔布克尔克率领一支新的舰队开往印度，奉命打败马穆鲁克并取代阿尔梅达担任印度总督。阿尔布克尔克占领了霍尔木兹，控制了波斯湾的入口要道。1507年，斯里兰卡(肉桂的生产中心)成为葡萄牙附庸国，但在孟买附近的焦耳港(Chaul/察乌尔)战役中，葡萄牙人被埃及和印度联军击败。受此鼓舞，霍尔木兹酋长协助波斯王又占领了霍尔木兹城。阿尔布克尔克非常愤怒，发誓不重新占领霍尔木兹绝不修剪胡须。

1509年2月，阿尔布克尔克果断地从孟买穿过坎贝湾，在第乌打败了埃及和波斯的联合舰队，打破了斯里兰卡战役后形成的格局。葡萄牙人的船只依然在火炮上占据了很大的优势。事实上，从甲板上对外发射大量炮击时，只有葡萄牙人结实的圆形船能保持平稳，而船身狭窄的船只则可能会导致船只倾覆。尽管如此，战斗依然很激烈。在阿尔布克尔克登上马穆鲁克舰队旗舰时，他发现船上只有22人幸存，而且身受重伤。但作为英雄的胜利者回到卡利卡特后，阿尔布克尔克却被不愿意卸任总督职位的阿尔梅达关进了监狱，直到三个月后收到了里斯本的第二道严苛命令，阿尔布克尔克才被释放，开始行使总督的职务。

1509年，在阿尼亚德洛(Agnadello)之战中，威尼斯人也被儒略二世的联军打败。1510年，洛雷丹诺总督放弃了威尼斯全部陆地领土。但最终为时已晚，意大利人团结起来，同仇敌忾。1511年，儒略二世将已顺从的威尼斯与西班牙、英格兰以及瑞士联合起来组成了“神圣同盟”(Holy League)，他们誓言将法国赶出意大利。威尼斯重新得到了它的领土，但意大利并没从中获益，受益者是西班牙，因为西班牙在1527年占领米兰、洗劫罗马后，卡洛斯五世(Carlos V)将他的势力扩展到了半岛的大部分地区。

意大利人在国内未能重拾自己的势力，阿尔布克尔克却逐渐实现了葡萄牙人对印度洋各入口的控制。1511年，他占领了马六甲，从而控制了印度洋东部的出口马六甲海峡。他率领800名士兵占领了这座10万人口的城市，将其宫殿和大部分城市付之一炬，并在那里修建起了葡萄牙人的堡垒。1514年爪哇王、1518年民那丹(Binatang)①苏丹分别率领当地人攻击了葡萄牙人的堡垒，但都被击败。葡萄牙商人纷纷来到该地区开始控制了来自摩鹿加群岛的丁香、肉豆蔻和肉豆蔻皮的贸易，并控制了与爪哇岛之间的贸易，文莱逐渐成为葡萄牙人在印度尼西亚东南部的贸易中心。此前一直快速推进的伊斯兰传教扩张，现在突然陷入停滞。它受到了葡萄牙基督教传教活动和“教化”使命的遏制，同时也受到了葡萄牙人继承的、针对伊斯兰贸易对手的十字军精神的抑制。1514年，葡萄牙人开始了在中国的贸易活动。

1513年，阿尔布克尔克炮轰了亚丁，但未能攻破。于是在每年的贸易季节，他对通往红海的曼德海峡(Bab al-Mandeb)

---

① 马来西亚港口，原文拼写疑有误，应该是Binatang，而非原文的Bintang。——译者注

［或“流泪之门”（“Gate of Lamentation”）］进行海上封锁。他在索科特拉岛（Socotra）设立要塞，并派军队驻守不让阿拉伯人离开红海。印度洋的贸易商船以前不需要军队的护航，但如今葡萄牙人却强迫大多数的贸易船只进入他们控制的果阿和科钦两个主要港口。他们改变了以前埃及马穆鲁克时期的制度，规定未经葡萄牙人的许可（“*cartaz*”，葡萄牙语），船只不能出航。

有观点认为，由于包括印度莫卧儿帝国、萨非王朝（Safavid Persia）和奥斯曼帝国等在内的多数印度洋地区的亚洲大国更着重于向内陆地区的发展，所以葡萄牙人的占领所造成的影响相应减小。但是，正是因为这些国家不太在意印度洋的海上利益，所以，趁意大利人忙于“意大利战争”之时，埃及马穆鲁克苏丹古里向土耳其奥斯曼帝国苏丹塞利姆一世（Selim the Grim）（统治期为 1512—1520 年）请求帮助以抵抗葡萄牙人。塞利姆一世送给古里枪和火炮，装备了一支新型的马穆鲁克舰队，同时他们再次得到了威尼斯的经济援助。1515 年，这支马穆鲁克舰队在一位奥斯曼帝国将领的率领下开进了红海，试图占领也门。但是，阿尔布克尔克将马穆鲁克船队封锁在红海中，并击败了他们一次次的向外突围。塞利姆决心要控制埃及以掌握足够的主导力量去抵抗葡萄牙人。古里于是再次和伊朗的伊斯玛仪一世（Shah Ismail）联盟，但结果以失败告终。1516 年，塞利姆军队从古里手中夺取了阿勒颇（Aleppo），古里战死在战场。埃及人选举图曼贝伊（Tuman Bey）为马穆鲁克继任苏丹，但 1517 年塞利姆一世占领了开罗，并将图曼贝伊吊死在了城门(the Zawila Gate)上。1528 年，开罗的阿拔斯傀儡哈里发去世时承诺将他的权力交给奥斯曼帝国苏丹，但是，亚丁湾海峡被关闭了 30 多年后才再次对埃及和意大利开放贸易。

趁土耳其人和埃及人暂停挑战的间隙，阿尔布克尔克于 1515 年重新占领了霍尔木兹，封锁了美索不达米亚和波斯通往印度洋的入口。因为丢城，霍尔木兹的酋长一怒之下放火烧毁了他那个被誉为“东方之珠”(“Pearl of the Orient”)的宫殿。1517 年斯里兰卡首府科伦坡被占领。阿尔布克尔克随后将印度西南部港口果阿作为葡萄牙人在该统治区的政权所在地，自己则住进了当地的酋长宫殿。他和印度洋周边重要港口地区的各类统治者们建立了联盟，鼓励自己的属下和当地妇女通婚，并在当地吸纳士兵和水手以避免只依赖于从葡萄牙增补军力。那里的犹太人在被葡萄牙人驱逐之前以商人的身份迁往了印度的科钦，于是幸存了下来。在科钦，有一所兴建于 16 世纪、被焚于 17 世纪 60 年代的犹太教堂也被重修而保留下来。很快，葡萄牙语成为继亚洲东南部群岛的马来语和印度宫廷的波斯语之外的又一种印度洋地区的通用语言。葡萄牙人在一些重要的贸易港口设立了要塞并派驻军队，如：索法拉(控制从津巴布韦出口的黄金)、第乌(古吉拉特的纺织业)、科钦(因为有马拉巴尔的胡椒)以及科伦坡(控制肉桂出口)。葡萄牙人想要在东非的黄金贸易中获利，但非洲和阿拉伯商人却通过北面的海岸走私黄金，这令葡萄牙人非常恼怒。于是，他们对海岸城市进行袭击，完全阻止了所有阿拉伯人和波斯人在东非的贸易。

由于葡萄牙商船直接从莫桑比克海岸驶往印度，基卢瓦于是不可逆转地走向了衰退，与其同样命运的还有格迪(Gedi/Gede)和其他的一些港口。

葡萄牙人完全控制了印度洋，以至于1515年，威尼斯不得不从里斯本购买香料。同年年底，阿尔布克尔克成就了所有的艰苦付出，但是他却被召回葡萄牙，失望至极的他声称自己活得太久了，到了该进坟墓的时候了。十天之后阿尔布克尔克去世，遗体埋在了他在果阿修建的教堂中。葡萄牙人在印度洋的出现开始了印度洋的一个新时期，在这个时期中，军国主义、殖民化和贸易排他主义取代了以往相对更了不起的多民族的相互合作。

## 西班牙和葡萄牙的融合

葡萄牙太弱小，不可能仅凭自己的力量守护它已经取得的、能获利如此丰厚的贸易地位，于是它很快就成为西班牙势力范围的一部分。1474年，卡斯提尔王国(Castile)的伊萨伯拉一世(Isabel la Católica)和阿拉贡的斐迪南二世间联姻后，形成了一个统一的西班牙。这个新的国家凭借着和葡萄牙相邻的地理位置和它的军力优势，挤进了葡萄牙人开创的贸易财富圈。1484年成立的“西班牙宗教裁判所”(the Spanish Inquisition)用火刑处死了2000多名基督徒和伪基督徒，而伊萨伯拉则在1492年和1504年先后驱逐了犹太人和伊斯兰教徒。1492年占领格拉纳达(Granada)后，西班牙国王凭借新获得的权力和没收来的财富得以将伊斯兰教的最后统治逐出了伊比利亚。然而，获得这些胜利的代价是使西班牙中产阶级的势力在未来的几个世纪中被削弱。

在得到了航海家克里斯托弗·哥伦布（Cristóbal Colón/Christopher Columbus）的效力后，伊萨伯拉逐步开始了对海外的征服。哥伦布——可能出身于加泰罗尼亚的热那亚（他用加泰罗尼亚语书写）——娶了一位葡萄牙航海者的女儿，因而获得了一些葡萄牙人航海的秘密。他相信地球只有实际的一半大小，因而他试图让若昂二世相信，向西航行也可以到达印度，可这一努力并没有成功。但巴斯的阿德拉德（Adelard of Bath）早在12世纪已经对地球的周长重新做过非常精密的测算（和托勒密王朝亚历山大港的埃拉托色尼所做的一样精密），所以若昂的航海家提醒若昂不要购买哥伦布的航海方案。

尽管伊萨伯拉对哥伦布的方案起初有怀疑，但在1492年，她最终同意给予他最小金额的资助。哥伦布从没承认过他的那次航行并没有达到亚洲，幸运的是他在伊斯帕尼奥拉岛①（Hispaniola）发现了黄金。1493年，伊萨伯拉与费尔南多就已诱使西班牙教皇亚历山大六世从中斡旋，将全球分为东、西两个殖民权利范围，即：以亚速尔群岛②（Azores）以西370里格（league）东西分界，其以东所有的储藏归葡萄牙探索范围，其以西归西班牙。1494年，葡萄牙又发起谈判，签订了“托德西

---

① 即海地岛。
② 北大西洋东中部的火山群岛。

利亚斯条约”(the treaty of Tordesillas)，将分界线西移了约 270 里格(至大约西经 46°。这一修改使葡萄牙后来能将巴西宣布为其所有)。

葡萄牙也摆脱了以前的支持者英格兰的帮助。动荡的英格兰“都铎王朝”(Tudor dynasty)需要得到西班牙的承认和支持。于是在 1501 年，伊萨伯拉最小的女儿阿拉贡的凯瑟琳(Catherine of Aragon)嫁给了亨利七世(Henry Ⅶ)的儿子威尔士王子亚瑟(Arthur，prince of Wales)。之后不久亚瑟去世，而他的弟弟亨利八世(Henry Ⅷ)继而娶凯瑟琳为妻，延续了这桩英格兰和西班牙的联姻。然而，1504 年伊萨伯拉去世后，卡斯提尔(Castile)的新女王胡安娜(Juana)陷入精神错乱，西班牙对葡萄牙更进一步的施压行动因此被延缓。

伊萨伯拉采取的控制葡萄牙的政策在她外孙即查理五世(Emperor Carlos V)继位成为西班牙国王卡洛斯一世(Carlos I)统治期间(1516—1556 年)取得了成效。卡洛斯一世统治了包括西班牙、意大利、低地国家、勃艮第(Burgundy)、号称“神圣罗马帝国”(Holy Roman Empire)的德意志王国(kingdom of Germany)以及澳大利亚、波希米亚和西班牙在美洲的新殖民地等在内的一大片地区，势力强大。葡萄牙的新国王——曼努埃尔的儿子若昂三世(João Ⅲ)(统治期为 1521—1557 年)觉得无法与它相对抗。1521 年，若昂三世的妹妹伊萨伯拉(Isabel)嫁给了卡洛斯五世；卡洛斯五世的妹妹卡塔琳娜(Catalina)嫁给了若昂。这两桩婚姻标志着西班牙控制世界财富的新的世界格局的开始。葡萄牙因此在西班牙的引导下引入“宗教裁判所”(1536年)、引进耶稣会士、关闭学校、驱逐外国势力、实施图书审查制度。在1527年亨利八世(Henry Ⅷ)与卡洛斯五世的姑姑阿拉贡的凯瑟琳(Catherine of Aragon)离婚之前，葡萄牙一直处在西班牙的严厉控制之下(他们的离婚使英格兰有机会再次与葡萄牙联盟对抗西班牙而获得利益)。

## 贸易伙伴

因为中产阶级被削弱，西班牙的整体实力不再能与葡萄牙匹敌，因而不能掌控它在世界贸易中获得的财富，其贸易利润流入了北方的制造中心和金融中心，主要是荷兰、德国和英国。资金的外流让西班牙人觉得必须控制北方制造中心以防止被其反制。北部德国人在反抗西班牙帝国控制的过程中通过宗教改革找到了凝聚力。但来自法国弗朗索瓦一世(François I of France)和奥斯曼帝国苏丹苏莱曼一世(Suleiman the Magnificent)的威胁，使卡洛斯对路德宗(the Lutherans)的惩戒没能完全实施。1453年，突厥人攻破君士坦丁堡城墙，结束了拜占庭帝国的统治。他们建立起了一支由希腊水兵组成的强大的舰队。当地中海西部的控制权从意大利转入西班牙之手时，地中海东部的控制权则被希腊人组成的奥斯曼舰队掌握。1529年奥斯曼人围攻维也纳，1530年其海军元帅海雷丁·巴巴罗萨(Kheir ed-Din Barbarossa)占领阿尔及利亚，1534年占领突尼斯，这对欧洲的卡洛斯五世造成了压力。16世纪40年代，哈布斯堡王朝与波斯人的反奥斯曼联盟（Habsburg-Persian alliance against the Ottomans）最终缓解了土耳其人的威胁。这一联盟遏制了苏莱曼的继续西扩，从而减轻了卡洛斯五世的压力。

## 卡洛斯五世对印度洋的影响

卡洛斯五世时期，西班牙和葡萄牙之间的友好关系使两国在印度洋双双获益。葡萄牙继续维持对红海航线的封锁，大量的香料和胡椒通过好望角运往里斯本，这些商品多数在卡洛斯五世统治下的佛兰德的安特卫普港（Antwerp）经销。亚洲出口的商品交易采用墨西哥和秘鲁的银币支付。通过《萨拉戈萨条约》（Treaty of Saragossa），卡洛斯五世将马鲁古群岛（香料群岛）划归葡萄牙王室，以马鲁古群岛以东约 1653 千米（东经 144°）为界，其以西全部归西班牙，以东归葡萄牙所有（菲律宾群岛除外，它归西班牙所有）。1535 年，古吉拉特的苏丹巴哈杜尔（Sultan Bahadur of Gujarat）迫于莫卧儿皇帝胡马雍（Humayun）的入侵压力，允许葡萄牙人在第乌港修建堡垒以换取葡萄牙的军事协助。

1542 年，葡萄牙开始了和日本的商业接触，向日本出口银子以换取中国的丝绸。在大阪等商业繁荣的城市修建起了木制城堡，城堡装备有大炮以防止那些觊觎他们财富的大名（daimyo）的袭击。1557 年，为得到葡萄牙的帮助以打击活动在中国海域的海盗，中国明朝广东地方官吏将广州附近珠江河口的港口澳门的居住权“让给”了葡萄牙，每年收取租金。到 16

世纪中期，葡萄牙人在莫桑比克建立殖民地，进口那里的砂金，而西班牙的耶稣会传教士们在这些殖民地和贸易港口自由出入。这些传教士中最著名的是圣方济·沙勿略(Francisco Xavier)，他在16世纪40年代先后在果阿、中国澳门和内地以及日本传教。

奥斯曼人也想获得通往印度洋的贸易通道。1521年奥斯曼的制图家、海军上将皮瑞·雷斯(Piri Reis)就曾写过一本关于世界海洋的书，书中他侧重论述了将葡萄牙人赶出印度洋的重要性。苏丹苏莱曼一世接受此建议，他采取有力措施把也门从葡萄牙人手中夺走，打通了从红海到印度洋的通道。有了地中海舰队的支撑，奥斯曼人与西印度及东非建立了商业关系，16世纪30年代还控制了巴士拉和科威特等城市。蒙巴萨及其他东非沿岸城市都期望得到正在崛起的奥斯曼帝国的帮助，而势力较弱的蒙巴萨的对手马林迪则在和葡萄牙的合作中看到了机会。当奥斯曼的船队在1542年一路向南入侵直至马林迪时，人们才发现寄希望于奥斯曼是个错误。卡洛斯与波斯国王联盟发动了土库曼和伊朗之间的长期战争，这在一定程度上对奥斯曼在印度洋、地中海以及欧洲的争霸构成了考验。海军上将皮瑞·雷斯为奥斯曼帝国占领了红海的阿拉伯各海岸，他于1547年控制了亚丁湾，1552年还攻击了葡萄牙人在霍尔木兹的要塞，但被迫退回到红海。尽管如此，到卡洛斯五世统治结束时，从印度洋经红海和威尼斯到地中海的航线重新开通。1558年，奥格斯堡(the Augsburg)的富格尔银行(Fuggers)将他们在里斯本的支行转到了亚历山大城。亚历山大城的胡椒和香料的经营量很快赶上了它以前在里斯本的经营量。

## 腓力二世和北欧人的争斗

1552 年，德国信奉新教的诸侯与法国国王亨利二世联合，他们无视卡洛斯五世，将说法语的洛林地区从德意志王国领土转入为法国版图。法国的介入意味着德国要发动宗教战争必须先由法国决定。1556 年至 1558 年卡洛斯退位，由他的儿子腓力二世[①](Felipe Ⅱ)应对法国的挑战。法国的新教徒转而在荷兰吸纳了力量，他们将宗教战争的焦点地区转到了低地国家。1580 年，腓力二世继承葡萄牙王位，其力量得到了加强，但英格兰的伊丽莎白一世派遣一支军队帮助荷兰的叛乱，于是宗教战争的焦点转到了英格兰。

1585 年，英格兰船只和商人被驱逐出西班牙，1588 年腓力二世派遣强大的西班牙“无敌舰队”(Spanish Armada)前往推翻伊丽莎白一世政权。由 130 艘舰船、2.2 万人组成的“无敌舰队”于 1588 年 5 月出发，7 月 29 日当这支浩大的编队进入英吉利海峡时，150 艘英格兰舰船向他们发起了攻击。英格兰人的大炮制造更精良，射程更远，其船只的吃水较浅，可以深入到西班牙船队的活动水域，而且因为船体较小，可以在西班牙高夹板炮台的射线下靠近西班牙舰船，近距离直接攻击西班牙舰

① 腓力二世(Felipe Ⅱ)，又译为菲利普二世。

船侧面。在英军的攻击下，西班牙海军司令率船退入法国港口加来，而不是他们原定的帕尔马公爵(the Duke of Parma)率领的登陆英格兰的部队正在等候渡船的港口。加来港并不大，如此庞大的西班牙舰队停靠于此，船只不得不相互紧挨着排列于码头。当夜，英军派多只火船袭击加来港，西班牙多艘舰船起火，其余舰船在黑夜中逃散。次日一早，“无敌舰队”退散到英吉利海峡。为躲避英格兰舰队新的攻击并绕过不列颠群岛返回西班牙，西班牙舰队一路往北，越过了等待中的帕尔马公爵所率部队。途中“无敌舰队”遭遇暴风雨天气，只有不到一半的船只和1/3的人员得以回到了西班牙。随着英格兰对西班牙“无敌舰队”的胜利，荷兰的反抗势力得到了巩固。1598年颁布的“南特敕令”(edict of Nantes)允许信仰自由，法国的宗教战争结束，宗教战争焦点地区再次回到了德国。与此同时，西班牙和葡萄牙共同努力巩固了伊比利亚人在印度洋的地位。

## 腓力二世对印度洋的影响

这个时期，西班牙和葡萄牙一定程度上继续相互合作，使双方在印度洋获益。1564年，西班牙将菲律宾变成了它的殖民地(1572年马尼拉迅速发展为首府)，西班牙接管了摩鹿加的香料贸易，果阿的葡萄牙人以菲律宾的马尼拉、中国的澳门和日本的长崎为总部建立了他们在东方的商贸分支机构。中国商人在马尼拉的群体逐渐壮大，这激怒了当地的菲律宾人，他们在1603年以及1639年至1640年间两次发动了对当地华人的残杀。安土桃山时代（Momoyama period）（1568—1598 年），日本两大将军家族轮流保护日本与葡萄牙人进行贸易的日本城镇。织田信长（Oda Nobunaga）（统治期为 1568—1582 年）控制京都后，结束了室町幕府的统治，并开始联合商人势力。织田信长被一心腹家臣叛逆谋杀后，丰臣秀吉（Toyotomi Hideyoshi）（统治期为 1582—1598 年）成为他的继承者。丰臣秀吉在京都的桃山（Momoyama，“Peach Hill”）修建了大城堡，于 1592 年攻占了朝鲜。另外，古吉拉特苏丹在臣服莫卧儿帝国后于 1578 年签订了“北广场协定”（“Praças do Norte”），将后来的孟买城所在地转让给了葡萄牙人。这样一来，印度洋贸易逐渐开始和包括大西洋、太平洋以及美洲殖民地在内的全球新的经济网相连接。美洲和日本的银币被用以支付购买印度洋地区产品。腓力二世和奥斯曼帝国的对抗延伸到了印度洋。1585 年至 1589 年间，土耳其海军上校阿米尔·阿里（Amir Ali Bey）联合东非伊斯兰教各城邦共同对抗伊比利亚人。但在 1589 年，从果阿开出的一支葡萄牙舰队攻打了阿米尔·阿里，并占据了蒙巴萨岛。和以往一样，津巴部落因为惧怕阿米尔·阿里部队的食人行为也同时从陆地攻打蒙巴萨。津巴族人暂时占据了该城，葡萄牙人俘虏了阿米尔·阿里，从而结束了土耳其人对该海岸的争夺。1593 年，葡萄牙人修建“耶稣堡”（Fort Jesus）以控制蒙巴萨港，并让同盟伙伴马林迪的统治者管理该城。

葡萄牙人还受到了来自腓力二世敌人的攻击。大约在 1560 年之后，葡萄牙人对亚丁海峡（Strait of Aden）近半个世纪之久的封锁被打破，胡椒、香料、棉和丝织品再次通过红海航线涌入欧洲。奥斯曼帝国曾于1563年允诺支持反抗葡萄牙人。作为回报，苏门答腊西端亚齐的苏丹将其境内居民改宗教信仰为伊斯兰教(以此作为对信仰基督教的伊比利亚人的蔑视)。尽管奥斯曼人从来不曾派出过两艘以上的补给舰，亚齐海军还是成功地将葡萄牙人逐出。很快，装满大量苏门答腊胡椒的亚齐大船经由红海驶入地中海。1571年，一支奥斯曼舰队在希腊西海岸的勒班陀(Lepanto)被击败，这减轻了伊比利亚人在地中海的压力，但并未中断经由亚丁湾的贸易往来。相反，奥斯曼人提供青铜炮给亚齐苏丹国，让亚齐苏丹国反抗葡萄牙。1588年西班牙“无敌舰队”失败后，英格兰与荷兰的船只都敢于进入印度洋。从1591年到1594年，詹姆斯·兰开斯特船长(Captain James Lancaster)带领英格兰人进行了首次海洋探险航行；而霍特曼(Cornelis de Houtman)率领的荷兰探险队于1595年至1597年间出现在印度洋。

## 伊比利亚人对文明的贡献

到这一时期为止，伊比利亚人的主要精力都集中在了西班牙的宗教和政治战争。1588年英格兰打败了西班牙“无敌舰队”才使战争得以暂时停止，战后一段时期迎来了西班牙的“黄金年代”(*Siglo de Oro*/“Golden Age”)和英格兰的“莎士比亚时代”(England’s Shakespearian)创新思想的大爆发。两地创新思想爆发的成果为后人提供了对其进行比较研究的素材。在对政府态度方面，西班牙人希望其政府方面能有更好的管理，洛卜·德·维加(Lope de Vega)在戏剧《羊泉村》(*Fuenteovejuna*)中批评政府的压迫统治；埃斯特万·牟利罗(Estéban Murillo)和何塞·里贝拉(José Ribera)则在画作中描绘衣衫褴褛的街头贫穷儿童，以此表现政府对社会需求的忽视；而英格兰人却在他们的作品中赞颂他们的政府，比如埃德蒙·斯宾塞(Edmund Spenser)的《仙后》(*The Fairy Queen*)、莎士比亚的《亨利八世》(*Henry Ⅷ*)。在对外事务方面，被战争所困的西班牙人主张结束战争，米格尔·德·塞万提斯(Miguel de Cervantes)的流浪汉小说《堂吉诃德》(*Don Quijote*)提醒西班牙人不要做与风车作战的空想家，蒂尔索·德·莫利纳(Tirso de Molina)的戏剧《塞维利亚的嘲弄者》(*El Burlador de Sevilla/ The Jokester of Seville*)则嘲笑仅为虚名而坚持战斗到底的思想；相反，英格兰人正陶醉于自己国家实力的上升，因此在诸如莎士比亚的《亨利五世》等作品中英格兰人希望自己的国家继续战争。两者最具前瞻性的不同之处是西班牙人对科学缺乏重视；而英格兰人则在努力进行科学活动，这点可以从培根(Francis Bacon)和威廉·哈维(William Harvey)身上得到体现。

## 伊比利亚人势力的衰退

伊比利亚人势力的衰退和17世纪美洲银产量的持续降低有关。腓力三世(Felipe Ⅲ)(统治期为1598—1621年)实行的是减少军事行动的政策。他在1604年和1609年与英格兰和荷兰签订了和平协议，他的温和态度助长了英格兰与荷兰进一步扩大势力的胆量。英格兰人和荷兰人通过成立股份制公司的方法筹集到的资本远远多于商人们个人所能提供的资本量。他们用这些资本建造工厂、修建要塞并雇佣所需人力，而且还制定了统一的营销策略。1600 年，“英国东印度公司”(the English East India Company)获得皇家特许；1602 年，“荷兰东印度公司”(Vereenigde Oost-Indische Compagnie) 成立。1605 年，荷兰人在开辟了一条向东经好望角到达澳大利亚西海岸，再向北航行至爪哇岛的新贸易航线后，占领了安汶岛和印度尼西亚。1620 年至 1621 年，荷兰人占领了摩鹿加群岛中的班达群岛和那里的肉豆蔻树林，他们将肉豆蔻庄园分给在那里定居的荷兰人，并且用切断稻谷供应的方法将本地人赶走，以海外买来的奴隶取而代之。1641 年，荷兰人从葡萄牙人手中抢夺了马六甲，之后他们开辟了一条新航线，从他们在南非开普敦的停靠港直接航行到澳大利亚西部[利用“咆哮西风带”(“Roaring Forties”)的西风]，继而再到达爪哇岛。伊比利亚人与荷兰人为控制香料贸易竞争了很多年，而到 19 世纪为止一直在进行中转运输贸易的伊斯兰商人则从他们之间的相互争斗中获益。东南亚一直推行强迫民众改信伊斯兰教的政策。16 世纪和 17 世纪交替之际的“讨伐异教运动”(jihads)迫使数个港口——其中包括 1605 年迫使西里伯斯岛[1](Celebes)上的望加锡港(Makassar)

---

① 印度尼西亚苏拉威西岛旧称。

在内——的民众接受了伊斯兰教。

“三十年战争”(Thirty Years Wars )的爆发使德国又成了宗教战争之地，西班牙也因此被卷入了这场争夺主导权的灾难性战争之中。为支持其表兄的哈布斯堡王室，腓力四世(Felipe Ⅳ)(统治期为1621—1665年)政府派兵加入了反击德国(及荷兰)新教的战争。与此同时，荷兰(英格兰也在较小程度上)更进一步加强了在印度洋的贸易。在荷兰的授意下，爪哇、苏门答腊替代马拉巴尔成为世界胡椒市场的主要供应地。荷兰人占领了马达加斯加附近的毛里求斯，为了将腌制的嘟嘟鸟肉(dodo)出口到好望角，他们捕杀了那里所有的嘟嘟鸟，导致了该鸟的灭绝。1624年荷兰人还在中国台湾修建了热兰遮城(Fort Zeelandia)。与早前在马尼拉一样，在荷兰的殖民地巴达维亚(Batavia)(雅加达的旧名)和爪哇的中国商人群体逐渐形成、壮大，并同样引发了当地人的不满，致使1740年发生了对当地华人的大屠杀。西班牙人也同样被挤出了日本的贸易。1598年，德川家康(Tokugawa)为首的大名主(daimyo lords)夺回了政府的控制权。1600年，德川家康在京都东面的“关原之战”(the battle of Sekigahara)中击败了他的对手们。之后的1603年，他担任“幕府将军”(shogun)，日本开始进入“德川时代”(“Tokugawa period”)。中产阶级被重新列在贵族之下，而最贫穷的武士(samurai)被赋予了最高的荣誉，他们有权可以当场处死失礼的平民。德川家康一步步将日本与外面的世界隔离。1624年，西班牙人被驱逐。1626年，一支荷兰和英格兰的联合舰队被派往波斯湾攻打葡萄牙人。利用伊比利亚人的这场争乱，莫卧儿帝国在1632年将葡萄牙人逐出了孟加拉。

1635年，法国的红衣主教黎塞留(Cardinal Richelieu)让法国卷入了在德国的“三十年战争”，直接攻打西班牙。欧洲各族都支持加速打击葡萄牙在印度洋的贸易地位。1638年，葡萄牙人被赶出日本。到1640年，只有荷兰人(还有中国人)仍被允许在日本(长崎)进行贸易。德川还镇压基督教徒，杀害了成千上万的日本基督教徒。日本这一保守的政策对英格兰来说无疑是个馈赠，它让世界海洋中没有了日本这个强有力的潜在竞争者。1636年，荷兰开始了对果阿一年一次的封锁(一直持续到1645年)。西班牙加泰罗尼亚各省及那不勒斯各地发生叛乱，葡萄牙于1640年宣布独立，立若昂四世(João Ⅳ)为新国王。1648年《威斯特伐利亚条约》(the 1648 treaty of Westphalia)签订后，德国实现了各宗教的和平共处，他们仍保持以往的宗教区域模式：北部地区多数为新教，南部多数为罗马天主教。而法国和西班牙之间的战争却一直持续到1659年西班牙承认战败并签订《比利牛斯和约》(Peace of the Pyrenees)，西班牙从此衰退进入世界二等强国之列。

对于在印度洋的贸易来说，选择脱离衰败中的西班牙还是选择留在西班牙王国，哪个选择对葡萄牙更有益，这一问题尚没有定论。1641年，荷兰人最终从葡萄牙人手中夺走了马六甲。1650年，阿曼人又从葡萄牙人手中夺取了马斯喀特[1](Muscat)。1652年，桑给巴尔女王也发动了反抗葡萄牙人的战争。同年，荷兰人赞·范里贝克(Jan van Riebeeck)创立了“开普殖民地”(Cape Colony)，控制了欧洲通往印度洋的主要通道。阿拉伯人又重新控制了东非海岸的贸易。1656年荷兰人占领了斯里兰卡的科伦坡，并接管了他们的肉桂出口贸易。因为得到了英国东印度公司从苏拉特给予的援助，波斯王沙阿(the shah of Persia)于1662年从葡萄牙人手中夺回了霍尔木兹。1663年，荷兰东印度公司夺取了位于印度的马拉巴尔港口、由葡萄牙人控制的科钦。西班牙人在印度洋的利益同样受到了打击。1662年，西班牙人撤出了摩鹿加，以便帮助菲律宾人抵御来自中国的袭扰。到1668年，荷兰人占领了西里伯斯岛的望加锡，并对印度尼西亚的丁香、肉豆蔻、肉豆蔻皮、桂皮等的贸易进行了垄断，印度的纺织品和生丝、日本的银器也成了荷兰人的主要贸易品。和英格兰人一样，荷兰人也使用从葡萄牙人手中获得的海上通道。伊比利亚人在印度洋贸易中的突出作为开始于葡萄牙人的海上冒险，之后受控于西班牙人，最后又重新被(逐渐衰落的)葡萄牙人控制。现在的问题是：继伊比利亚人衰败后，欧洲哪个国家将成为印度洋贸易的最强国？印度洋贸易的主导权将会落入打败了西班牙的法国？还是会落入已经是世界大多数贸易中心的荷兰？或是将落入擅长商贸的英格兰？

---

① 今阿曼首都。

## 荷兰和英国的"东印度公司"

1588 年英格兰打败了西班牙"无敌舰队"，这使英格兰有可能接管西班牙在印度洋和世界贸易中的地位。17 世纪初，当法国和西班牙在欧洲对抗时，英格兰人与荷兰人则乘机确立了他们在世界海洋中的地位。然而，1588 年至 1605 年间，英格兰人忙于巩固他们在爱尔兰的地位，所以当他们开始致力于开发印度洋的贸易时却发现荷兰人早已大大抢先了。

腓力二世终止荷兰商人参与里斯本的贸易后，一些荷兰商人于 16 世纪末开始寻求在印度洋的独立商贸交往。共和国大议长(Grand Pensionary)约翰·范·奥尔登巴内维尔特(Jan van Oldenbarnevelt)(在位期为 1603—1618 年)是位商人，也是荷兰东印度公司的共同创始人。在他的领导下，荷兰人加紧参与在印度洋的贸易，奥尔登巴内维尔特还接纳了受迫害的葡萄牙犹太人(连同他们的财富及其贸易关系网)，这一做法也促进了荷兰的繁荣。这个时期，荷兰船只的船体和载重量都得到了提升，这使谷物和纺织品等价格便宜但体积庞大的商品的交易量因此而增加。船上配备的枪支和航海图，提高了航行的安全性。荷兰人当时使用的船有大型的方尾三桅船，这种船的长度通常在 40 米至 46 米。另外一种是圆尾平底快船，它的载货量大但所需要的船员却最少，所以尽管这种船在热带太阳的照射下船尾容易开裂，但仍常被荷兰人使用。不过，这种大船费用昂贵，船只经常不能满载，而且所需的船员比阿拉伯人的独桅船多。

荷兰人用贵金属支付购买的胡椒、香料、茶和丝绸，因为在当时的欧洲(除哈勒姆和莱顿的一些纺织品外)几乎没有亚洲人想要的其他商品。购买亚洲商品是用来自西班牙在美洲殖民地的银支付。为此，这些银币从西班牙流往了北方(尽管西班牙政府曾禁止这种交易)，阿姆斯特丹因而成为当时的贵金属交易中心，这也成为荷兰在印度洋贸易中的有利因素。这种不利于欧洲的贸易不平衡从 17 世纪一直持续到 18 世纪。荷兰人将部分胡椒出售到了英格兰，因为英格兰同样被禁止与里斯本进行贸易。为应对荷兰人过高抬升胡椒的价格，一批伦敦商人在伊丽莎白一世的特许下组成了“东印度公司”。到 1601 年，该公司已经成功地在印度洋市场开展了贸易。仿效这一做法，1602 年荷兰政府也成立了他们自己的“东印度公司”(前文已提及)。1604 年，法国也成立了东印度公司。由于享有荷兰语亚洲贸易的所有垄断权，这些公司在国内可以通过减少影响价格波动的不确定因素来作出更好的贸易决定。他们还享受政府的支持，同时自己雇佣护卫船和军队。众多股东的入股方式也有利于公司进行商业投资。东印度公司的成立使亚洲市场上开始出现的采购价格攀升、欧洲市场的销售价格却日益降低的公开贸易竞争态势得到了遏制。海上航道的安全也有助于丝绸和香料的贸易进入荷兰。

和它之前的多数强权势力一样，荷兰也将宗教引入了贸易和权力体制中。奥尔登巴内维尔特的生意伙伴胡果 · 格劳秀斯

(Hugo de Groot/ Grotius)将“自然神论”(Deism)通俗化。他认为在创世时上帝就已退世，而将世界交由包括道德律在内的法律来管理，这个观点便利了荷兰的宣传。胡果·格劳秀斯开创了国际法，将国际法作为参照的道德准则对贸易行为进行管理，取代了采用酷刑的伊比利亚方式。在看到荷兰人对占领地的民众同样残忍时，格劳秀斯便故意将巴托洛梅·德拉斯·卡萨斯神父(Padre Bartolomé de las Casas)所抨击的那些“西征者”(*conquistadores*)虐待美洲原住民的暴行归列为臭名昭著的“黑色传奇”(“black legend”)之列，利用这位正直神父对西班牙征服者的控诉对所有的西班牙人予以谴责(但故意忽视了卡洛斯五世最终对当地原住民实施了保护这一事实)。

那个时期，法国航海最远的地方只到达了马达加斯加，而荷兰人已经出现在了东印度洋的很多地方，而且已经开始在那些地方成立“代理商行”。尽管在印度尼西亚经营香料不如在其他地方经营胡椒的利润丰厚，但在印度洋重要的商业地区中，印度尼西亚的政治和军事力量最为薄弱，所以荷兰人对印度尼西亚偏爱有加。1605 年，马六甲班达岛(the Malaccan Banda Islands)同意将所有的肉豆蔻和肉豆蔻皮出售给荷兰人。到 1609 年安汶岛和特尔纳特岛也与荷兰签订了类似的协议，同意向荷兰出售丁香，荷兰人转售这些香料所获的利润有时可高达 1000%。

在印度，1606 年荷兰人在科罗曼德尔海岸的培塔普利(Petapuli)成立了“代理商行”。他们从那里购进印度纺织品，再用这些纺织品换购摩鹿加的香料，并换购奴隶送往班达岛和安汶岛去种植香料。1618 年，荷兰人也开始在苏拉特购进印度纺织品。1619 年，简・皮特斯佐恩・科恩在爪哇岛西端的巴达维亚(现在的雅加达)设立荷兰控制中心，为控制该地区的贸易与伊斯兰城市亚齐(苏门答腊岛西端)展开争夺。中国船将瓷器、丝织品、金、糖、粗布运到巴达维亚换购胡椒、香料、檀香木和其他物品。因为英格兰人、葡萄牙人、西班牙人和亚洲商人的偷运，荷兰人对印度尼西亚香料的控制被打破。1621 年，简・皮特斯佐恩・科恩将班达岛上的大多数居民或处死或驱逐，由荷兰居民接管了班达岛，他们让奴隶耕种肉豆蔻。荷兰人的贸易航程是随季风方向从一个港口转到另一个港口的，5 月或 6 月从巴达维亚到日本；11 月至翌年 2 月到达摩鹿加；7 月或 8 月到印度；8 月或 9 月则前往更西面的港口。

英格兰商人试图在印度洋东部进行贸易但遭到了荷兰人的驱赶，于是他们想获得许可，进入印度古吉拉特西海岸莫卧儿帝国的苏拉特港进行商贸活动。1608 年，詹姆士一世派遣著名海盗约翰・霍金斯(John Hawkins)的亲戚威廉・霍金斯(William Hawkins)前往莫卧儿帝国请求皇帝贾汉吉尔(Jahangir)(统治期为 1605—1627 年)许可英格兰人在苏拉特从事贸易。尽管皇帝贾汉吉尔的名字寓意为“世界主宰者”(“world grasper”)，但他却爱好食物、酒，并且还是个鸦片烟瘾者。威廉・霍金斯能说土耳其语。土耳其语和波斯宫廷语同为莫卧儿的宫廷用语，这让霍金斯与贾汉吉尔建立起了良好的关系。贾汉吉尔将一位信奉基督教的亚美尼亚女孩送给霍金斯为妾(霍金斯后来娶其为妻)，并在阿格拉的朝廷中为他安排了职位。但这一做法遭到了西班牙的腓力三世的坚决反对，贾汉吉尔不得不拒绝了英格兰人建立贸易站的请求，并将霍金斯和他的新娘一道遣返了英格兰。

为争取英格兰在印度洋的贸易权力，詹姆士一世于是决定和伊比利亚人开战。他无视腓力三世的禁令，派出两艘英格兰船只回到了印度洋。1613 年，三艘葡萄牙人的大帆船在苏拉特海域向挑衅的英格兰船只发动了进攻。但英格兰船只船体轻、速度快，而且配备有大炮，他们将葡萄牙的帆船逼向一处沙滩并将它们击毁。贾汉吉尔为此震惊，于是接受了英格兰派出的新任使节托马斯·罗伊爵士(Sir Thomas Roe)。在贾汉吉尔的宫廷里，托马斯·罗伊爵士拒绝向贾汉吉尔行叩头礼，并说一个葡萄牙人能击败三名印度人，但一名英格兰人能击败三名葡萄牙人。贾汉吉尔准许了英国东印度公司在苏拉特港的商贸权，之后英格兰人与葡萄牙人、荷兰人以及后来进入的法国人在苏拉特形成了贸易竞争。英格兰人很快加入了胡椒、布的出口贸易，他们将布出售到中国，用布在中国换购茶叶。1619 年，英格兰人在缅甸开设了贸易商栈，其中在仰光的商栈出口象牙、木材和桐油，再用这些商品换购鞣革。1622 年，英格兰人帮助波斯人从葡萄牙人手中夺回了霍尔木兹。作为回报，波斯人与英格兰签订协议，准许英格兰在欧洲销售伊朗的丝绸、布和毛毯。受此影响，阿曼在 1650 年也夺回了葡萄牙人控制的波斯湾港口马斯喀特（Muscat）（今阿曼首都）。

詹姆士一世之子查理一世（Charles I）（统治期为 1625—1649 年）是个无能的国王。他在统治期间忽视海军，滥用财政，其政权在一场毁灭性的内战之后最终被推翻。英格兰的管理混乱让荷兰人有机会在遭受挫折后进一步巩固了它在印度洋的贸易地位。在联省共和国执政腓特烈·亨利·范·奥兰治（Stadtholder Frederik Henrik van Oranjen）（统治期为 1625—1647 年）的领导下，荷兰人在新阿姆斯特丹（New Amsterdam）（后来的纽约）及巴西的伯南布哥（Pernambuco）建立了殖民地。随着荷兰与英格兰商贸的发展，葡萄牙人对东非贸易的控制也逐渐衰落。被葡萄牙人处死的一位蒙巴萨（今肯尼亚东南部）统治者，其子优素福·本·哈桑（Yusuf bin Hasan）在果阿从小就信仰天主教。1631 年，他转而信奉了伊斯兰教，对蒙巴萨发动突然进攻，占领了该地。之后葡萄牙人重新占领了蒙巴萨，但在 1650 年后再次遭受到阿曼人的攻击。1698 年，阿曼人占领了“耶稣堡”，并凭借“耶稣堡”控制了整个蒙巴萨。为了伊斯兰教的利益，莫桑比克北部沿岸废除了天主教。阿曼人取代葡萄牙人成为 18 世纪东非沿岸贸易的控制者，他们在蒙巴萨、彭巴①（Pemba）、基尔瓦等港口修建堡垒。蒙巴萨是阿曼的区域控制中心，阿曼移民纷纷涌入蒙巴萨。18 世纪阿拉伯人控制的贸易主要集中在奴隶和象牙贸

① 莫桑比克北部海港。

易（奴隶主要被贩卖到阿拉伯、波斯和印度），而黄金的供应严重下滑以致黄金贸易再次失去了它的重要性。

然而，这个时期荷兰人在其他地方的贸易非常顺利。1625年，荷兰东印度公司加强了对丁香贸易的控制，丁香只允许在荷兰人控制的安汶岛种植，而在他们能到达的其他岛屿种植的丁香全部被毁坏。1635年，莫卧儿皇帝沙贾汗将葡萄牙人驱逐后不久，荷兰人开始在孟加拉的胡格利（Hugli/Hooghly）开始了贸易活动。很快，新的贸易商栈在孟加拉陆续出现，孟加拉成为荷兰和英格兰主要的生丝和优质纺织品供应地。1638年，荷兰东印度公司与康提[①]（Kandy）国王签订反葡萄牙协议，获得了从斯里兰卡出口肉桂和胡椒的垄断权。荷兰人随后用武力将葡萄牙人赶出了斯里兰卡岛。1639年日本将荷兰以外的所有欧洲人驱逐，让荷兰人控制了日本这个岛国的银和铜的出口。对日本的银和铜的控制使荷兰占据了很大的优势，他们用美洲的银在中国购进丝，再将丝在日本销售、换购到银和铜，又将日本购买的银和铜在印度换购印度纺织品，然后用纺织品在印度尼西亚换购丁香、肉豆蔻皮和肉豆蔻。1642年，荷兰人还在马来半岛进行锡贸易，获得丰厚利润。在印度洋贸易中的成功再一次激发了文化方面的创新。彼得·保罗·鲁本斯（Peter Paul Rubens）创作了宫廷肖像画、伦勃朗·凡·莱因（Rembrandt van Rijn）绘制了阿姆斯特丹富裕市民的肖像画和宗教场景画，弗

---

① 位于斯里兰卡南部。

兰斯·哈尔斯(Franz Hals)绘制了快乐贫民的肖像画。

## 查理二世统治时期的突破性发展

英格兰内战后奥利弗·克伦威尔(Oliver Cromwell)实行独裁统治，英格兰人又开始出现在了公海，从而使英格兰政府在克伦威尔死后能再次把目光投向印度洋。与此同时，荷兰在共和国执政约翰·德·维特(Grand Pensionary Jan de Witt)(统治期为1653—1672年)的领导下正取得一个个新的胜利。在约翰·德·维特执政的前一年(1652年)，赞·范里贝克(Jan van Riebeeck)已经在非洲最南端建立起了“开普殖民地”。他让荷兰农民在那儿定居，以此帮助控制这个通往印度洋的重要通道。1663年，荷兰人从葡萄牙人手中夺取了印度马拉巴尔海岸的科钦，从而获得了丰富的胡椒和印度中部的鸦片资源(他们将鸦片销往印度尼西亚)。1667年又通过占领西里伯斯岛的望加锡港而暂时全部控制了丁香的贸易。荷兰人在印度洋的成功也带来了文化方面的成果，在科学方面的发展有安东尼·列文虎克(Anton van Leeuwenhoek)在显微镜方面取得的突破、克里斯蒂安·惠更斯(Christian Huygens)发明的机械摆钟；在绘画方面的成就有约翰内斯·维米尔(Jan Vermeer)、雅各布·凡·雷斯达尔(Jakob van Ruysdael)和扬·斯特恩(Jan Steen)的绘画；此外还有巴鲁赫·斯宾诺莎的宗教泛神论思想。

有了这些准备之后，在查理一世之子查理二世(Charles Ⅱ)统治时期(1660—1685年)，“大英帝国”(the British Empire)终于发展成为一个世界主要强国。就在查理登上王位前一年，法国通过《比利牛斯和约》(Peace of the Pyrenees)使西班牙隶属于法国，就此控制了西班牙，而法国和英格兰之间为控制世界海洋的相互较量也将随即展开。但是，将荷兰人逐出竞争是法、英双方的共同利益，所以查理二世和他的表弟路易十四(Louis XIV)之间依旧保持着良好关系。查理资助了新的“皇家学会”(Royal Society)，并将其机构设置在他在格林尼治(Greenwich)的宫殿“皇后馆”(“Queen’s House”)附近[①]。在“皇家学会”科学家们的带动下，英格兰人进行了大量的发明与创新，从而使英格兰在印度洋竞争中占据了优势。这些创新包括“格林尼治月球运动图表”(the Greenwich tables of movements of the moon)、标有测绘数据的地图以及哈雷(Halley)绘制的海洋风势图(1686年)。望远镜等的发明和应用被广泛传播也对英格兰的发展起到了很大的促进作用。在18世纪，船载精密经线仪(chronometer)的使用使海上航行的船只能精确掌握经度，它让英格兰人可以在以前任何人未曾航行过的航线上航行。

1662年，以查理二世迎娶葡萄牙布拉干萨王朝(Braganza)的凯瑟琳公主(Catherine)为标志的英-葡联姻让英格兰开始了真正的英帝国时代。被西班牙的伊萨伯拉一世和卡洛斯五世破坏的英格兰和葡萄牙之间的旧联盟也因此得以恢复。1640年脱离西班牙后的葡萄牙需要得到帮助来保持它的独立，并愿意以

---

① 格林尼治皇后馆，又称“女王宫”，现为英国国家海事博物馆。

高昂的代价换取英格兰的帮助，因此允许英格兰人在它的领地从事贸易，并接管其在印度和几内亚的一些殖民地。葡萄牙送给英格兰的孟买成为英格兰在印度西侧的一个重要港口。1668年，查理二世将孟买及其重要海湾租赁给“英国东印度公司”。该公司在海湾的象岛上修建了一座坚固的堡垒。但因为当地缺乏优质土壤，且与其相连的内地物产又不丰富，孟买因此逐渐发展成为一个军事和银行业中心，而不是商贸中心。驻扎在孟买的“东印度公司”海军则用来保护苏拉特的贸易利益。1663年，英格兰从荷兰手中夺取了马拉巴尔海岸的科钦。荷兰人想通过买断所有马拉巴尔胡椒的方法反制英格兰人，但英格兰人则用高出荷兰人的价格购买，成功取胜荷兰。

英格兰人还在南亚次大陆三角的另外两个角端地区加强了贸易活动，一个是南亚次大陆南端的马德拉斯（Madras）[现在的金奈(Chennai)。英格兰人早在1639年就在那儿建起了堡垒]；另一个是南亚次大陆东北端的新兴城市加尔各答(Calcutta)(1696年后由英格兰人新建的“威廉堡”附近一个古老村子逐渐发展起来)。到1735年，经营孟加拉和印度东南部科罗曼德尔海岸布匹的贸易非常兴旺。孟加拉还出产鸦片、丝以及糖。老威廉・皮特①(William Pitt the Elder)的祖父就是在马德拉斯靠经营钻石生意积累起了家产。同一时期，美国的清教徒、耶鲁大学的创始人伊利胡・耶鲁(Elihu Yale)也是在这

① 英格兰辉格党政治家，前首相。

个地区经商。英格兰的新领地圣赫勒拿岛(St. Helena)则对保护英格兰人经由南大西洋的贸易航线发挥了很大的作用。

1665年至1667年的第二次英荷战争考验了1662年后英格兰在印度洋上的强大地位。战后两国达成了《布雷达和约》(Treaty of Breda)，尽管该协议给予了英格兰在印度洋东南角的澳大利亚建立殖民地的权利，但事实上英格兰船只在“大圆航行法”(“great circle sailing”)发明前只能经穿过荷属东印度群岛的一条近千英里的通道到达澳大利亚，因此英格兰在澳大利亚建立殖民地的权利在当时只是一纸空文。1668年，日本政府禁止了银的出口，只允许荷兰人在日本出口铜、漆器、瓷器和丝，这给荷兰人的贸易以巨大的打击。英格兰作为法国路易十四的盟军加入了第一阶段的“第三次荷兰战争”(the Third Dutch War，1672—1674年)。荷兰执政威廉三世(Willem Ⅲ)利用他作为紧急时期军队首脑的职位夺取了德·维特(de Witt)的权利，德·维特与其兄一道后来被暴民杀死。此后，威廉三世通过他家族的势力加强了对荷兰政府的行政管控，那些曾经让荷兰在印度洋贸易中取得巨大成功的商人们的势力因此被削弱。随后在1683年，清政府夺回了曾被荷兰占领，位于中国内地至日本航线上的台湾。不过，荷兰于1682年将爪哇岛西端的万丹(Bantam)并入了其势力范围，这使他们能参与亚齐的胡椒出口竞争。同一时期，英格兰人用印度鸦片、胡椒和布匹换购中国茶的贸易越来越兴旺。1688年英格兰发生“光荣革命”，荷兰的威廉三世成为英格兰国王。因此，印度洋贸易中荷兰不再是英格兰的威胁。但与此同时，法国却取而代之逐渐成为英格兰在印度洋贸易中的主要竞争对手。

## 奥朗则布发动战争，阻碍了英格兰的发展

逐渐强大起来的英格兰出现在莫卧儿控制下的印度并对印度形成威胁，皇帝奥朗则布(Aurengzeb)感到了惊恐。1658年，奥朗则布篡夺了父亲的王位，将自己的父亲、印度皇帝沙贾汗(Shah Jehan)囚禁在阿格拉城堡（Fort Agra）。囚禁在阿格拉城堡内的沙贾汗总是一直注视着自己为深爱的妻子、奥朗则布之母穆塔兹·玛哈尔(Mumtaz Mahal)修建的坟墓①，甚至卧床时也用镜子观望，奥朗则布恼怒之下命人将父亲弄瞎。奥朗则布是个虔诚的伊斯兰教徒，他反对文化活动，解散了宫廷乐师、作家和创作人员，下令摧毁所有印度教寺庙，解除所有印度教徒的公职，又对所有非伊斯兰教徒征收额外税负。信奉印度教的拉杰普特(Rajputstan)诸王公因此发起反抗，遭到了奥朗则布的镇压。17世纪60年代，莫卧儿帝国还镇压了在孟加拉湾一带妨碍贸易的欧亚海盗，奥朗则布占领了科罗曼德尔海岸北部的戈尔康达(Golconda)，并利用该地的默苏利珀德姆港(Masulipatnam)用印度布匹换购苏门答腊的胡椒。他还雇佣孟买南部阿拉伯雇佣军的船队打击马拉巴尔海岸的海盗。但他禁止印度教礼拜，导致大量印度教商人在1669年涌出了苏拉特

① 即泰姬陵。

港，贸易因此受到破坏。

为了遏制英格兰人，奥朗则布支持法国人。路易十四的“法国东印度公司”(Compagnie des Indes Orientales)在孟买北面的苏拉特、马德拉斯南面的本地治里(Pondicherry)以及距离加尔各答16英里(约26千米)的金德讷格尔(Chandernagore)三个大港口开始了贸易活动。对此，英格兰人则相应地采取了支持印度教徒的做法。这个时期在马杜赖[①](Madura)修建的“湿婆大寺庙”(Great Temple to Shiva)中，湿婆、迦梨以及他们侍从的神像装饰绚丽，由此可以看出当时英格兰人给印度南部泰米尔地区带来的贸易繁荣的程度。不断的反抗活动加剧破坏了奥朗则布帝国的经济，奥朗则布在88岁时选择放弃争斗转而退隐。在他去世后，其帝国随即分裂成多个自治的公国，这些公国有些为印度教，有些为伊斯兰教。波斯的萨非帝国、土耳其的奥斯曼帝国也和莫卧儿帝国一样势力逐渐衰落，印度洋附近大片内陆地区整体走向了衰退，这就使欧洲势力变得更加强大。

这个时期涌现在印度洋的大量欧洲海盗也是导致亚洲商人被挤出印度洋竞争的一个原因。在18世纪大部分时期，英格兰(还有荷兰)的东印度公司将印度和南亚其他地区的纺织品出口到欧洲、美洲和西非奴隶市场。到18世纪20年代，对孟加拉纺织品的需求量最大，而来自古吉拉特的苏拉特和印度东南

① 位于印度泰米尔纳德邦南部。

部科罗曼德尔海岸的纺织品则不受欢迎。英格兰人还经营中国的瓷器和丝绸、日本的铜、也门的咖啡、南亚的硝石、马尔代夫的贝壳(在非洲被用作钱币)。这个时期因为获得新鲜食品的机会增多，用胡椒去除陈腐食品异味和给食品提味的需求相应减少，导致欧洲对胡椒的需求量也逐渐减少。尽管如此，到17 世纪末英格兰在印度的贸易收入依然占据了英格兰公共收入的 10%。

## 英格兰战胜法国

随着其他竞争者相继被排挤出局，英格兰和法国为控制世界财富和政权而展开了争霸。在回忆路易十四的文章中，戈特弗里德·威廉·莱布尼茨[①](Gottfried Wilhelm Leibnitz)评论说：为了控制整个印度洋地区的贸易，法国倾其所有力量去建造一支强大的海军，争取占领埃及。在莱布尼茨看来，这样做是一个国家成为世界强国、占据世界主导地位的关键举措。而身兼英格兰以及荷兰两国国王的威廉三世则将他统治下的两个国家的力量聚集起来攻打法国，他获得了所有英国商人的支持。这场以英国最终取胜的争霸，历经了 74 年的冲突、四次世界战争，还不算在后来的 48 年中法国为逆转局势而发起的更多的战争。在“大同盟战争”(the War of the League of Augsburg，1689—1697 年)中，英格兰海军于 1692 年在拉乌格(La

① 德国学者，被誉为 17 世纪的亚里士多德。

Hogue)取得了胜利，将法军从诺曼底的科唐坦半岛(Cotentin peninsula)东北角击退，迫使路易十四撤销进攻英格兰的计划。英国从此在世界海洋中占据了优势地位。萨那[1](San'a)的伊玛目开放了在红海的咖啡港口穆哈[2](Mocha)与英格兰(及荷兰)东印度公司之间的贸易。欧洲出现了对阿拉伯咖啡(以及之后对中国茶叶)的狂热追求，因而刺激了对这些产品的进口。伦敦成立了两个重要的金融机构：一家是1700年成立的“英格兰银行”(the Bank of England)，另一家是几乎同时在伦敦一家咖啡厅成立、为商人提供保险服务的“伦敦劳埃德保险公司”(Lloyd's of London Insurance Company)。尽管英、法两国都存在预算紧张的问题，但英格兰银行业和信贷业的发展使它在后来的几轮争夺中占据了优势。

“西班牙王位继承战争”(the War of the Spanish Succession, 1701—1713年)促成了《1707年联合法案》(Act of Union 1707)的签订，英格兰和苏格兰为了彼此的相互利益通过该法案联合为“大不列颠王国”。西班牙南端的直布罗陀被英国占领。1710年，法国东印度公司占领了印度洋西南部的毛里求斯岛(在1715年至1810年法国统治时期，毛里求斯被称为“Île de France”，即“法国的岛”)和波旁岛(Bourbon)[后改名为“留尼汪岛”(“Réunion”)]，这两个岛屿连接了印度和东非海岸间的海上航线。同年，荷兰人同意“英国东印度公司”加入在中国

---

① 今也门首都。
② 也门西南部港口。

的茶叶、瓷器和丝绸品贸易，欧洲于是形成了崇尚“中国风尚”的潮流。1713 年签订的《乌德勒支和约》(Treaty of Utrecht)以及其他一些特许权承认了英国对直布罗陀的占领。尽管英国商人盼望英国立即和法国再战，一决雌雄，但在 1713 年至 1740 年间英国最终还是保持了和平，法国在此期间也得以恢复其国力。

之所以能在这么长的时期内保持平静是因为法国采取的讹诈政策。法国威胁要入侵刚成为英国国王的乔治一世(George Ⅰ，统治期为 1714—1727 年)和乔治二世(George Ⅱ，统治期为 1727—1760 年)的故乡汉诺威(Hanover)，并警告要协助旧斯图亚特王朝的“王位觊觎者们”(Stuart Pretenders)重新回到英格兰成为英国国王。法国利用此手段暂缓和英国的冲突从而恢复国力，开发了法属路易斯安那，从阿曼在东非各港口的伊玛目手中购买奴隶后再将他们卖到印度、爪哇和加勒比海地区。奴隶使毛里求斯得以发展它的糖料种植园经济。法国人还占领了塞舌尔群岛和罗德里格斯岛(Rodriguez Island)，从而增强了他们在印度洋的地位。18 世纪 30 年代末，英国一些主战的辉格党人士组成了一个叫“小爱国者”(the Boy Patriots)的游说团，其著名人物就是“钻石皮特”(“Diamond” Pitt)的孙子——老威廉·皮特，他们家族的财产就是来自在印度的贸易。在他们的影响下，英国在印度洋的活动由原来的追求商业利益开始转向追逐国家的荣誉。在 1740 年至 1748 年间的“奥地利王位继承战争”(the War of the Austrian Succession)中英国收益甚少，但

1756 年至 1763 年的“七年战争”(the Seven Years War)则决出了胜负。当时的首相威廉·皮特极力要夺取印度。1756 年 6 月，信仰伊斯兰教的亲王西拉杰·达乌拉(Suraja Dowla)①和法国联盟夺取了加尔各答的威廉堡，那里只有 800 名英军守卫抵抗 5 万名印度士兵的攻击。这次战斗中有 64 名英军俘虏被关在了堡垒底部一个 5.5 米长 4.3 米宽的狭小牢房内，墙上只有 2 个很小的小洞可以通风，次日上午打开房门后发现除 23 人外其余的俘虏都因窒息而死亡。“加尔各答黑洞”(“Black Hole of Calcutta”)的消息传出后更加刺激了英国人下定决心要赢得胜利。

这一时期，英国(还有其他欧洲人的)军队已经有了轻便而且价格低廉的野战炮。这些野战炮的装弹和开炮速度与火枪一样快，它让英国人在军事上占据了优势。1757 年 6 月，由罗伯特·克莱武(Robert Clive)指挥的英国军队在“普拉西战役”(the Battle of Plassy)中运用炮击战打败了西拉杰·达乌拉。继而克莱武又攻打法国人及其在印度的其他盟友，从法国人手中夺取了一个又一个堡垒。在 1760 年的“文迪瓦什战役”(the Battle of Wandiwash)中，拉利伯爵(the count of Lally)被打败。1761 年 1 月，法国人在印度的最后一个要塞本地治里被夷为平地，支持法国的印度莫卧儿皇帝沙·阿拉姆(二世)(Shah Alam，统治期为 1759—1806 年)被迫将其领土置于英国保护之下。同一时

① Saraja Dowla，一般写作 Siraj-Ud-Daulah(1733—1757 年)，通常译作西拉杰·乌德·达乌拉。

期，英国人还占领了法属加拿大。

1763年英法签订了《巴黎和约》(Treaty of Paris)，英国控制了印度、加拿大以及世界海洋。1765年，“英国东印度公司”获得了在孟加拉的征税权，因此控制了当地的鸦片运输。1773年，这一范围延伸到了比哈尔(Bihar)。当地的鸦片只能出售给“英国东印度公司”，且价格由“英国东印度公司”制定。“英国东印度公司”再通过在加尔各答举办的拍卖会将鸦片转卖给商人们。1797年，“英国东印度公司”直接控制了鸦片的种植，他们将鸦片和印度纺织品一道运往中国，用它们换取中国的茶叶，再将茶叶运往欧洲。与此同时，“英国东印度公司”在1773年转变成为管理机构，其职责是负责孟加拉、比哈尔以及奥里萨的财政事务，原公司的管理董事会也由王室官员取代，负责政治事务。法国人在几乎完全被逐出印度贸易后开始将印度洋的贸易转向东非。根据法国和基尔瓦苏丹之间签订的协议，一位名叫莫里斯(Morice)的法国商人获得了在基尔瓦和桑给巴尔购买奴隶的垄断权。奴隶贸易带来了基尔瓦的繁荣，阿曼的伊玛目因此在1780年控制了该海岛港口。

## 英格兰的工业革命

对法国的胜利激发了英国人的创造力，也因而引发了英国的工业革命。以国王为主要持股人的“英国东印度公司”负责管理印度。“英国东印度公司”总督罗伯特·克莱武(Robert Clive)作出保证，要让印度人购买英国的商品。但印度的商人和工厂主们却被迫支付非常高的税负，而且他们的产品只能以极其低廉的价格出售给“英国东印度公司”。利物浦“皇家非洲公司”(the Royal African Company)的持股人用他们长期累积起来的利润购置新近发明的新型机器，这些机器给英格兰生产出了大量的商品销往印度和其他地方。新发明的机器和技术有亚伯拉罕·达比(Abraham Darby)改进的焦炭炼铁(1709年)、托马斯·纽科门(Thomas Newcomen)的蒸汽泵(1712年)、詹姆斯·瓦特(James Watt)的蒸汽机(1769年)。这些发明使伯明翰成为一个大的重工业中心。与此同时，约翰·凯伊(John Kay)发明的飞梭(1733年)、詹姆斯·哈格里夫斯(James Hargreaves)发明的珍尼纺纱机(Spinning Jenny)(1764年)和埃德蒙·卡特赖特(Edmund Cartwright)发明的水力织布机(1785年)为曼彻斯特(Manchester)的大型纺织业奠定了基础。

印度本土中产阶级迅速瓦解，英国工厂很快成为印度庞大市场的主要供货商。印度商人从而被挤出了竞争，科钦、卡利卡特等城市于是逐渐萧条。迅速兴起的三角贸易主要是将英国生产的产品销往印度，再从印度购买鸦片销往中国，继而在中国购进茶叶销往欧洲。这样一来，印度洋贸易逐渐被整合，成为新型全球经济的一部分。印度市场如此庞大，英国因缺乏劳动力而无法生产出足够的产品满足市场需求，从而导致利润大量流失。随着新机器的发明，纺织业和炼铁业的大量人力生产由机器替代，劳动力不足的问题因而得到了解决。这些革新的最重要突破是詹姆斯·瓦特的蒸汽机以及水力织布机。蒸汽机提供了动力而水力织布机使织布实现了机械化。工业革命使英国将印度和其他殖民地的财富吸进了本国，而印度（及其周边地区）则成为经济上依赖于欧洲的原材料供应地，他们用原材料换取英国及其他欧洲地区的产品。印度渐渐地走向贫穷，而英国则日益发展成繁荣的大国。

## 法国的再次挑衅使英国在印度洋的势力更加壮大

1774 年，路易十六（Louis XVI）登上王位。但此时的法国已经失去了世界海洋的控制权，因而失去了工业革命的机会，也因此失去了获取财富和权力的机会，这让法国人非常不满。于是在 1778 年美国进行的独立战争中，法国给予了帮助，期望新成立的美利坚合众国能帮助法国重拾它对世界的控制地位。同年，法国人还在印度鼓动海得拉巴土邦的尼查姆①（the Nizam of Hyderabad）海德尔·阿里（Haider Ali）与德干高原（Deccan）西北部的马拉地邦（the Mahratta state）的马拉塔人（Marathas）组成反英联盟。英国于同一年从苏拉特派出一支军队击垮了这一联军。同样在 1778 年，“英国东印度公司”总督沃伦·黑斯廷斯（Warren Hastings）占领了在塞舌尔的法属本地治里和马埃。为了缓和印度的紧张局势，黑斯廷斯和印度的领袖们建立了私人友谊，将印度传统法律翻译成英语，并创办了“亚洲学会”（the Asiatic Society）以保存印度文化。1781 年，海

① 18 世纪至 1950 年间海得拉巴土邦君主的称号。

德尔·阿里在迈索尔(Mysore)的波多诺伏(Porto Novo)被击败，但他的儿子蒂普苏丹(Tipu Sahib)继续和英军作战，直到1784年法国放弃对他们的支持。随着英国人的胜利日渐明显，也门的咖啡港口穆哈给英国人提供了优惠待遇，只收取英国人3%的进口税，外加几项很低的费用。而让吉达①(Jiddah)和开罗商人不满的是伊斯兰教徒在此地却要缴纳7%的进口税，外加高达8%的其他费用。另外，后来的事实证明卷入美国独立战争是法国政府的一大错误，它使法国财政空虚却未能取得丝毫预期的利益。

## 英国加强在印度洋周边的活动

美国脱离英国不仅没有削弱英帝国的势力反而促使英国建立了一个新的、庞大的海外殖民地，即所谓的“第二大英帝国”(“Second British Empire”)。英国政府分两步加紧了对印度的控制。为了应对酝酿中的动乱，英国在1774年的《管理法案》(Regulating Act)中设立“总督”和“委员会”对英属印度行使管理，国王对公司的权利进行了限制。1784年的《印度法案》(India Act)又将“英国东印度公司”列入国王的管控之下，使该公司处于王室和公司的双重管理之下。印度总督由“英国东印度公司”任命并得到国王同意后履行政府大臣的职权。该法案还规定总督需与“英国东印度公司”的另外四位代表通过在加尔

① 今沙特阿拉伯西部、红海东海岸的中部，是沙特阿拉伯第一大港。

各答的印度管理委员会以投票表决的方式管理印度。根据这一法案还设立了印度事务高级法院，高级法院由英国人担任法官，执行英国习惯法。查尔斯·康沃利斯(Charles Lord Cornwallis)，即那位在约克镇向美国投降的英国将领是在这一新体制(1784—1795 年)下产生的首位印度总督。他禁止杀女婴，1812 年他还废除了 17 岁以下、或不自愿、或已怀孕的寡妇必须与其先夫一起火葬的“萨蒂”(suti/sati)制度。但是，英印关系从一开始就存在种族制度的缺陷。康沃利斯只允许英国人担任官职，认为印度人“天性贪腐”。少数幸存下来的印度人的工厂因为欠税被课以重罚而最终倒闭，印度人的土地因其拥有者无力缴纳欠税而被充公或变卖。大量的农民被迫离开了他们祖先的土地，印度人的生活水平跌入新低。

1786 年，随着“英国东印度公司”在马来海岸槟城港的新殖民举措的实施，英国人在马六甲海峡的势力逐渐增强。英国人还通过在澳大利亚和新西兰建立新殖民地的方法加强在印度洋的活动。这个时期，从美国迁移出来的亲英托利党人因为不愿生活在大英帝国以外的其他地方，于是创建了英属加拿大。同样，澳大利亚和新西兰殖民地的建立也是因为英国丧失了美洲的殖民地所致。一直以来，英国人都是通过将罪犯送往殖民地的办法来解决监狱的维持问题。美国的佐治亚(Georgia)殖民地就是为安置囚犯而建，大量囚犯被卖到种植园当奴隶。美国独立战争使英国失去了这个囚犯安置地，他们不得不寻找新的办法。1783 年，英国人将大量囚犯送往伯利兹(Belize)伐木场

(中美洲),但当地人拒绝让这些犯人上岸,他们更愿意接受从牙买加购买的非囚犯黑奴,而加勒比海其他地区的奴隶也已经达到饱和。澳大利亚和新西兰早在17世纪就已经被荷兰的探险者发现了。詹姆斯·库克(James Cook)受英国皇家学会派遣于1768年至1771年担任考察船“奋进”(*Endeavor*)号的船长前往南太平洋进行科学考察,这期间他宣布澳大利亚和新西兰这些岛屿(被荷兰所放弃)为英国所有。新任的首相小威廉·皮特(William Pitt the Younger)于是开始将罪犯送往澳大利亚。

1788年1月,新南威尔士(New South Wales)的悉尼(Sydney)开始被用作流放刑事犯的殖民地,羊毛生产成为该地经济的基础。1792年,该殖民地的第二任总督约翰·麦克阿瑟(John Macarthur)赠予新南威尔士兵团(the New South Wales Corps)的军官们大片土地并赠予他们囚犯作劳力。次年,自由民定居者也来到了澳大利亚。那些年,很多囚犯逃往澳大利亚内陆地区,他们将居住在内陆丛林地带的原住民驱赶到了更远的地方,并占据了原住民的土地,在这些地方建立了自己的牧场。因为这样的一段发展历程,一些带监狱生活色彩的词语流入澳大利亚主流社会,成为时髦语,其中包括互称彼此为“伙伴”(“mate”)[源自“狱友”(“cell mate”)]的传统。当时还有另一些囚犯设法乘船到达了新西兰的北岛(New Zealand’s North Island),他们打败了当地的毛利人,在新西兰也建立起英国殖民地。从1792年开始,来自新英格兰的美国北方船主们不顾英国禁止和美国人进行贸易的禁令开始在悉尼销售一些非常受当地市场欢迎的商品。他们很快在澳大利亚获得了很好的市场份额，在澳大利亚销售美国的朗姆酒和塔希提岛的咸肉，进而使美国社会和英国社会交织在了一起。由于荷兰对美国的支持，在1783年签订的《凡尔赛条约》(Treaty of Versailles)中，美国人将锡兰(斯里兰卡)返还荷兰，这就导致英国将荷兰逐出了孟加拉湾和马来的贸易市场。1790年，西班牙(受法国大革命的早期影响导致其同盟关系转变)将马尼拉向英国和所有欧洲船运开放。这样一来，法国原本要削弱英帝国势力的计划，其结果反而使英国不仅在印度洋而且在其他地区也同样变得更加强大起来。

## 拿破仑的挑战进一步增强了英国在印度洋的势力

法国民众的不满与期待曾促使当时的路易十六政府向英国挑战。十几年后，民众的不满同样影响了拿破仑·波拿巴(Napoleon Bonaparte)统治的法国政府。1794年，英国通过发起反“法兰西第一共和国”(the French First Republic)的战争占领了法国人控制的塞舌尔群岛(在马达加斯加东北部)。1795年法国占领荷兰时(导致奥兰治家族主要成员逃亡英格兰)，英国将荷属开普殖民地、马六甲以及近海岸的斯里兰卡纳入自己的“保护”之下。拿破仑多次试图削弱英国对公海的控制，但都因为英国持续增长的海军优势而屡屡失败。面对法国的挑衅，英国每次都采取联合拿破仑在欧洲的敌国的方式来应对。尽管在海上的竞争中一次次遭到失败，但拿破仑在陆地上却取得了一个个辉煌的战绩，使法国在欧洲所控制的领土范围不断扩大。

拿破仑制订了计划想联合俄国人、印度原住民以及讲阿拉伯语的埃及人一道将英国人逐出印度。他的幕僚们希望可以说服俄国沙皇帕维尔（Russian tsar Pavel）（统治期为1796—1801年）同意将印度分割成若干个“势力影响范围”。拿破仑自己率领一支法国军队进入埃及并支持当地讲阿拉伯语的原住民摆脱他们所憎恨的奥斯曼帝国土耳其人的统治，取得了独立。然后，拿破仑再和帕维尔的俄国军队一道与印度中南部迈索尔的蒂普苏丹（Tipu Sahib）（其父海德尔·阿里曾经在1780年与英军交战）联合。身为伊斯兰教徒的蒂普，所统治的地区印度教徒占人口多数，其内陆地区与其所统治的阿拉伯海港口芒格洛尔（Mangalore）只有一条狭长的走廊相连接，因此蒂普加倍感受到来自英国势力的威胁。享有“迈索尔之虎”（“Tiger of Mysore”）之称的蒂普在他的宫殿里圈养着多头老虎，也收藏了很多老虎的塑像。

1798年7月，拿破仑在“金字塔战役”（the battle of the Pyramids）中打败了一支土耳其人的部队，蒂普获悉后立即向英国宣战。作为回应，英国于同年将斯里兰卡设为其直辖/皇室殖民地（crown colony）。1799年，莫宁顿伯爵（Lord Mornington）和阿瑟·韦尔斯利（Arthur Wellesley）入侵迈索尔，蒂普在塞林伽巴丹（Seringapatam）的要塞被攻破，一位英军士兵因为想得到蒂普腰带上的金扣，将“迈索尔之虎”杀死。随后，莫宁顿伯爵将法国军队逐出了本地治里（Pondicherry）。1800年，莫宁顿伯爵又吞并了马拉巴尔，迫使海得拉巴成为英国附属地。1799年，英国占领了与也门隔岸的丕林岛（Perim Island），以此阻断拿破仑军队可能从埃及进入印度的通道。与此同时，海军将领纳尔逊勋爵（Admiral Lord Nelson）在埃及亚历山大港东侧的阿布吉尔湾（Aboukir Bay）击败了维尔纳夫（Villeneuve）率领的法国海军，切断了拿破仑与法国的联系。继而，英国人阻挡了拿破仑率领的军队沿地中海黎凡特海岸向北移动，迫使他们在阿卡港（Acre）折返。拿破仑的军队因此被困在了埃及，英国人则与法国在欧洲的诸敌国组成了“第二次反法同盟”（the Second Coalition）。于是，拿破仑不得不将其率领的军队弃于埃及而不顾，只身乘船穿过英国人控制的地中海，慌忙返回了法国。

1801年，拿破仑再次拟定与俄国联合进攻印度的计划，这次沙皇帕维尔给予了合作。1801年的一个午夜，正当帕维尔的军队准备进军印度时，一群谋反者闯入了他的寝宫，在皇后的尖叫声中将沙皇杀死。而与此同时，在英国使节的协谋下，帕维尔之子正在一大厅中等待被宣布为沙皇“亚历山大一世”。此后，亚历山大取消了进攻印度的计划。俄国军队险些出兵印度让莫宁顿伯爵警醒，他于是在1803年占领了德里。莫宁顿伯爵掌管德里后，失明的沙·阿拉姆（Shah Alam）被保留为傀儡皇帝。到1804年，除拉杰普特、信德和旁遮普以外，印度所有地方实际上都已经被英国人所控制。1810年，英国人又从法国人手中夺取了毛里求斯岛。拿破仑因此永远失去了执行进攻印度计划的机会，并于1814年退位、被流放。

随着贸易的发展，英国从莎士比亚时代开始到狄更斯(Dickens)时代一直呈现出举世瞩目的创造力。在印度洋所获得的财富导致了英国中产阶级的兴起，也因此引发了文学创作中的浪漫主义运动。这一运动从理查森(Richardson)的小说《帕梅拉》(*Pamela*)开始，到后来拜伦(Byron)和雪莱(Shelly)的浪漫主义诗歌。随着财富从上至下流入社会的各个阶层，要求社会推行民主观念的思想也在英国应运而生。这些思想主要体现在杰里米·边沁(Jeremy Bentham)的功利主义思想、罗伯特·彭斯(Robert Burns)的诗歌以及玛丽·沃斯通克拉夫特(Mary Wollstonecraft)提倡的女权思想。到 19 世纪初，随着威廉·威尔伯福斯(William Wilberforce)领导的废奴运动、罗伯特·欧文(Robert Owen)在工厂进行的管理改革以及狄更斯小说的流传，人们的关注焦点开始延伸到了社会的最底层。富有浪漫思想的英格兰人在欧洲的对手和伙伴也加入了这场狂热的浪漫主义运动，其中法国的成就最为突出，它开创了法国历史上最重要的一个创作旺盛时期。这场运动在法国从 18 世纪以孟德斯鸠(Montesquieu)、伏尔泰(Voltaire)和卢梭(Rousseau)为主要代表的启蒙运动开始，一直延续到 19 世纪乃至更远。巴黎人针对法国国家发展计划的错误根源所进行的深入思考逐渐形成了互相争鸣的四大现代政治哲学，而这些哲学思想自此以降直至第一次世界大战时期在法国以至整个西方世界范围内衍生出了各种艺术创作。在社会主义[1824 年由圣西门(St. Simon)提出]、共产主义[19 世纪 30 年代由路易·奥古斯特·布朗基

(Auguste Louis Blanqui)提出]和无政府主义[1840年由皮埃尔·蒲鲁东(Pierre Proudhon)提出]思想的影响下产生了巴尔扎克(Balzac)、左拉(Zola)、维克多·雨果(Victor Hugo)等支持工人立场的作家和画家杜米埃(Daumier)。奥古斯特·孔德(Auguste Comte)的资本主义思想(1830年)则激发了对世俗成功或世俗主义的颂扬，譬如作家波德莱尔(Baudelaire)、魏尔伦(Verlaine)、马拉美(Mallarmé)、尼采(Nietzsche)等笔下的作品，画家马奈(Manet)、图卢兹·劳特累克(Toulouse-Lautrec)、马蒂斯(Matisse)的画作，音乐家奥芬巴赫(Offenbach)、德彪西(Debussy)的音乐作品等。

## 英国在印度洋上势力的增强

拿破仑战争促使英国在印度洋周边及世界范围内不断地进行殖民扩张。拿破仑引诱俄国从陆路占领印度的企图不仅让俄国不断抓紧向南和向西南方向的扩张，也让英国人下决心对俄国的扩张进行全面阻挡。拿破仑与埃及人合谋并且可能与波斯人联合，这也促使英国人后来决定开始对地中海—红海—波斯湾这一航线进行控制。

英国人控制印度洋地区的关键还是印度。随着英属印度地域的扩展，它的人口也由3000万增长到2.5亿。到1810年，西高止山脉的柚木林种植被“英国东印度公司”垄断，印度当地的造船工业从而被摧毁。1816年，一位在尼泊尔的英国人受到了尼泊尔法院的任命，这无疑让英国人得到了控制尼泊尔的机会，也为1843年英国吞并这个国家奠定了权力基础。根据1815年签订的《维也纳条约》(Treaty of Vienna)，拿破仑入侵荷兰时英国占领的荷属开普殖民地永久归英国占有。以前荷属的锡兰(斯里兰卡)也归英国统治，康提国王被废黜。马六甲暂时回到了荷兰人手中，但在1824年又重新被“英国东印度公司”收回。

三名掠夺者帮助英国实现了对出入印度洋的东部通道的控制。1819年，英国东印度公司的官员托马斯·莱佛士(Thomas Raffles)在从柔佛(Johore)的苏丹手中购买下的一片长满红树林的湿地上创建了新加坡。到1823年，新加坡这个扼守着马六甲海峡的战略要地发展成为一个繁荣的自由贸易中心，来到这里的中国人数量迅速增长。1826年，“英国东印度公司”将新加坡、马六甲、槟岛和韦尔兹利港(Port Wellesley)组成一个联合政府即所谓的“英属海峡殖民地”(Straits Settlements)。约翰·克卢尼斯-罗斯(John Clunies-Ross)也以类似的手段控制了苏门答腊西南的科科斯-基灵群岛(Cocos-Keeling islands)。1841年，“英国东印度公司”前军官詹姆斯·布鲁克(James Brooke)在婆罗洲(Borneo)北部的沙捞越(Sarawak)建立了准军事地带，并利用当地内战的机会控制了沙捞越。他被封为酋长(rajah)，建立了“布鲁克王朝”(Brooke dynasty)。该王朝和英国合作共同统治沙捞越直至1946年。印度洋西部进出红海的通道也落入了英国人之手。1839年，英国通过武力在印度洋的红海入口与亚丁建立了保护国关系，并迫使奥斯曼土耳其军队撤退到也门北部。

拿破仑对在澳大利亚建立法国殖民地所表现的兴趣，加剧了英国在澳大利亚殖民地的扩张。1802 年，拿破仑派遣的两艘船只在塔斯马尼亚岛①(the island of Tasmania)周围进行探索，为建立法国殖民地寻找最佳地点。对此，英国人反应迅速。就在次年，新南威尔士总督金(Governor King)即在塔斯马尼亚东南部白雪覆盖的深林中兴建了霍巴特城(Horbart)，并将 49 名囚犯从悉尼迁移至此。接到金总督的提醒后，英国政府很快又将另外 300 名囚犯迁移至霍巴特城。1804 年，金又在塔斯马尼亚北部建立了另一个殖民地。1806 年，该殖民地被上移至塔马尔河(Tamar)河口，成为朗塞斯顿城(Launceston)的开端。随着新南威尔士的地位逐渐提高，英国人于是又兴建了两个新的殖民地取代它收容囚犯。这两个新殖民地分别是 1824 年以布里斯班(Brisbane)为中心建立的昆士兰和 1826 年始建的西澳大利亚殖民地(Western Australia)，西澳大利亚殖民地的主要城市是珀斯(Perth)。1852 年，英国人的领土扩张到了下缅甸(Lower Burma)。

在阿曼管控下的东非各港口，法国人一直垄断着奴隶贸易。英国人说服阿曼的伊玛目(imam)②赛伊德·苏尔坦·伊本·艾哈迈德(Sayid Sultan ibn Ahmad)于 1799 年签订了一份反法协议。起初，阿曼势力太弱，无法将法国商人赶走，但

① 位于澳大利亚大陆东南面。

② 此处原文为“iman”，疑有误，应该是“imam”。——译者注

随着拿破仑的垮台，英国人将他们从法国人手中抢夺的塞舌尔和毛里求斯据为己有。英国于 1807 年宣布奴隶买卖非法，1820 年之后他们试图阻止法国和阿拉伯人在东非海岸进行奴隶买卖，但收效甚微。赛伊德·艾哈迈德之子和继承人伊玛目赛伊德(Imam Sayid Said)①利用阿曼与英国的联盟，在 19 世纪 20 年代迫使陆地的瓦哈比教派②(the Wahabi)和海上的贾瓦斯米(Jawasmi)海盗都归属了他的统治。1829 年，英国通过控制亚丁湾进一步加强了在阿拉伯海海域的势力。1837 年，在经过多次努力后赛伊德最终占领了蒙巴萨，并最终成功地控制了奴隶和象牙贸易。

同一时期，桑给巴尔也于 19 世纪 30 年代开始种植丁香并向英国和美国出口，这给桑给巴尔带来了繁荣。而该时期阿曼人在印度的贸易却输给了英国人和印度教徒。于是，伊玛目赛伊德于 1840 年决定将首都从拥有众多哈比教派的阿曼迁往桑给巴尔。他命令将岛上所有留下来的椰子种植园改种丁香。拥有土地的阿拉伯人将原住民赶走，让奴隶在种植园耕作。阿拉伯和斯瓦希里商人从内陆购买奴隶(充当种植园劳力或出口)，用奴隶换取到枪支、布匹、铜线和串珠。到 19 世纪中期，桑给巴尔和相邻的奔巴岛的丁香出口量占据了世界丁香总量的 4/5。依靠出口丁香、象牙、椰子、干椰子肉和棕榈油，桑给巴尔从英国、美国和印度进口棉布、枪支、

① Sayid Said，又写作 Seyyid Said（1790—1856 年），是阿曼的苏丹。

② 18 世纪中兴起的伊斯兰教逊尼派的分支。

黄铜丝、串珠和稻米。与在印度的情况相同，英国工业革命带来的廉价产品取代了桑给巴尔当地的手工产品，这也同样使东非依靠并屈从于欧洲。

在总督本廷克勋爵(Governor-General Lord Bentinck)任职时期(1828—1835年)，英国对印度的控制进一步加强。1813年失去亚洲贸易垄断权利的“英国东印度公司”在1833年成为了英属印度的一个管理公司。英属孟买超越了莫卧儿帝国的苏拉特成为印度西海岸的主要港口。在印度新开设了很多学校，这些学校用英语教育印度新一代的中产阶级，从而培养出了一批英国化了的印度人。英国人对他们对印度的掌控非常自信，以至于本廷克勋爵竟然胆敢计划将泰姬陵拆除，将其大理石卖往伦敦。搬运大理石的起重装置都已经到位，只是因为本廷克之前拆运、变卖阿格拉堡(Fort Agra)的大理石获利不多，这一计划才被放弃。就这样，伊比利亚人在印度洋的成功逐渐消失，英国人取而代之。荷兰与法国在17世纪、18世纪以及19世纪早期对英国霸权的种种挑战都被遏制；英国人在印度洋呼风唤雨。在接下来的一个世纪我们可以看到英国人迎接了一个又一个的挑战，努力维护其在印度洋的地位。

## 参考阅读

**关于该时期印度洋及其与世界的联系：**

R. J. Barendse, *The Arabian Seas: The Indian Ocean World of the Seventeenth Century* (Armonk, New York and London: M. E. Sharpe, 2002);

Ashin Das Gupta and M. N. Pearson(eds), *India and the Indian Ocean 1500 – 1800* (Calcutta: Oxford University Press, 1987);

Denys Lombard and Jean Aubin (eds), *Asian Merchants and Businessmen in the Indian Ocean and the China Sea* (New Delhi and New York: Oxford University Press, 2000);

David R. Ringrose, *Expansion and Global Interaction: 1200–1700*(New York: Longman, 2001);

Immanuel Maurice Wallerstein, *The Modern World System: Capitalist Agriculture and the Origins of the European World Economy in the Sixteenth Century* (New York: Academic Press, 1976).

关于印度：

Sinnappah Arasaratnam, *Maritime India in the seventeenth Century* (Delhi and New York: Oxford University Press, 1994);

Bamber Gascoigne, *The Great Moghuls* (New York: Harper and Row, 1971);

Sanjay Subrahmanyan, *The Political Economy of Commerce: Southern India, 1500 – 1650* (Cambridge: Cambridge University Press, 1900);

Lawrence James, *Raj: The Making and Unmaking of British*

*India* (New York: St. Martins Griffin, 1997);

Christopher Alan Bayley, *Indian Society and the Making of the British Empire* (Cambridge: Cambridge University Press, 1987).

**关于奥斯曼帝国：**

Wayne S. Vucinich, *The Ottoman Empire: Its Record and Legacy* (Princeton, New Jersey: D. Van Nostrand, 1965).

**关于葡萄牙和西班牙：**

Christopher Alan Bayly, *Imperial Meridian: The British Empire and the World, 1780 - 1830* (London and New York: Longman, 1989);

Charles Ralph Boxer, *The Portuguese Seaborne Empire, 1415-1825* (London: Hutchinson, 1969);

A. H. de Oliveira Marques, *History of Portugal* (New York: Columbia University Press, 1976);

Geoffrey Parker, *Philip* Ⅱ (Boston: Little, Brown, 1978);

Stanley G. Payne, *A History of Spain and Portugal* (Madison: University of Wisconsin Press, 1973);

Michael Naylor Pearson, *The Portuguese in India* (Cambridge: Cambridge University Press, 1987);

Nancy Rubin, *Isabella of Castile: The First Renaissance Queen* (New York: St. Martin's Press, 1991);

Peter Edward Russell, *Prince Henry "the Navigator": A Life*

(New Haven, Connecticut: Yale University Press, 2000);

Sanjay Subrahmanyam, *The Career and Legend of Vasco da Gama* (Cambridge: Cambridge University Press, 1997).

**关于荷兰和英属东印度群岛：**

Christopher Alan Bayly, *Imperial Meridian: The British Empire and the World, 1780–1830* (London and New York: Longman, 1989);

Charles Ralph Boxer, *The Dutch Seaborne Empire, 1600–1800* (New York: Knopf, 1965);

Els M. Jacobs, *In Pursuit of Pepper and Tea: The Story of the Dutch East India Company* (Amsterdam: Netherlands Maritime Museum, 1991);

Lawrence James, *The Rise and Fall of the British Empire* (New York: St. Martins Griffin, 1994);

Om Prakash, *Precious Metals and Commerce: The Dutch East India Company in the Indian Ocean Trade* (Aldershot, Hampshire and Brookfield, Vermont: Variorum, 1994);

T. O. Lloyd, *The British Empire* (Oxford: Oxford University, 1984);

Alfred Thayer Mahan, *The Influence of Sea Power upon History* (New York: Hill and Wang, 1957);

P. J. Marshall (ed.), *The Cambridge Illustrated History of the British Empire* (Cambridge: Cambridge University Press, 1996).

# 第七章　英国殖民统治时期

随着来自法国的威胁减弱，英国于 1858 年开始了对印度的直接控制。英国在印度洋地区的霸主地位总体上日渐巩固。英国人宣称对印度的控制是“文明化”(使英国航线周边区域现代化)和“人性化”(通常指基督教传播)的需要。在英国统领印度洋贸易的 90 年间，英国人在印度洋获得了相对的安全，印度洋的资源使英国获得了极其丰厚的财富。单在购买英国工业产品方面，印度(和美国)是两个最大的购买者(1867 年两国分别进口了 2100 万英镑的英国商品)。除此之外还有印度洋上的其他购买者，其中最主要的有澳大利亚(1867 年进口英国商品达到 800 万英镑)和新加坡(200 万英镑)，长期以来一直在印度洋贸易中收益颇丰的伊斯兰教徒现在也完全被甩在了后面。与此同时，在这近一个世纪的时间内，俄国、德国和日本等几个主要的非印度洋地区的竞争者不断地对英国在印度洋的地位进行着徒劳的挑衅。

本章内容是关于早期蒸汽船时期，在这个时期因为蒸汽船的使用，航海线路和时间的选择不再受季风的影响。在本章中先涉及的是英国人对 19 世纪中叶俄国扩张主义的担忧；再是关于 1871 年至 1914 年间帝国主义者对殖民地的瓜分；然后分析第一次世界大战结束后英国的成功和问题；最后讨论的是大英帝国受第二次世界大战的影响而瓦解。印度作为大英帝国的一颗瑰宝在英国对印度的殖民统治时期(英属印度殖民地时期)十分重要，备受瞩目。

## 对俄国扩张主义的持续担忧

随着俄国势力的强大，英国人开始担心俄国在外海尤其是在印度洋的争霸。拿破仑鼓动俄国向印度洋扩张，从此在俄国人的心里埋下了渴望扩张的种子，这让帕麦斯顿子爵(Lord Palmerston)等英国政治家非常担心。在 1826 年至 1828 年“俄波战争”(Russo-Persian War)中，沙皇尼古拉一世(Tsar Nicholai I)给波斯以巨大的打击，使俄国成为对伊朗最具影响力的势力。在接下来的 1828 年至 1829 年的“俄土战争”(Russo-Turkish War)中，俄军逼近了君士坦丁堡。1838 年，在俄国人的建议下波斯国王试图占领阿富汗西部的赫拉特(Herat)地区。作为回应，新任印度总督奥克兰男爵(Lord Aukland)联合旁遮普地区的统治者兰吉特 · 辛格(Ranjit Singh)共同对抗波斯。1839 年，一支英国和旁遮普的联军入侵了阿富汗，恢复了喀布尔无能的沙赫 · 舒贾(Shah Shuja)的王位。但英国人发现要维持沙赫 · 舒贾的王位，必须在阿富汗驻军。1842 年，阿富汗发生了激烈的游击战，英国人被迫从阿富汗撤出。在从兴都库什山脉(Hindu Kush mountains)往印度撤退的过程中，英国军队损失了近 1.6 万人。反英的多斯特 · 穆罕默德(Dost Muhammed)

被确立为阿富汗统治者。1848 年，达尔豪西伯爵（the marquess of Dalhousie）被任命为印度总督，受命加强英属印度对俄国扩张主义的遏制。达尔豪西开始了印度铁路和电报系统的建设，并且又吞并了印度八个邦国。1852 年，仰光头领指控两名英国船长谋杀并将其扣押直到他们缴纳了 920 英镑。为此，达尔豪西宣布对缅甸开战，并将缅甸并入印度。

## 英国人直接管理印度

尽管有先进的技术支撑，但英国加强对印度的控制还是激怒了印度人，从而导致了反英运动的爆发。1857 年，印度兵（由英国人控制的印度士兵）发动了叛乱。叛乱的起因是达尔豪西在军队中施行的现代化措施，这些措施包括用恩菲尔德式步枪取代棕贝丝步枪①，恩菲尔德式步枪的弹壳与火药池被有效地结合，士兵必须咬开子弹壳将火药倒进枪管再将子弹填入。为了使子弹更润滑，子弹上涂有油脂。当时流传一种说法，认为子弹上涂的润滑油并非当局保证的羊油而是猪油或牛油。伊斯兰教徒禁食猪油而印度教徒禁食牛油，于是有 85 名印度兵拒绝使用新式方法装填子弹，结果被罚做苦力。

害怕所有的印度士兵被解除武装，一群印度民众和士兵在德里城外的军营中将几位英国军官和他们的妻室杀害，随后印度兵接管了红堡和整个德里城。叛乱迅速扩散，尽管未能得到

① 英国陆军从 18 世纪中至 19 世纪初所使用的前膛燧石枪的绰号，原名“短管陆用火枪”（Short Land Service Musket）。

大多数印度士兵的响应但却让英国损失了 1.1 万名士兵。对反英起义的镇压激起了印度人对英国的仇恨。英国于是决定从此在印度的英国军队中印度士兵的比例不得超过士兵总数的 2/3。这次叛乱导致的最主要结果是英国国王宣布全面负责对印度的管理。1858 年，逐渐名存实亡的蒙古莫卧儿帝国被废除，总督取代“英国东印度公司”直接管理印度，英国内阁也设立了主管印度事务的国务大臣职位。印度部分邦国被允许由当地王公进行内部管理，其他邦国则全部由英国总督直接管理。英国改变以往挑起印度教徒反对伊斯兰教徒的策略，采取与伊斯兰教徒占多数的王族精英们合作的政策，压制以平民占多数的印度教徒。乡村的公共土地被抵押给了富裕家族，这些家族还享受特殊的纳税政策。农民们因此陷入了更深的贫穷和债务，而英国化了的印度王族则到英格兰享受精英教育。对那些留下来的、地位略低的印度特权阶层，1857 年在加尔各答、孟买和马德拉斯兴建了采用英语教学的大学为他们提供教育。

1876 年宣布维多利亚女王取代已废黜的莫卧儿皇帝成为印度女皇，英国统治印度时期正式开启。为争取印度人对英国王室的支持，英国人在印度举行了一些仪式和活动。他们定期在德里举行莫卧儿帝国时期传统的王室接见仪式。维多利亚女王还苦心学习印度教，了解印度事务。爱德华王子（Prince Edward），也就是后来的爱德华七世（Edward Ⅶ），在 1875 年至 1876 年间进行了英国王室首次印度巡游，他骑着大象打马球、猎虎，以此行动和热情来展示自己真正的印度王子身份。

他们还规划兴建了新式的、现代化的、具有新古典主义特色的城市新德里作为首都。1911 年，乔治五世(George V)在新德里加冕为印度君主，同年新德里正式成为印度的新首都。英国努力使其在印度的统治正当化，这表现在他们在印度进行的基督教传教和使印度“文明化”的努力上——英国人的这种努力因为鲁德亚德・吉卜林(Rudyard Kipling)的诗歌而广为人知，鲁德亚德・吉卜林在他的诗歌中呼吁英国人应该“担当起白人的责任”。

蒸汽船取代了帆船使英国商人和船员获益匪浅，1869 年苏伊士运河的开放缩短了英国和印度之间的航线。防水的铁壳船体被开发应用，这些给英国商人和船员创造了良好的机遇，他们终于摆脱了依靠季风、按季节航行的方式。印度当地的水手沦为欧洲人船上的苦劳力，收入低廉，而受过训练的欧洲人则承担需要机械技能的工作。尽管蒸汽船早在 19 世纪 20 年代就已经为印度人所知，但因为当时快速帆船的推广使蒸汽船在印度的应用被滞缓。1856 年，一位名叫麦金农(Mackinnon)的苏格兰人在印度洋沿岸开启了蒸汽船航线，“英属印度蒸汽船航运公司”(the British India Steam Navigation Company)的蒸汽船航线业务扩展到了波斯湾和东非各港口。

## 帝国主义者抢夺殖民地

1871 年德国的统一更增强了英国争夺更多殖民地的野心。当时殖民地数量急剧上升的速度令人瞠目结舌，印度洋沿岸涌现出一个又一个新的殖民地。到19世纪80年代，缅甸、马尔代夫、马来半岛大部分以及南部非洲大部分地区都为英国所有。英国人还占领了苏丹，并因此掌握了苏丹对红海各港口的控制权。1869年金伯利(Kimberly)出现"淘钻热"之后，英国于1871年在其夺取的奥兰治自由邦(the Boer Orange Free State)的领土上成立了"贝专纳"(Bechuanaland)保护区，塞西尔·罗兹[①](Cecil Rhodes)买下了兴起"淘钻热"所在的整片蓝色土壤带，继而控制了南非德兰士瓦(Transvaal)的金矿。1872年开普殖民地被许可实行"责任政府制"后，其重要性日益增强。继新加坡后，英国在1874年又建立了马来亚殖民地，并在1875年获得了苏伊士运河的控制权。

19世纪80年代英国殖民地的数量继续疯狂增长。1882年，英国占领埃及的同一年，巴林的埃米尔和英国签订了保护条约。1884年，英国建立了新几内亚殖民地(1906年转交给澳大利亚)，并将英属索马里纳入其保护范围。次年，在经历了1824年、1852年和1885年三次战争后，英国最后占领了缅甸。1885年占领肯尼亚(1903年正式占领)并在科科斯群岛成立了英国"保护国"。1887年，特鲁西尔阿曼(Trucial Oman)(今阿拉伯联合酋长国)的首领们开始和英国签订保护条约。同年，印度南端西南面的马尔代夫群岛也成为英国的保护国。

1890年后，英国在印度洋地区(还有其他地区)建立殖民

---

① 英国政治家、商人，英国南非公司的创立者。

地的欲望依然不减。1890 年英国在赞比亚建立了保护国(1913 年正式化)，1896 年英国保护下的“马来联邦”(the Federated Malay)成立。而布尔战争[①](Boer War，1899—1902 年)的胜利则巩固了英国对整个南非的控制，同时也对通往印度、黄金、钻石贸易的通道起到了至关重要的作用。1910 年，英国人将“南非联邦”(the Union of South Africa)变成了大英帝国统治下的自治区。与此同时，英国从科威特酋长国的酋长手中租赁了科威特海滩，从而阻止了德国和土耳其将科威特规划为巴格达铁路东端的终点站。同年，英国警告奥斯曼当局，在亲英的内志(Najd)统治者阿卜杜拉·阿齐兹·伊本·沙特(Abd al-Aziz Ibn Saud)占领位于科威特与卡塔尔之间的波斯湾南岸地带时，奥斯曼当局不得采取任何行动。1911 年，英国宣布掌管不丹的外交政策。

英国的疯狂扩张主义促使法国和意大利也加入抢夺包括印度洋地区在内的殖民地的竞争中。法国以同意联合参加克里米亚战争为交换条件在 1862 年和 1863 年获准进入了越南南部和柬埔寨，又在 1883 年占领了越南北部，1896 年占领了马达加斯加、(红海的)吉布提和科摩罗群岛。意大利则在埃塞俄比亚在红海的港口厄立特里亚和意属索马里分别建立了殖民地。

在印度洋地区只剩下少数几个独立的国家。伊朗和泰国

① 又称南非战争，是英国为争夺南非同荷兰移民后裔布尔人建立的德兰士瓦共和国、奥兰治自由邦进行的一场战争。

能保持独立是因为采取了挑起欧洲势力之间相互争斗的策略。欧洲国家对印度洋地区的控制以及各国之间产生民族对抗情绪激发了19世纪后期欧洲在艺术、戏曲、歌剧、文学、科学和技术等方面的创新力，而产生这一现象的原因还有一部分是因为资产阶级势力的增长，他们热切地想证明自己和贵族阶层一样已经具备了欣赏艺术的文化品位。到1914年，从印度洋地区出口的物品主要有波斯湾、印度尼西亚以及缅甸的石油，印度和斯里兰卡的棉纱、食品、茶叶以及原料，非洲和澳大利亚的矿产品、小麦、水果、酒、羊毛，马斯克林群岛的糖，圣诞岛的磷酸盐，印度尼西亚和马来西亚的橡胶和锡。

随着英国帝国主义的成功，1891年出现了“圆桌会议小组”(the Round Table Group)。这个私人组织是由莱昂内尔·罗斯柴尔德之子[内森·罗斯柴尔德(Nathan Rothschild)之孙]纳蒂·罗斯柴尔德(Natty Rothschild)创办的。纳蒂是英国议会议员，1885年被封为男爵，成为大不列颠的首位犹太裔贵族。纳蒂的弟弟阿尔弗雷德(Alfred)是英格兰银行的主管。该组织还得到了塞西尔·罗兹(Cecil Rhodes)的支持。该组织的目的是将各行业和保守派政治领导人联合起来共同制定一个以大英帝国为核心的全球新秩序，其公开阐明的愿望是要避免战争给世界带来痛苦与灾难，这样的设想可能给英国霸权地位带来的稳定让人们备受激励。设想的第一步是建立一个“国际联盟”(League of Nations)，从而在世界范围内获得广泛的政治和军事力量。1920 年赫伯特·乔治·威尔斯①(H. G. Wells，1866—1946)在他的《世界史纲》(*Outline of History*)中写道，只有一个合理而有序的全球性政府才能让世界最终避免自我毁灭的命运。

## 第一次世界大战的影响

20 世纪两次世界大战削弱了英国在印度洋的势力。1885 年，以印度教徒为主的“印度国民大会党”(Indian National Congress Party)首次会议在孟买举行。起初总督达费林伯爵(Lord Dufferin)赞成这个新组织，因为其成员以亲英的印度教徒为主。1906 年，伊斯兰教徒也成立了一个相应的组织——穆斯林联盟(Muslim League)。第一次世界大战期间，英国许诺印度如果印度与英国合作则可以实行自治。印度给予了英国想要的合作，但战争结束后英国却无意让印度实行自治。第一次世界大战期间，印度国大党领袖“圣雄”甘地(Mohandas Mahatma Gandhi)成为印度教徒表达对英国不满的代言人。出生于古吉拉特的甘地是一位接受过伦敦律师学院培训的律师。在南非的德班担任一家印度公司法律顾问期间，甘地开始参加当地印度人举行的民权活动。第一次世界大战爆发后，甘地回国进行民权运动。他谴责英国基督教的伪善，呼吁虔诚的印度教徒起来反抗不信神灵的英国人。甘地发挥了政治领袖的作用，他简朴

① 英国著名小说家、新闻记者、政治家、社会学家和历史学家。

的生活方式和禁欲的行动感动了印度民众，但他的这些行为却被温斯顿·丘吉尔（Winston Churchill）认为是蓄意的欺骗。甘地呼吁人们坚持以“非暴力不合作”的方式消极反抗英国人。尽管甘地号召进行“非暴力”抗议，但仍然出现了很多明显的并非“消极”的骚乱，甘地因此在孟买被幽禁。

出于对德国自身的考虑，德国皇帝威廉二世（Kaiser Wilhelm Ⅱ）则试图让印度人在战后掀起反英叛乱。德国人说服了奥斯曼苏丹（也是逊尼派哈里发）号召所有的伊斯兰教徒向英国人发起“讨伐异教”的圣战，这一号召被专门传递给了印度的伊斯兰教徒。印度的革命领袖们在柏林聚集，接受培训和指导。1914 年至 1915 年旁遮普的锡克教徒发动叛乱，提出“亚洲是亚洲人的亚洲”的口号。1915 年圣诞日，德国向泰国派出特工为印度人起义做准备。1917 年，印度教徒的神圣解放战争在孟加拉爆发，同时还发生了恐怖主义活动。因此，按照反恐法律，政治犯罪的司法程序被推迟，允许审讯不需要陪审团参加，对部分被告的无罪假定审理也被中断。如果不是英国首相戴维·劳合·乔治（David Lloyd George）承诺只要印度忠于英国就可以在战后成立“责任政府”，这场叛乱也许会进一步加剧。德国人鼓动阿富汗的埃米尔入侵英属印度，但它来得太迟了——直到 1919 年。

由于南非联邦总理路易斯·博塔（Louis Botha）不顾南非白人的强烈反对，带领南非站在英国一方加入了战争，这使英国在印度洋地区的地位得到了加强。1914 年，埃及成为英国的保护国。1916 年卡塔尔统治者和英国签署了保护条约，英国又控制了波斯湾南岸。英国海军控制了东非沿岸水域，这让英国人在 1917 年末将德国人赶出了东非。此后，英国开始从坦噶尼喀(Tanganyika)出口棉花、剑麻和橡胶，欧洲人和亚洲人控制了东非的贸易。1918 年，英国入侵伊拉克，欣喜的库尔德人开始在伊拉克北部建立自己的国家，而土耳其人也同样想继续统治这个地区，但他们双方的愿望都没能实现，因为英国人对该地区丰富的石油资源感兴趣。担任陆军大臣的温斯顿·丘吉尔甚至同意了用毒气镇压库尔德人的建议(后来的萨达姆·侯赛因就施行了这样的一个计划)。事实证明这的确没有必要，因为英国成立了一家石油公司(法国人拥有 1/4 的股份)开采这里的油田。

从世界行政地图可以判断，经历第一次世界大战之后的英国比以前任何时候都更加强大。它接管了以前德国在非洲的殖民地，其中包括地处印度洋的坦噶尼喀。坦噶尼喀在 1922 年由“国际联盟”委托正式交由英国进行管理。德属东北部新几内亚由澳大利亚托管。随着奴隶贸易在桑给巴尔最终被禁止，阿拉伯人失去了他们在东非的经济和社会优势，桑给巴尔也失去了它在蒙巴萨、肯尼亚、达累斯萨拉姆新港和坦噶尼喀的重要性。而美国、日本及欧洲大陆的制造业开始在印度市场角逐。

在中东，英国又获得了约旦、巴勒斯坦和伊拉克三个由“国际联盟”授权的大托管地。第一次世界大战期间，奥斯曼和德国的结盟导致英国军队入侵了奥斯曼的黎凡特地区。1914

年，当伊斯坦布尔的苏丹哈里发(sultan-caliph)号召所有伊斯兰教徒反抗英国时，英国便支持麦加的埃米尔——哈希姆家族的谢里夫·侯赛因(Hashimite Sharif Hussein)。身为圣城麦加的世袭贵族和先知穆罕默德的后裔，谢里夫·侯赛因的作用举足轻重(奥斯曼的苏丹哈里发则不是穆罕默德的后裔)。1917 年，托马斯·爱德华·劳伦斯(T. E. Lawrence)和埃米尔·侯赛因攻占了亚喀巴。总司令埃德蒙·艾伦比(General Edmund Allenby)率领一支英国军队从埃及进入巴勒斯坦、黎巴嫩和叙利亚，另一支英国军队则从印度攻占了伊拉克。1917 年英国人许诺科威特的埃米尔如果科威特支持英国攻占伊拉克，科威特可以从伊拉克独立出来。1919 年的“巴黎和会”确定伊拉克为英国托管地，而伊拉克的另一部分划给了沙特阿拉伯。因为伊拉克人发动反抗英国控制的抗议活动，1921 年英国让侯赛因的儿子费萨尔(Feisal)成为伊拉克国王，他的哥哥阿卜杜拉(Abdullah)则成为约旦国王。尽管在 1932 年伊拉克完全独立，但大多数伊拉克人依然认为伊拉克政府是英国强加给他们的政府，所以愤恨仍然持续不断。

1920 年，英国托管的巴勒斯坦政府成立。赫伯特·塞缪尔爵士担任该托管政府的首脑，他的兄弟马科·森默(Marcus Samuel)和罗斯柴尔德银行(Rothschild)共同出资成立了“壳牌石油”(Shell Oil)公司，他还与合并的荷兰皇家石油公司合作开发了婆罗洲(马来群岛中部加里曼丹岛的旧称)油田。大批犹太移民被允许进入巴勒斯坦，同时英国的政策鼓励将来在巴勒斯坦地区建立一个犹太人国家。这一政策遭到了麦加的埃米尔·侯赛因的反对，因此英国取消了对麦加的保护，结果沙特阿拉伯的伊本·沙特(Ibn Saud)和他的瓦哈比派(Wahhabi)革命运动于1924年至1925年间从侯赛因手中夺取了位于阿拉伯半岛上红海海岸的汉志。其实英国人并不打算赶走侯赛因，而英国人对沙特人的不满最终使沙特人在1924年转而与美国洛克菲勒公司合作开发石油。

1922年，英国承认已经在1914年被宣布为英国保护国的埃及独立，福阿德一世(Fuad I)成为埃及国王。但英国仍保留了在埃及的一些权力，如王室通信安全的监督、防御，对外国人士和少数民族的保护以及保留对苏丹的控制。英国还保留了埃德蒙·艾伦比将军(Edmund Allenby)的埃及行政长官的头衔。法国作为英国盟友得到了黎巴嫩和叙利亚，而伊朗仍然是英国的利益范围。1921年，英国支持的政变将战争期间对英国表现敌对的伊朗国王卡扎尔(the Qajar shah)的政权推翻。礼萨·汗·巴列维上校(Colonel Reza Khan Pahlavi)领导了这次军事政变并自称为王。为报答英国的支持，他鼓励英国在伊朗的商业投资和伊朗的欧洲化。1923年，英国开始为新加坡提供海军设备，准备将它打造成为现代化的海军据点从而继续控制马六甲海峡。(但该地区域太小，不能容纳一个足够规模的海军舰队来把守如此重要的海军要塞，第二次世界大战期间日本能迅速占领该海峡充分说明了这点。)

尽管英国在很多方面显示出了它的实力，但第一次世界大战使它在人力和财力方面都出现了紧张，而20世纪30年代的“大萧条”更进一步削弱了英国。第一次世界大战期间美国和日本夺走了英国的很多市场。因为工厂已经落后且效率低下，所以战争结束之后的英国也没能重新夺回失去的市场。英国传统的煤炭、炼铁工业在全球的产品份额逐渐被新兴的石油、钢铁、化工、机械和电子产品取代。英国在标准化和批量化生产引入方面已经落后于美国，战后的英国也无力让他们的工厂赶上时代，英国背负的战争债务太过沉重。

1937年，英国国王爱德华八世(Edward Ⅷ)“为了所爱的女人”而退位，同时英国人忙于应付势力不断增强的希特勒。于是，爱尔兰总理埃蒙·德·瓦勒拉（Eamon De Valera)趁机宣布成立完全独立的爱尔兰共和国。1948年，爱尔兰脱离英联邦，与英格兰完全分离。英帝国在中东地区也出现了问题。埃及民族主义者、华夫脱党领袖萨德·扎格卢勒(Saad Zaghlul)极力争取埃及的独立。1923年扎格卢勒当选首相，但因为艾伦比(Allenby)禁止一切政治示威，扎格卢勒在次年无奈辞职。1931年，埃及国王福阿德(King Fuad)取消了华夫脱党主持的政府，实行了临时独裁统治，一直到1936年。在那个时期，华夫脱党已经高度关注墨索里尼在埃及既与当地高级官员又与国王勾结的帝国主义计划。1936年福阿德去世，他16岁的儿子法鲁克(Farouk)继位。一开始时就受到欢迎的法鲁克执政后，稳定的政治在埃及得到进一步实行。

## 印度的挑战

印度的领袖们也开始更加公开地表达他们的诉求。甘地要求英国信守他们对印度自治的承诺，并于 1919 年召集大规模游行。英国对此予以了镇压，仅在阿姆利则一地就杀害了 400 名锡克教徒。但在英国国内，在民主体制的要求下，英国政府无法忽视选民对这一残酷暴行的看法。1919 年，主管印度事务的国务大臣埃德温·蒙塔古(Edwin Montagu)和印度总督切姆斯福德子爵(Lord Chelmsford)颁布《蒙塔古–切姆斯福德宪政改革报告》(Montagu-Chelmsford Reforms)，期望通过宪政改革给没有得到自治的印度人以安抚。根据这些改革方案，到 1922 年印度一些政府部门的领导权交给民选部长，并给予印度本地人更多的选举权。

为了团结印度人争取自治，印度国民大会党党首甘地利用英国的民主制度和公众舆论的力量，劝说国大党领袖们拒绝行使英国人分配的职责，拒绝接受英国人授予的头衔和奖励。他的追随者们还将孩子转离了英国政府的学校，拒绝承认英国法庭的判决，离开在政府中的职位，停止参加投票和纳税。

最有效的是，甘地采取抵制英货、改用家庭手工业生产的办法。甘地自己的家庭开始织布，家庭织布很快在印度上上下下全面展开，致使英国纺织业失去了一个大市场。1922 年英国人将甘地关押，但非暴力运动在贾瓦哈拉尔·尼赫鲁(Jawaharlal Nehru)和甘地其他副手的领导下继续进行。1924 年甘地获释，此后印度停止实行英国的经济计划，这使英国陷入了长久的危机，而且这一危机因为之后英国人试图控制印度消费者而进一步加剧。

“大萧条”时期，甘地进一步加紧进行非暴力运动。1930年，61岁的甘地身上裹着印度农民常用的简单的缠腰布，带领一行人穿过古吉拉特去往海边取海盐，以此规避在商店购买食盐要缴纳的英国税负。数千人加入了这个行列，这一行动一直持续了24天，经过的路途长达241英里（约388千米）。不久，甘地和他的6万名追随者一道被拘捕，其中包括尼赫鲁。但无论是拘捕，还是印度总督通过取悦穆罕默德·阿里·真纳（Muhammed Ali Jinnah）领导下的穆斯林联盟挑起伊斯兰教徒反对印度教徒，都没能阻挡印度人反抗英国控制的脚步。

## 第二次世界大战

1939年9月，英国和纳粹德国宣布开战，世界进入第二次世界大战时期。战争爆发后，希特勒取得了一系列快速胜利。受此鼓舞，一些德国将领开始策划挑战大英帝国在印度洋的主导地位。一份在1940年夏天记录的备忘录中，德国海军元帅埃里希·雷德尔（Erich Raeder）把美英这两大“盎格鲁-撒克逊人”的军队当作“第三帝国”的“天敌”。备忘录上说德国海军必须成为世界一流的海军才能实现自己的目标。在1940年6月的一份报告中，海军少将库尔特·弗里克（Rear Admiral Kurt Fricke）制定了一个计划纲要，将德国的海外保护国和附属国合并，编入新的德意志帝国。海军北部舰队集团（Naval Group North）司令罗尔夫·卡尔斯（Admiral Rolf Carls）在1940年夏天的备忘录中写道，德国需要在印度洋和大西洋建立众多海军基地，必须占领或控制印度洋在南非、埃及、亚丁湾、北婆罗洲（north Borneo，沙巴州的旧称）及科科斯群岛（Cocos Islands）的入海口。他们组织了一支主要由在德国的印度战俘组成的亲德印度军团帮助德国从英国人手中夺取印度。尽管国内反英情绪强烈，但伊拉克还是加入了英国一方参加战争。在印度洋主要入海口之一的南非，即使在德国占领了荷兰后，南非白人依然支持德国。南非议会主席赫尔佐格（Herzog）在南非殖民地众议院中提议，即使其他英属自治领地跟随英国向希特勒领导的德国开战，南非仍然要和德国保持和平，此项提议在议院中的英国议员的坚持下才被否决。后来，尽管出现了强烈的反战示威并逮捕了数千名的反战人士，但总理扬·史末资（Jan Smuts）依然带领南非加入了英国一方投入了第二次世界大战。

为了占领英国，希特勒优先实施他的“海狮计划”[Operation Sea Lion（Seelöwen）]，着重加强德国对外海和殖民地的控制。从英国舰队的实力考虑，希特勒必须控制不列颠的领空才有可能运输部队实施对不列颠的入侵。于是德国空军派遣战机将英国皇家空军的战机驱散。“不列颠之战”（Battle of Britain）从1940年8月一直持续到10月。但英国人在丘吉尔著名演说的鼓励下坚定了信心，坚持反击德国的入侵。1940年10月，希特勒停止对英国的空中打击。此时，意大利已占领了英属索马里兰(一直到1941年)。

1941年春，希特勒向日本提出联合入侵印度，这就是所谓的“东方计划”(Operation Orient)。在该计划中，德国军队要穿过埃及、伊拉克和伊朗进入印度西部，与此同时日本军队则穿过亚洲西南部进入印度东部。日本对该地区的主要兴趣是获得能维持日本工业和战争机器的石油(尤其是印度尼西亚的石油)。准备好进攻埃及后，希特勒联合土耳其，与伊拉克的抗英叛军合作，派遣德国军官训练伊拉克叛军。他调派有“沙漠之狐”之称的埃尔温·隆美尔(Erwin Rommel)将军率领部队从利比亚出发，准备夺取英国控制的埃及；而在埃及人中，支持德国的势力非常强大。可就在此时，希特勒不顾日本的反对于1941年6月22日突然入侵苏联，隆美尔的部队因此被消耗殆尽。

在德国军队即将取得入侵埃及胜利的关键时刻，希特勒进攻苏联(Soviet Union)是一个重大的错误，它使得本来可能获得的胜利瞬间化为乌有。希特勒入侵苏联主要是担心德国军队进攻中东之时可能会遭受斯大林的突然进攻。1941年英国和苏联一道发动了对伊朗的进攻，推翻了亲德国的沙阿·礼萨·汗(Shah Reza Khan)，他们将年仅21岁、在瑞士洛桑附近接受教育、已经被完全西化了的王子穆罕默德·礼萨·巴列维(Muhammed Reza Shah Pahlavi)任命为国王，取代了他的父王。希特勒还挑动其盟国日本向亚洲海域派遣兵力，想以此让美国卷入战争。德国和日本计划让亚洲国家对英国人在印度洋的地位发起挑战，而对该计划，日本比纳粹德国更乐见其成。

## 日本人抢夺印度洋

早在1940年，罗尔夫·卡尔斯就曾在一份备忘录中强调过，德国要成功取得印度洋就必须和日本结盟。经历了几个世纪的变革和发展之后的日本已经做好了准备，迫切地想要抓住机会分享印度洋的财富和权力。和以前的西方列强一样，日本一心想为其蓬勃发展的工业产业在海外争取新的市场。日本在1872年控制了琉球群岛（Ryuku Islands），1875年控制了千岛群岛（Kurile Islands），1894年控制了朝鲜，1895年控制了中国的台湾、澎湖列岛（Pescadores Islands）和东北南部（Manchuria），1905年控制了南库页岛（Sakhalin）和亚瑟港[①]（Port Arthur），1918年又控制了中国的青岛和胶州湾，还从德国手中获得了太平洋北部一些岛屿。经济大萧条更促使日本想占领中国更多的地区，以此获得足够的原材料和消费市场，从而保证其经济的健康发展。1931年日本占领了中国东北其余地方和内蒙古的部分地区。1936年，日本军人势力上台执掌了政权，民众的民主权利与自由被终止。1937年，日本全面入侵中国，中国继续抵抗日本入侵。到1941年东条（英机）将军（General Tojo）执掌政权时，日本内阁实际已成了一个橡皮图章。

东条集中力量全面占领越南，让日本军队靠近敏感的印度

① 西方对中国旅顺港的称呼。

洋东部入海口的马六甲海峡地区。美国总统富兰克林·德拉诺·罗斯福（Franklin D. Roosevelt）坚信美国必须强有力地站在英国这一边，他不顾美国国内强烈的孤立主义气氛，于 1941 年 7 月全面禁止了对日本的所有出口，使日本的石油进口量减少到原来的 10%。日本因此面临着要么打破美国海军对印度洋和印度尼西亚石油航线的控制，要么从中国获取石油的两种选择。但东条提出日本军队撤离越南、留在中国的建议没有被采纳。

于是东条着手准备用空军攻击美国海军，打破美军舰队的封锁。为此，他开始在九州（Kyushu）南部的鹿儿岛湾（Kogoshima Bay）训练飞行员。为了让和欧洲关系密切的美国在希特勒取得一连串欧洲胜利之后无力进行反击，日本发动了对美国的袭击。1941 年 12 月 7 日，日本军队摧毁了驻守在夏威夷珍珠港的美国舰队。美国驻东京的大使曾提醒日本可能对美国进行闪电袭击，罗斯福也估计到日本可能在那几周时间内在某个地方——最有可能是在菲律宾发动对美国的袭击。在日军袭击珍珠港之前，美军已经发现了日军的潜艇，雷达也监测到日本飞机的飞近，但在那个星期日的早上，美军部队并没有进入戒备，不幸的是整个舰队舰船相互紧挨着停靠在一起，空中没有一架飞机，港口没有布置任何的反鱼雷网，所幸的是三艘航空母舰因为袭击时不在港口而幸免。

轰炸珍珠港大约八九个小时之后，日本炸毁了在菲律宾马尼拉的所有轰炸机和战斗机。而就在 1941 年 12 月 7 日同一天，日本军队在马来亚(Malaya)登陆。1941年12月17日，日本在(马来亚)沙捞越(Sarawak)登陆，并一直向西进入婆罗洲(Borneo)西北部，从而开始占领荷属东印度群岛(Dutch East Indies)并夺取那里的石油。1942年2月底，日本占领了苏门答腊岛、西里伯斯岛(Celebes)，1942年3月占领了爪哇。1942年1月日本占领了马尼拉，并于同年5月完全占领了菲律宾。到1942年初，所罗门群岛(Solomons)、埃利斯群岛（Ellice Island)、吉尔伯特群岛(Gilbert Island)、新几内亚和阿留申群岛(Aleutians)西部都被日本占领。从马来亚一路往南，日本军队于1942年2月占领了新加坡，而泰国则被允许获得了比较多的自治权。在受日本占领影响的大部分地区，人们乐于见到日本人将原先的欧洲殖民统治者赶出，但在菲律宾，因为美国承诺即将给予他们独立，菲律宾人发动了反日抵抗运动。

## 向印度洋地区的英国势力发起的挑衅

希特勒要日本立即占领马达加斯加[该地区当时由较温和的“维希法国”①(Vichy French)的官员们掌管]并阻断英国人从西南端通道进入印度洋。为响应这一建议，一支日本舰队在1942年3月进入了印度洋，将英国海军驱逐出斯里兰卡，从而为占领马达加斯加做好了初步准备。英国则利用在印度洋中部的迪戈加西亚岛(Diego Garcia）监视日本和德国的驱逐舰和潜

① 1940年6月德国侵占巴黎，法国政府向德国投降，成立了维希傀儡政府。

艇的活动。进攻莫斯科却被阻城外的德国军队说服日本军队暂时从印度洋撤回了水面舰队，日本和德国改派潜艇驶往马达加斯加。但在他们到达之前，已经接到南非总理扬·史末资(Jan Smuts)提醒的英国派遣军队占领了该岛。1942 年 4 月，美国派遣詹姆斯·杜立特(James Doolittle)率领机群对日本进行了轰炸，以此报复日本对珍珠港的袭击，这使日本的兵力重点从马达加斯加转向了中途岛。

1942 年 5 月，隆美尔将军率军攻入埃及，占领了埃及 3 个海岸城市。兴高采烈的人群在开罗街道上呼喊着隆美尔的名字，当时还谣传国王法鲁克准备任命一位亲德国的总理。不久后的第一次“阿莱曼战役”(Battle of El Alamein)中，英军将进攻的德国军队阻挡在了亚历山大港以西 110 千米之外。在 1942 年 10 月的第二次“阿莱曼战役”中，伯纳德·蒙哥马利(Bernard Montgomery)将军率领英军进行了反攻，德国军队被迫西退。受美国军队占领马格里布的协助，英军于 1942 年 11 月 12 日最终将德国隆美尔的军队赶出了埃及。在美国军队向东、英国军队向西的双向夹击下，德国军队被迫于 1943 年 5 月全面放弃了北非。

德国未能夺取埃及并且在欧洲战场也遇到了麻烦，这使轴心国在印度洋的主要使命落到了其盟友日本肩上。一些印度人鼓动日本打击英国人在印度的势力，而英国的印度总督林利思戈侯爵(Lord Linlithgow)却低估了印度人参与决定自己国家命运的热情。他于 1939 年行使总督权利，宣布印度向德国开战。

但在日本人的保护下，一些印度人在新加坡成立了名为“自由印度”(“Free India”)的政府。他们建议日本军队继续推进，经由缅甸前往解放印度。1942 年 2 月至 5 月间，日本军队攻占了缅甸。“自由印度”政府的印度自愿兵们和日本人并肩作战共同打击英国人。随着日本军队对东南亚的东部和南部地区的占领，圣雄甘地在 1942 年 7 月呼吁英国人撤离印度。结果甘地和全体印度国大党领导人被捕，印度群众因此举行抗议，英国士兵则向抗议人群开枪镇压。

尽管英国军队于 1943 年 8 月发动战役试图夺回缅甸，但日本军队依然继续向印度挺进。1944 年 3 月，日本人和印度反叛势力一道侵占了印度阿萨姆省(Assam province)。甘地策划了一次不合作群众运动，想以此迫使英国人离开印度，但这次的运动最后导致了长达一周的骚乱。他的追随者们还向英国人发动了袭击，美国于是派遣 25 万名军人前往印度帮助英国人控制局势。对印度教徒与日本人的合作感到害怕的印度伊斯兰教徒却在这次战争中总体上保持了对英国的忠诚，同样，印度的锡克教士兵也帮助英国人打击叛乱的印度教徒。英国又一次承诺如果印度教徒合作，战后将给予印度地方自治权。结果，日本军队和他们的盟军印度教叛军一起在 1944 年 6 月的英帕尔战役(Battle of Imphal)中被击败，被迫撤出了印度。

## 希特勒挑衅的失败

1943 年 2 月，在斯大林格勒[Stalingrad，伏尔加格勒

(Volgograd)]战役中取得胜利的苏联军队开始对德国入侵者进行反攻。隆美尔将军的部队于1943年5月在北非的突尼斯被迫投降后，德国人在欧洲节节败退，直至最后美国军队和苏联军队于1945年4月在易北河(Elbe River)会合。

之后，美国集中兵力继续攻打日本。1942年5月，向南推进的日本军队在珊瑚海(Coral Sea)战役中受阻。之后，他们转而向东到了中途岛。1942年8月，美国占领了所罗门群岛中的瓜达尔卡纳尔岛(Guadalcanal)上的一条新修建的飞机跑道，从而阻止了日军再次发动新的攻击。在北面，日军被迫从阿留申群岛(Aleutian Islands)折返。从那时开始，美、英两军将日本军队节节击退。在英国重新夺回缅甸之时，美军则在1943年控制了所罗门群岛；1944年控制了马绍尔群岛(Marshall Islands)、加罗林群岛(the Carolinas)、马里亚纳群岛(the Marianas)、新几内亚、阿德默勒尔蒂群岛(Admiralties)；1945年1月控制了菲律宾。到1945年6月，以冲绳(Okinawa)、硫黄岛(Iwo Jima)为军事要地的琉球群岛被占领。1945年8月6日和7日，日本城市广岛、长崎先后被原子弹炸毁后，裕仁天皇(Mikado Hirohito)于9月2日宣布投降。1948年，东条英机(General Tojo)被处以绞刑。

德国和日本人在印度洋的努力并没有给两国带来诱人的财富和权力，但却导致了英帝国的瓦解(尽管美国和英国仍然间接操控着印度洋，并且印度洋西北角和东北角上的石油至今仍然是最重要的贸易品)。1946年，英军撤离埃及(只保留了8

万名军人把守苏伊士运河，直至 1954 年)；1947 年撤离巴勒斯坦、尼泊尔和锡金(Sikkim)。而英国在次年失去印度则是对它在印度洋地位的严重打击。英国曾经答应只要印度在第二次世界大战期间忠诚于英国，战后即可拥有完全的自治地位(dominion status)。首相克莱门特·艾德礼(Clement Atlee)履行了英国对印度的这一承诺，于 1946 年在印度举行了大选。为了节省开支，为在大不列颠实施他所设想的新的社会福利计划做准备，艾德礼决定英国从殖民地撤出。英国人普遍对英帝国感到疲倦，大英帝国对于英国人来说已经不再是财富的来源，反而成了财力的消耗。两次世界大战耗尽了英国的财力，而设备陈旧的英国工厂也无力与新式装备的美国工厂和重建的德国、日本工厂相竞争。英国欠了属地国 25 亿英镑的债务，印度是其中最大的债权国。

印度大选中，圣雄甘地领导的国大党赢得了大多数印度教徒的选票，而真纳(Jinnah)的穆斯林联盟则赢得了多数伊斯兰教徒的选票。1946 年召开了印度制宪大会，但在新政府未组建之前，印度的印度教徒和伊斯兰教徒之间于当年的 8 月爆发了恶战。在孟加拉，印度教徒遭到屠杀，那里的穆斯林联盟宣布成立独立的伊斯兰国家。1948 年，支持印度教徒的英国海军舰队司令、第二次世界大战期间的东南亚战区盟军总司令、乔治六世的堂弟路易斯·蒙巴顿爵士(Lord Louis Mountbatten)被任命为印度最后一任总督，派往印度寻求解决这一问题的办法。当时，罹患晚期癌症的真纳决心要在生前建立一个伊斯兰国家，而甘地一方则在尽量努力使问题得到调解，于是蒙巴顿最后决定将印度拆分。一位印度教极端分子认为甘地在这个问题上是在向英方妥协，于是暗杀了甘地。也许是想避免遭到印度人的抗议，蒙巴顿等到最后一刻才公布印度边界的划分线。出乎意料的是，边界公布后，大量的伊斯兰教徒和印度教徒纷纷迅速涌向各自被划定的区域，期间很多人因此而丧命。

印度独立成功后，缅甸、斯里兰卡(锡兰)以及马来亚紧随其后，相继获得独立(前两国于 1948 年独立，马来亚独立于 1957 年)。1956 年英国从苏丹撤出，法国于 1954 年撤离越南，1958 年撤离马达加斯加。1960 年，英属索马里兰合并为独立的索马里。1961 年南非脱离英国，成立了南非共和国。1961 年，英国从科威特、坦噶尼喀撤离，1963 年从亚丁、肯尼亚和赞比亚撤离。同年，新加坡、北婆罗洲、沙捞越联合马来亚成立了马来西亚(不过，两年后新加坡退出马来西亚)。1965 年马尔代夫独立，继而巴林岛、卡塔尔以及阿拉伯联合酋长国于 1971 年独立。从大英帝国脱离出来的地区一个接着一个，其速度之快、数量之多和一个世纪之前各地被纳入大英帝国的情形一样。

就这样，英国主导印度洋的时期宣告结束。这期间，英国尽管顶住了由苏联发起的第一次挑战，但最终在与德国和日本组成的联合对抗中其势力逐渐被消耗殆尽。这个时期，从伦敦、巴黎到柏林，再到圣彼得堡，人们对世界美好未来的热切憧憬激发了文化和科学方面大量的创新。由法国大革命点燃起来的民族主义思想在帝国主义思潮的驱动下达到了狂热，它们促生了人们对国家的自豪感和关心，出现了像鲁德亚德·吉卜林（Rudyard Kipling）、易卜生（Ibsen）、托尔斯泰（Tolstoy）等人的文学作品以及瓦格纳（Wagner）、葛利格（Grieg）和穆索尔斯基（Mussorgsky）的音乐作品。这些地区科学、文化方面的积淀与喷发蔓延到了美国以及几乎大西洋和欧洲的各个世界文化中心。相比之下，日本人的创新思维却主要体现在追随西方文化上。很多英国人在印度洋地区指导、监督当地的民主、民权、自由和教育，并以此对该地区进行控制。在这一转变过程中，印度、马来西亚和新加坡取得了尤其显著的发展。而英国对中东国家产生的影响最小（尤其是在伊拉克），他们出现在中东的时间短暂，而且因为当地人拒绝接受外来的价值观，英国人遭到了强烈的反抗。而原教旨主义者、独裁的伊斯兰教及印度教势力的不断发展使英国人在中东的改革难以持续。

随着英国的撤离，印度洋地区和以往一样成为全球势力觊觎的中心——尤其是它巨大的石油储量。印度尽管缺乏石油，但它幅员辽阔、人口稠密，东西两面被印度尼西亚、伊朗、伊拉克、沙特阿拉伯这些石油蕴藏量丰富的国家包围，其地理位置极具战略意义。大英帝国瓦解后，美国和苏联这两个世界大国之间展开了相互竞争。

## 参考阅读

**关于英属印度：**

Judith M. Brown, *Gandhi: Prisoner of Hope* (New Haven,

Connecticut：Yale University Press，1989)；

Lawrence James, *Raj：The Making and Unmaking of British India* (New York：St. Martin's Griffin, 1997).

关于大英帝国：

Lawrence James, *The Rise and Fall of the British Empire* (New York：St. Martin's Griffin, 1994)；

P. J. Marshall, *The Cambridge Illustrated History of the British Empire* (Cambridge：Cambridge University Press, 1996)；

P. J. Cain and A. G. Hopkins, *British Imperialism, 1688–2000* (Edinburgh：Longman, 2002)；

T. O. Lloyd, *The British Empire* (Oxford：Oxford University, 1984)；

Winfried Baumgart, *Imperialism：The Idea and Reality of British and French Colonial Expansion, 1880–1914* (New York：Oxford University Press, 1982).

关于两次世界大战：

Martin Gilbert, *The First World War：A Complete History* (New York：H. Holt, 1994)；

John Keegan (ed.), *Times Atlas of the Second World War* (New York：Harper and Roe, 1989)；

David Reynolds, *The Creation of the Anglo-American Alliance, 1937–1941：A Study in Competitive Cooperation* (London：Europa,

1981);

Charles S. Thomas, *The German Navy in the Nazi Era* (*Annapolis, Maryland*: *Naval Institute Press*, 1990);

Gerhard L. Weinberg, *A World At Arms*: *A Global History of World War* Ⅱ (New York: Cambridge University Press, 1994).

# 第八章 “冷战”时期

当三个挑战英美在印度洋上霸权的国家中的两个(日本和德国)被击垮后，苏联和“英美世界”(Anglo world)之间展开了针锋相对的竞争，而美国在竞争中逐渐占据了主导地位。早在战争期间，美国在印度洋地区的商业利益就已经得到了迅速发展，美国产品大量销往第一次世界大战期间因种植橡胶而迅速富裕起来的马来亚。而像波斯湾石油开采之类的帝国企业则依赖美国的资本。到了1951年，中东已经在为西方提供70%的石油供应，美国的重要性也就更加明显。

“冷战”时期，石油是印度洋地区最重要的原料，英美在这一地区的商业优势依然明显，但其商业控制中心由伦敦逐渐转往了纽约和华盛顿地区。本章内容要回顾的是苏联的挑战，它包括战后的斯大林(Stalin)时期(1945—1953年)、赫鲁晓夫(Khrushchev)时期(1958—1964年)、勃列日涅夫(Brezhnev)时期(1977—1982年)直至戈尔巴乔夫(Gorbachev)执政时期(1985—1991年)苏联的解体。

美国和苏联之间的竞争注定要集中在印度洋地区。早在20世纪初，美国海军上将阿尔弗雷德·塞耶·马汉(Alfred Thayer Mahan)就提醒美国：谁控制了印度洋，谁就控制了亚洲和世界的未来。位于印度洋西北角的陆地所蕴藏的石油是日本和欧洲工业依赖的重要原材料，也是美国最重要的利益所在。这一地区蕴藏的重要原材料还有：铀、锂、铍、锆、汞、铂、钻石、锰、铬。印度洋还是向亚洲国家发射核导弹的理想场所，可远达中国和苏联。另外，印度因为地处石油资源丰富的波斯湾和印度尼西亚海域之间，又是世界第五大经济体，因而是各国非常重要的利益所在地。出于对这一事态的考虑，“冷战”时期执政的印度国大党尽力挑起美国和苏联之间的争斗。印度国大党由同一个家族的三代人所掌握，他们先后是：印度总理贾瓦哈拉尔·尼赫鲁（Jawaharlal Nehru）（1947—1964 年）、其女英迪拉·甘地（Indira Ghandi）（1966—1977 年；1980—1984 年）以及英迪拉的儿子拉吉夫·甘地（Rajiv Ghandi）（1984—1989 年）。

贾瓦哈拉尔·尼赫鲁是印度安拉阿巴德城（Allahabad）一个英国化了的婆罗门律师之子，先后就读于英国哈罗公学（Harrow School）、剑桥大学三一学院（Trinity College）、伦敦中殿律师学院（the Middle Temple Inn of Court in London）。他反对英国通过美国的影响继续控制印度及其周边，他坚持穿戴印度传统的白色衣帽以强调他的印度身份。尼赫鲁在宗教方面并非完全的印度教主张，而是有些偏向于神智学（theosophy）；在意识形态方面则带有一些社会主义观点，而非完全的资本主义思想，20 世纪 20 年代他访问了苏联。1948 年圣雄甘地遇刺后（杀害甘地的印度教徒认为甘地对伊斯兰教徒太仁慈），他开启了领导印度政府长达半个世纪的尼赫鲁时代。这期间，他宣布印地语为印度官方用语，在南部达罗毗荼人反对印地语为单一官方语言的情况下，他允许英语也作为印度官方语言。尼赫鲁还以“克什米尔当地统治者更希望克什米尔作为印度的一个邦”这样一个并不合理的理由禁止了伊斯兰教徒占多数的克什米尔地区就是否回归巴基斯坦举行公民表决，从而解决了这个困扰印度已久的问题，端掉了悬在印度人头顶上的一个马蜂窝。尼赫鲁向国大党成员灌输他的民主社会主义的意识形态，废除了“贱民”这一社会类属，正式取消种姓制度，允许妇女继承和拥有财产、离婚，禁止一夫多妻。经济管理方面严格按照各种管控和许可法律进行。

## 斯大林的统治

赢得了第二次世界大战胜利的苏联在斯大林的领导下成为英美在印度洋的主要威胁。斯大林通过占领东欧将爱沙尼亚(Estonia)、拉脱维亚(Latvia)和立陶宛(Lithuania)并入苏联，并在波兰、捷克斯洛伐克、匈牙利、罗马尼亚、保加利亚、阿尔巴尼亚(Albania)和东德(East Germany)建立了共产党政府。因为斯大林在土耳其边境集结军队并一度拒绝从伊朗撤军，杜鲁门于1947年3月发表了“杜鲁门主义”(Truman Doctrine)：通过输送资金和军队的方法加强土耳其和希腊的势力，从而阻止了苏联人继续向地中海扩张。同年，杜鲁门又启动了“马歇尔计划”(Marshall Plan)，恢复欧洲经济。支持美国政府这一计划的人士认为一个经济重振后的自由的欧洲有助于保护中东的石油供应。由于美国在西欧驻军，共产主义的扩张主要集中在了亚洲。第二次世界大战结束之际，斯大林趁机占领了朝鲜，并在那里建立了“共产主义国家”。1949 年毛泽东取得胜利后，与其签订盟约的斯大林的势力因此得到进一步增强。“朝鲜战争”(1950—1953 年)中，朝鲜在中国的帮助下坚持立场，反对英美介入，从而提升了斯大林的势力。

德国在两次世界大战中所经历的因石油短缺所导致的问题充分显示了控制世界石油供应的重要性。即使在和平时期也必须依赖于美国及其盟友才能得到波斯湾和印度尼西亚地区廉价而丰富的石油供应，这一局面更增添了各国控制印度洋地区的急迫感。美英七家石油公司(美国五家、英国两家)逐渐控制了印度洋地区的石油出口，其中：“埃克森”(Exxon)、“雪佛龙”(Chevron)/“加利福尼亚标准石油”(Socal)及“美孚”(Mobil)三家公司都是从美国“洛克菲勒石油集团”(Rockefeller oil holder)剥离出来的，“德士古”(Texaco)由吉姆·霍格(Jim Hogg)创立，“海湾石油”(Gulf)由安德鲁·梅隆(Andrew Mellon)创建，“壳牌石油公司”(Shell Oil)则是由“英国皇家石油公司”(British Royal Oil)与“皇家荷兰石油公司”(Dutch Shell Oil Companies)联合而成，而由温斯顿·丘吉尔创办的“英国石油公司”(British Petroleum)则是一家英国政府公司。从 1928 年开始，这些公司在控制全世界的石油价格和供应方面密切合作。海湾石油公司和英国石油公司 1932 年在巴林发现了石油，1934 年又在科威特发现了石油。1933 年，雪佛龙开始在沙特阿拉伯开发石油，1936年德士古加入其中，1948年雪佛龙和德士古又让埃克森和美孚加入销售沙特阿拉伯石油并由此成立了“沙特阿美石油公司”（Arabian-American Oil Company/Saudi Aramco，简称 Aramco）。被边缘化的法国和意大利深感不满，意大利政府石油公司“阿吉普”（Agip）的总裁恩里克·马太伊（Enrico Mattei）将这七家公司讥讽为“石油七姐妹”。第二次世界大战后从意大利殖民统治下独立的利比亚在其新国王伊德里斯（Idris）的领导下开始和美国石油公司进行石油交易。1954年，马太伊开始从苏联购买石油，但1962年他却死于飞机失事，这可能是一起蓄意破坏。法国则在让·莫内（Jean Monnet）的倡导下采取了依靠煤炭的办法解决能源问题，并着力加强欧洲在煤炭和钢铁领域的共同体建设，但成效甚微。

1951年，英国对伊朗石油的控制遭遇了挑战，富裕地主家庭出身的穆罕默德·摩萨台（Mohammed Mossadeq）呼吁伊朗政府应该效仿1945年时委内瑞拉的做法，与石油公司之间以50%∶50%的比例分配石油销售的收入。反对这一建议的伊朗首相拉兹马拉（Razmara/Haj Ali Razmara）在一清真寺外被刺身亡，摩萨台成为伊朗首相，并在1953年将“英伊石油公司”（Anglo-Iranian Oil Company）国有化。英国海军于是封锁波斯湾不让伊朗石油出口。1953年，伊朗军队在年轻的国王穆罕默德·礼萨·巴列维的协助下罢免了摩萨台。在这次政变中美国中央情报局（CIA）扮演了重要角色。1954年美国石油公司获准和英国公司一道开采伊朗石油。英国首相温斯顿·丘吉尔

(1951—1955 年)终止了对英国在地中海和亚洲的巡查，之后的此项任务由美国进行。

## 赫鲁晓夫的挑战

继斯大林之后，两位来自乌克兰的工人领袖继续和英美世界展开竞争。这两位工人领袖就是从底层一步步成长起来的尼基塔·赫鲁晓夫(Nikita Krushchev)和列昂尼德·勃列日涅夫(Leonid Brezhnev)。在 1953 年至 1964 年期间领导苏联的赫鲁晓夫是库尔斯克(Kursk)一煤矿工人之子，他从矿山的监工逐渐成长为莫斯科共产党书记、乌克兰共产党书记、苏联中央委员会农业部长。他曾鼓动民族解放运动，于 1955 年去过印度、缅甸和阿富汗。根据 1953 年的苏-印贸易协定，赫鲁晓夫向印度提供了军事援助，帮助印度建设了一家钢厂。苏联还向伊拉克、阿富汗和北也门提供贷款。1959 年中-印边境两国军队发生冲突后，赫鲁晓夫终止了苏联和中国的核协议，并向印度提供了比苏联曾经提供给中国更多的贷款。尼赫鲁接受了“英联邦”的构想，并于 1961 年邀请伊丽莎白女王访问印度。同年，当葡萄牙被迫从果阿撤军时，尼赫鲁并没有向西方寻求援助，却是求助于苏联和共产主义的中国。在当时的孟加拉邦(Bengal，主要是加尔各答)和喀拉拉邦(Kerala，主要是卡利卡特和科钦)，信仰共产主义的政治家也可以获得官职。美国于是开始接近巴基斯坦。他们在巴基斯坦建立军事基地，为巴基斯坦提供军事援助。1955 年，尼赫鲁再次造访莫斯科，同年赫鲁晓夫也访问了德里。尼赫鲁还与中国的周恩来总理进行过互访，但在1959年中国西藏实行民主改革、达赖喇嘛逃往尼泊尔之后，印度和共产主义中国的关系发生了变化。由于尼赫鲁忧虑达赖喇嘛以及中国关注克什米尔的原因，印度和苏联之间加紧了相互间的合作。尼赫鲁想努力建立一个印度领导下的支持苏联的亚非区域联盟。

苏联在第三世界的活动使美国政府相信欧洲剩存的殖民地不可能维持。1956年①的苏伊士运河危机使美国的政策发生了转变。1955年埃及总统迦玛尔·阿卜杜尔·纳赛尔（Gamal Abdul Nasser）开始从苏联人手中购买武器。次年，美国艾森豪威尔（Eisenhower）政府撤销了在埃及修建新阿斯旺水坝（Aswan High Dam）的承诺，并推迟向埃及贷款以此表达对埃及政府的不满。在苏联向纳赛尔承诺修建阿斯旺水坝后，埃及从英国人手中夺回了苏伊士运河。于是在1956年，英、法和以色列发动了苏伊士运河战争（Suez War），并重新占领了苏伊士运河。为防止阿拉伯国家和非洲被拉入苏联阵营，艾森豪威尔政府责成英国及其联军撤离。

短期问题被解决的几年后，苏联人修建了阿斯旺水坝，并向埃及提供了财政援助。1957年，利比亚国王伊德里斯（Idris）为牟取个人利益和一些美国小型的独立石油公司进行交易，大量出产石油，因而导致石油供大于求。为巩固其在印度洋地区

① 原著为1957年。经查有误，直接在译文中予以纠正。——译者注

的利益，美国在该地区成立了一系列的区域联盟，其中包括1954年成立的“东南亚条约组织”(Southeast Asian Treaty Organization，SEATO)、“巴格达条约组织”(Baghdad Pact)和“中央条约组织”(Central Treaty Organization，CENTO)(1958年)。依照“艾森豪威尔主义”原则，美国国会同意总统采取干涉中东的政策以支持当地政府反抗共产主义。1958年，一些黎巴嫩伊斯兰教徒提议黎巴嫩加入刚成立不久的叙利亚-埃及联盟①，阿拉伯人开始疏远美国。美国总统艾森豪威尔应黎巴嫩基督教马龙派(Maronite Chritian)政府的请求出兵黎巴嫩，阻止了该项计划的实施。1958年，伊拉克将领阿卜杜勒·卡里姆·卡塞姆(Abdul Karim Qasim)发动流血政变，夺取了伊拉克政权。在克里姆林宫的支持下，卡塞姆成立了共产党为主导的工会和专业协会。他还想吞并科威特，但因为英国和沙特阿拉伯军队的介入而不得不放弃。1963年，卡塞姆及其共产党成员被另一起政变击败，这次政变的领导者是“阿拉伯复兴社会主义者”(Baath socialists)。

为维持其对中东石油的控制，七大石油公司邀请石油合作开采国的领导参加了由伊拉克阿卜杜拉·塔里基(Abdullah Tariki)资助，于1960年召开的巴格达会议。在这次会议中成立了名为“石油输出国组织”(the Organization of Petroleum Exporting Countries，OPEC，简称欧佩克)的利益组织，以维护石

---

① 1958年初，叙利亚和埃及合并，随后也门宣布加入，三国合并后称“阿拉伯合众国”，1961年叙利亚、也门相继脱离该合众国。

油输出国的共同利益。在这种模式下它们共同合作，1965 年美国政府给予所有石油公司均等税负的政策，该协议让未加入该组织的国家承受了更大的负担。欧佩克同样还是石油生产公司首脑们诉求自身利益的便捷机制。

20 世纪 50 年代末和 60 年代初期，英国和法国结束了他们在非洲和加勒比海地区的殖民统治。首相安东尼·艾登(Anthony Eden)的苏伊士运河政策失败后，上任的英国新首相哈罗德·麦克米伦(Harold Macmillan)致力于放弃剩余的英国殖民地。西方势力撤离非洲和加勒比海地区后，赫鲁晓夫则开始伺机让苏联势力进入这些地区。苏联着重扶持在加纳、马里、几内亚和古巴新成立的反美政府。当艾森豪威尔政府阻止外国帮助古巴的菲德尔·卡斯特罗(Fidel Castro)政府时，赫鲁晓夫于 1960 年开始介入古巴，向古巴提供了贷款、甘蔗补贴及军事装备。1961 年 4 月，美国支持的反卡斯特罗部队进攻古巴在猪湾(Bay of Pigs)被击败后，赫鲁晓夫于 1962 年 6 月开始向古巴输送攻击性核弹道导弹和轰炸机。为此，肯尼迪总统威胁发动战争，要求苏联从古巴撤出，并承诺美国不再支持进攻古巴。美国方面，则在 1963 年将装备有射程可达苏联中亚地区的导弹的北极星潜艇开往印度洋。

## 勃列日涅夫的挑战

1964 年，一场流血政变推翻了赫鲁晓夫，克里姆林宫的政策重新变得更加强硬。列昂尼德·勃列日涅夫(Leonid Brezhnev)，第聂伯罗捷尔任斯克(Dnepropetrovsk)一位工人之子，在1964年至1982年期间领导苏联。勃列日涅夫最早是个矿工，第二次世界大战中因为骁勇善战被升为少将。他紧随赫鲁晓夫，于1952年当选中央委员会委员，1960年当选中央政治局主席(president of the Politburo)。“勃列日涅夫主义”声称共产主义卫星国(附属国)只享有有限的主权，无论哪个“共产主义国家”陷入危机，苏联必将予以干涉。他还加强了战时经济政策，将苏联国民生产总值的15%用于国防开支，而在此同一时期的美国，其国防开支仅为国民生产总值的5%。到1976年，苏联拥有了世界最强的军事实力，每年在武器上的经费比美国多700亿美元，每年的武器研发经费比美国多30亿美元。这一时期苏联的军事发展规模空前强大，尽管美苏于1972年签订了《美苏第一阶段限制战略核武器条约》(Strategic Arms Limitation Treaties Ⅰ, SALT Ⅰ)，双方同意限制远程核导弹数量，但它对苏联的军事发展规模约束甚微。

为了日益紧张的反美斗争需要，勃列日涅夫批准由设在巴黎的克格勃组织[Committee of State Security(国家安全委员会)，KGB]协调全世界范围的游击战和“恐怖主义”活动。委内瑞拉的伊里奇·拉米雷斯·桑切斯(Ilich Ramírez Sánchez)与乌拉圭的“图帕马罗城市游击队员”(Tupamaros)、“魁北克解放阵线”(the Quebec Liberation Front)、“爱尔兰共和军”(the Irish Republican Army)、西德的“巴德尔·迈因霍夫帮”(Baader-Meinhof gang)、“巴斯克分离主义者”(the Basque separatists)以及“巴勒斯坦解放组织”(the Palestinian Liberation Organization)等组织在巴黎的活动有联系。他们策划、执行的活动包括劫持、爆炸、袭击等。苏联支持利比亚的穆阿迈尔·卡扎菲(Muamar Qaddafi)向利比亚传输革命和“恐怖主义”思想。“共产主义政府”控制了埃塞俄比亚、莫桑比克、几内亚及刚果等非洲国家。

1964 年，英国宣布将从苏伊士以东地区撤军。1966 年英、美同意将新成立的英属印度洋领地(British Indian Ocean Territory)内的岛屿作为双方共同的军事用地。1968 年，英国开始从远东(Orient)、新加坡、马来西亚、新西兰、澳大利亚、伊朗、科威特、巴林、阿布扎比(Abu Dhabi)、沙特阿拉伯、亚丁湾、马尔代夫、毛里求斯、东非和南非的军事基地撤军。1970 年，美国政府宣布印度洋是继欧洲、东亚之后的美国第三大战略利益地区。

位于印度洋正中心的小岛迪戈加西亚岛(Diego Garcia)(得名于 1532 年发现该岛的葡萄牙人迪戈加西亚，1968 年英国从毛里求斯手中购得)被美国选作其在印度洋的海军中心。英、美两国花巨资将其建设成为英美联合海军基地，于 1976 年投入使用。为应对紧急状况的发生，自 1981 年开始，核武器等先进武器被集中安放到了该基地。1971 年，为避免与当地人发生矛盾，英国将迪戈加西亚岛的当地人口疏散到了毛里求斯。美国的导弹潜艇开始在印度洋进行常态化巡逻。1969 年，尼克松总统和澳大利亚拟定了军备转让、军事情报交流和一定程度的联合军事计划。就这样，长期以来一直属于英国的印度洋地区开始由美国军队控制。

勃列日涅夫一直试图阻止美国对印度洋的战略控制。1971年，苏联提议将印度洋地区变成无核区，该计划得到了联合国决议的支持，但遭到了美国政府的抵制。相反，美、苏两国在该地区部署了重要兵力并加强了海军力量，同时向该地区诸多国家出售武器。苏联在伊拉克、埃及、苏丹、也门、亚丁、索马里和坦桑尼亚拥有军事基地。从 1968 年开始，勃列日涅夫向印度洋派遣军舰。1971 年，苏联在印度洋舰队的水面战舰增加到了 6 艘，潜水艇也达到了 6 艘，1979 年则增加到 30 艘。到 1973 年，80%的苏联军用物资投入印度洋地区及与其相连的腹地国家。在 1975 年到 1977 年间，苏联在索马里的柏培拉①(Berbera)部署了反舰导弹。1977 年，苏联又在亚丁兴建了海军基地，还在越南、摩加迪沙(索马里)、马萨瓦(Massawa，埃塞俄比亚②)以及南也门建立了军事基地，并在塞舌尔和毛里求斯建设了停靠港。尽管如此，拥有迪戈加西亚和巴林基地的美国海军仍然比苏联海军强大得多。20 世纪 70 年代，法国也组建了印度洋舰队，其规模超过了苏联在印度洋的海军。而澳大利亚的海军和空军则装备精良，以色列的空军也经常在红海巡航。

“越南战争”(the Vietnam War)本可以使苏联控制住地中海

① 又译为伯贝拉，索马里北部港口。

② 马萨瓦现属于厄立特里亚，濒临红海。

的东部入口，但印度尼西亚各方面局势的发展使这一局面未能实现。这个时期苏联的地位之所以有所加强，其实是因为美国未能维持南越的资本主义政府。第二次世界大战结束时，越南共产党创建人胡志明(Ho Chi Minh)在北越建立了共产主义政府。1925 年，胡志明在莫斯科大学学习后在广东加入了国民党。第二次世界大战期间他加入了反抗日本占领越南的战争，并成为一名英雄，这使他能在河内建立自己的政府。战后的十几年中，法国曾试图将其赶下台但未能成功。1954 年法国从该地区撤军后，共产党领导发起运动反对信奉天主教的贵族吴庭艳(Diem)在西贡的南越腐败政府，推动越南全国统一。

1954 年，美国组建“东南亚条约组织”(SEATO)，协调东南亚地区美国盟国的军事行动。该组织成员国包括澳大利亚、新西兰、菲律宾、泰国和巴基斯坦。1955 年开始，美国总统艾森豪威尔(Eisenhower)向南越派出约 700 名美国军人作为“军事顾问”。而吴庭艳政权的精英是以天主教为主的保守派，这使南越政权不受南越多数佛教民众的欢迎。吴庭艳为了满足少数土地主的利益，将刚分配给农民的土地重新收回，这一决定尤其让贫穷的农民不满。1960 年，吴庭艳的政策最后引发了“民族解放阵线”(the National Liberation Front)领导下的农民起义。借此机会，北越通过向南越农民起义输送援助的方式得以潜入了南越。到 1962 年，吴庭艳政权已经摇摇欲坠，美国总统肯尼迪(Kennedy)立即增加了在南越的“军事顾问”人数，到他去世前“军事顾问”的人数达到了 1.5 万名。1963 年南越形式更加恶化，最后导致军人发动政变，吴庭艳因此毙命，一些将领取而代之。

东南亚最大的利害冲突集中在印度洋东部入口的马六甲海峡的控制上。美国在该水域的地位受到了印度尼西亚总统苏加诺（Sukarno）政权的威胁。印度尼西亚位于马六甲海峡的南侧，石油资源丰富，是该地区最有影响力的国家。苏加诺是一个土木工程师，是印度尼西亚民族党（Indonesian National Party）的创始人，1942 年曾与侵占荷属东印度群岛的日本人合作。1945 年 8 月 17 日，苏加诺宣布印度尼西亚独立，自己任总统，最终荷兰于 1949 年接受印度尼西亚独立。苏加诺采取扩张政策挑战西方势力，他攻取了荷兰控制的西部新几内亚并向英国支持的北婆罗洲（north Borneo）施压。1963 年，荷兰管辖的西部新几内亚转由印度尼西亚管理，并在 1969 年经过公民表决后成为印度尼西亚的附属地。1955 年，苏加诺终止了印度尼西亚的选举制度，并于 1963 年宣布自己为“终身总统”。他和“国际共产党”（International Communist Party）的关系也越来越密切。该党发展成为世界上第三大共产主义者党派，直属会员达到了 300 万名，另外还有 1400 万名共产主义工会和青年共产主义运动成员。1964 年和 1965 年，苏加诺开始向马来西亚扩张，宣布马来西亚为印度尼西亚自然属地，并向马来西亚发动多次袭击。

东南亚的这一局势促使美国必须在该地区展示其强大的军力。此时，南越亲西方的腐败政府向美国请求援助，这正好给美国提供了机会。美国在该地部署军队并想维持南越的民主政权都是基于“多米诺理论”(“domino theory”)。该理论认为东南亚地区一个国家反美势力的成功与失败都将对该地区其他国家的政治发展产生影响。1964 年，据称北越向美国在北部湾(Gulf of Tonkin)的海军军舰开火。作为回应，美国国会于是决定支持总统约翰逊(Johnson)，逐渐增强在越南的介入。1965 年 2 月，约翰逊命令炮击北越的军事目标，1965 年 3 月又派遣 18.4 万名士兵攻打南越的“越共”(Vietcong)，到 1967 年末，派遣士兵数量达到了近 50 万人之多。

美国加强在该地区的行动引发了印度尼西亚的一次未遂政变。1965 年 9 月 30 日，几个据称和印度尼西亚共产党有关联的组织对军队的高级将领们进行了袭击，试图夺取政权。苏哈托将军(General Suharto)带领军队对政变者进行了还击。1965 年 10 月 30 日，苏哈托推翻了总统苏加诺的领导，苏加诺从此退隐。四个月后，印度尼西亚共产党被消灭。美国中央情报局(CIA)通过在雅加达的美国大使向苏哈托提供了一份列有 5000 名被认为具有危险性的共产党官员的名单，印度尼西亚军队将他们全部处死。最终大批的——可能多达百倍于这个数量的——反对苏哈托接管政府的人士被围捕并处死。1967 年，苏哈托就任总统并重启选举制，在此后的 30 年中他一次又一次地连续当选为印度尼西亚总统。

美国和新加坡、马来西亚(以及澳大利亚)间的亲密关系也促进了美国在东印度洋地位的巩固。英国曾经在新加坡经济方面的重要地位被美国和日本取代，美国和日本成为新加坡工业产品的主要供应国。新加坡的出口产品则主要是石油产品和计算机部件。英国、日本和美国成为马来西亚橡胶、棕榈油以及锡的出口贸易伙伴，英国则继续控制着大部分橡胶产品。粮食产品(尤其是水稻)是该地区的主要进口商品。1971 年，马来西亚开始向外出口新近发现的海上石油，而新加坡则发展成为一个重要的炼油中心。从石油出口中获得的利润被用以帮助马来西亚成为一个重要的轻工业产品和电子设备的出口中心。马来西亚、印度尼西亚依旧是香料、锡和橡胶的重要出口国，这些产品也出口到新加坡。1967 年，新加坡、马来西亚、印度尼西亚、菲律宾和泰国联合成立了亲西方的“东南亚国家联盟”(Association of Southeast Asian Nations)以求形成区域合作。

美国因此在该地区取得了优势地位。尽管美国觉得仍有必要承诺支持亲西方的西贡政权，但这已并不是关键。1967 年，在美国的压力下，争议较少的阮文绍(Thieu)取代鲁莽的阮庆(Ky)成为南越政府首脑，但局势依然没有得到改善。随着“越共”(Vietcong)势力继续壮大，美国要面临的问题是如何以不失体面的方式从越南撤军。1968 年 3 月，在越共“春节攻势”(Tet Offensive)的重创下，美国国内各地出现反战示威，约翰逊总统(President Johnson)宣布将启动停战。1969 年，尼克松总统(President Nixon)着手进行停战的秘密谈判。1970 年 4 月，他命令美国军队进入柬埔寨，构筑最后一道防线，以阻挡北越部队经由所谓的“胡志明小道”(Ho Chi Min Trail)从老挝和柬埔寨绕过非军事区进入南越。但这一努力最终失败，于是尼克松在1973年将美军从越南撤出。

同一时期，尼赫鲁的女儿英迪拉·甘地(Indira Gandhi)执掌印度政权(1967—1984年)。尽管她的丈夫和“圣雄甘地”没有关联，但婚姻让英迪拉有了夫姓，这使她在政治上比婚前更具神秘感。她与印度最大的武器供应国苏联之间保持的友谊(1982年她访问莫斯科)使她敢于采取强势手段。1971年，英迪拉支持东巴基斯坦的反叛，这导致了一个新的国家“孟加拉国”(Bangladesh)的成立，从而削弱了巴基斯坦对印度的威胁。数十万的印度人(以及斯里兰卡人、孟加拉国人、巴基斯坦人，多数为伊斯兰教徒)纷纷前往中东产油国充当外来工。1975年，英迪拉在其幼子桑贾伊·甘地(Sanjay Gandhi)的劝说下宣布印度进入“紧急状态”，实行独裁统治。于是在印度，新闻被审查，强制执行食品消毒，约1万人被捕。桑贾伊因飞机失事去世后不久，印度的民主很快得以恢复。英迪拉·甘地尽管执政时实行强硬政策，但在经历了1977年选举失败、因贪腐被捕入狱而暂时在野之后，1980年她再次当选印度总理。在她的推动下，印度于20世纪80年代中期发展了自己的核装置，并在1988年从苏联购买了核潜艇。1984年，英迪拉派卫队攻入了锡克教分裂分子在阿姆利则(Amritsar)的反叛活动中心“金庙”(Golden Mosque)。而作为报复，英迪拉的一位锡克教保镖刺杀了她。

勃列日涅夫继续他在印度的政策，继续苏联的反华政策。

1964年中国发射了第一颗原子弹，并很快进行了氢弹的试爆，这让中国成为第三世界的表率。值得强调的是，中国“以农民为主的共产主义”特色比苏联的工业共产主义模式更适合大多数的“第三世界”农业国家。中国和美国一道支持巴基斯坦对抗印度，呼吁在印度洋和西太平洋建立美国海军力量，以此抗衡该地区日益增强的苏联势力。而出于对美国的顾忌，苏联也把远程侦察机部署到了印度洋。

勃列日涅夫的策略是向印度洋东、中、西部扩展苏联势力，他一路向西扩张，对英美在印度洋的利益构成了最大的威胁。1967年，亚丁出现了共产党执政的新国家“南也门人民共和国”（People's Republic of South Yemen）。南也门控制着红海进入印度洋的通道。“南也门人民共和国”的成立让苏联在印度洋这个最重要的入海口找到了发展自己势力的潜在可能。在一个多世纪前的1839年，英国侵占亚丁后，南也门脱离了奥斯曼控制的北也门。第一次世界大战结束后奥斯曼帝国垮台，北也门获得独立，在经历了1962年至1970年内战后成立了亲美国的共和国。1967年驱逐了英国人、获得独立后的南也门则成立了亲苏联的共产党政权。随着非洲各国共产党政权的成立和各国反抗活动的出现，南也门的共产党政权势力得到了加强。非洲的共产党政权主要有1976年成立的莫桑比克和安哥拉以及几内亚、刚果人民共和国、索马里和埃塞俄比亚。由苏联军官统领下的古巴军队为非洲各地的左翼派训练军队。苏联的目的是要阻碍中东石油的外流，并以此胁迫美国及其盟友。苏联着重支持反以色列的阿拉伯人对抗在政策上支持以色列的美国。

在利比亚，卡扎菲成功地使石油公司更大幅度地缩减了它们在利比亚的石油利润。这激励了其他非洲国家。1970 年，伊拉克、科威特和伊朗（还有阿尔及利亚）纷纷提出了相同的要求。1973 年石油公司通过“欧佩克组织”（OPEC）对美国实施了石油禁运以惩罚其对以色列的支持。1971 年，埃及温和派总统安瓦尔·萨达特（Anwar Sadat）挫败了一起由克格勃支持、阴谋推翻他政权的政变，并开始和美国建立更密切的关系。1972 年，伊拉克“阿拉伯复兴社会党”（Baath Party）独裁者萨达姆·侯赛因（Sadam Hussein，自 1968 年起伊拉克的实际统治者，1979 年后成为伊拉克合法统治者）和苏联签署了友好条约，将英国石油公司在伊拉克的股份国有化，石油改而由苏联转销到西欧。1973 年，伊朗国王也同样将 51%的伊朗石油公司国有化，将伊朗的石油税提高到了以前的两倍多，并在两个月的时间内将石油价格翻了四倍。伊朗的军事力量迅速扩大，国王（接受阿曼苏丹的请求）派部队前往阿曼镇压那里发生的革命。

1979 年 1 月，伊朗国王在一次他认为是美国中情局部分参与支持的政变中被推翻。如果美国确实支持了这次政变，那是美国的一次失算，因为政变后取代伊朗国王统治伊朗的是一个由阿亚图拉·鲁霍拉·霍梅尼（Ayatollah Ruhollah Khomeini）领导的、强烈反对美国的伊斯兰原教旨主义者政府。1979 年 11 月4 日，被霍梅尼释放的一群极端分子闯入了美国在德黑兰的大使馆，并将使馆的所有工作人员当成人质。美国总统吉米·卡特(Jimmy Carter)派遣一个分队前往营救人质，但因直升机出现故障，美国不得不通过漫长的谈判来解决人质的释放问题。而伊拉克的萨达姆则乘此机会在1980年的“两伊战争”(the Iran-Iraq War)中暂时控制了石油资源丰富的伊朗胡齐斯坦省(Kuzistan)。

当时，苏联占领了阿富汗。自1973年君主政权被推翻后，阿富汗人分成了传统的伊斯兰派系和“世俗化”的、现代的共产主义者两大派系，共产主义政党“人民民主党”(the Communist People’s Democratic Party)总书记努尔·穆罕默德·塔拉基(Noor Muhammed Taraki)在阿富汗开始了分配土地、改善教育、解放妇女的运动。1979年9月，哈菲佐拉·阿明(Hafizullah Amin)领导的伊斯兰传统主义者推翻塔拉基政权开始执政后，阿富汗共产党开始求助于苏联。

1979年，勃列日涅夫利用美国在德黑兰的人质危机事件出兵阿富汗，帮助阿富汗人民民主党。阿明被处决，一位新的共产党总书记——巴布拉克·卡尔迈勒(Babrak Karmal)在规模庞大的苏联占领军的保护下上任。苏联将轰炸机基地设在了阿富汗，对波斯湾的石油贸易构成了威胁。卡特总统警告说，阿富汗将可能成为苏联控制世界大多数石油供应的垫脚石。他申明波斯湾是美国重要利益所在。和以往一样，苏联这次出兵阿富汗同样陷入了僵局。伊斯兰传统派对苏军进行了反抗，他们将一部分基地设在伊朗，多数基地则设在巴基斯坦，对苏联人进行反击。20 世纪 80 年代中期，他们得到了美国的军事援助，其中包括发射“毒刺”导弹(Stinger missiles)。战争最终陷入了一场没有结果的、极具破坏性的内战，不仅让苏联消耗巨大也不被苏联人认同。1980 年，随着波斯湾地区不稳定局势的加剧，卡特总统在一次之后被称为“卡特主义”(“Carter Doctrine”)的申明中宣布该地区为美国重要利益所在地，并因此宣布美国将采取任何必要手段实现对该地区的控制。苏联对阿富汗的入侵促使卡特总统从 1980 年开始迅速发展美国在印度洋的核武装部队以确保紧急时刻美军能从迪戈加西亚岛①(Diego Garcia)(或以色列和埃及)迅速出击。

伊拉克的阿拉伯复兴社会党进一步远离西方国家，他们在 1964 年将重工业(包括建筑和钢铁)、银行、保险及电力产业国有化。1972 年“伊拉克石油公司”国有化之后，“伊拉克国家石油公司”在 1975 年控制了全国所有的石油产业。1980 年至 1989 年间的“两伊战争”中，伊拉克占领了伊朗石油资源丰富、说阿拉伯语的胡齐斯坦省。沙特阿拉伯也在一定程度上脱离了它的美国贸易伙伴，费萨尔国王(King Faisal)加强与伊斯兰国家的贸易，以此平衡西方国家在技术方面的发展，并对在 1973 年“中东战争”(Arab-Israeli War)中支持以色列的所有国家实行石油禁运。1980 年，“沙特阿美

---

① 位于印度洋中部的查戈斯群岛，是英属印度洋领地的一部分。1966 年英美签订协议后，美国向英国租借迪戈加西亚岛，这里成为美国在印度洋的重要海空军基地。

石油公司"[Arabian American Oil Company(Aramco)]成为哈立德国王(King Khalid)治下的国有公司，沙特阿拉伯还开始建立化学工业和石油化工业来增加出口。

除了在阿富汗陷入军事僵局外，苏联的势力和影响超过以往。1975年的《赫尔辛基协议》(Helsinki Accord)中，美国总统杰拉尔德·福特(Gerald Ford)实际上承认了苏联在东欧的势力范围。尽管在印度尼西亚和巴基斯坦受到严重挫败，但共产主义在也门和非洲取得了很大的发展。印度总理拉吉夫·甘地(Rajiv Gandhi)(1984—1989年)延续其家族和克里姆林宫之间的亲密态度。亚历山大·索尔仁尼琴[①](Alexander Solzhenitsyn)警告说苏联的军事力量比任何时候都强大，并可能对西方发动快速突然袭击将其摧毁。英国政治哲学家马尔科姆·马格里奇(Malcolm Muggeridge)也曾写到过：索尔仁尼琴的警告是给美国的最后一个机会。

## 苏维埃社会主义共和国联盟的解体

勃列日涅夫去世后，米哈伊尔·戈尔巴乔夫(Mikhail Gorbachev)从1985年至1991年执掌克里姆林宫。戈尔巴乔夫于1931年出生在斯塔夫罗波尔(Stavropol)，他毕业于斯塔夫罗波尔农业经济学院和莫斯科大学法律系，是自列宁以来

① 俄罗斯作家，1970年诺贝尔文学奖获得者，因出版描写极权主义的巨著《古拉格群岛》被驱逐出国，1975年定居美国，1994年回归俄罗斯并于2007年获"俄罗斯国家奖"，去世后被誉为"俄罗斯的良心"。

学识远胜于任何一位前任的克里姆林宫掌权者。他与西方领导人建立了密切联系，西方人对国际事务的观点首次被克里姆林宫所接受。在苏联，阿富汗的军事僵局加剧了它的经济危机，要求开放自由市场的改革呼声也越来越明显。要解决和美国在印度洋区域的问题势必要对一些重要问题作重新考量。但是，美国的军事发展计划——包括吉米·卡特总统提出的发展中子弹计划和罗纳德·里根总统（Ronald Reagan）提出的打击来自外太空导弹攻击的防卫系统“星球大战计划”（“Star Wars”）——似乎已经超出了苏联人可接受的范围。里根还进一步将美国海军的年军备拨款提高到全部军事预算的40%，并开始在迪戈加西亚部署太空攻击性武器。为抗衡苏联部署在欧洲的核武器，里根计划在西欧部署瞄准苏联的新导弹，这也使苏联感到不满。

戈尔巴乔夫通过几个步骤使苏联解体，这让整个世界为之震惊。在1985年和1986年，他将受过大学教育的“大俄罗斯”白领取代了那些来自原乌克兰蓝领阶层、受列宁喜爱、之后被斯大林提升到国家重要岗位上的官员，并在有学历的人士中选拔苏共中央政治局成员。继而，苏联和美国建立了友好关系，1987年，戈尔巴乔夫和里根就销毁2000多枚中、短程导弹达成一致。在1988年签订的《中导条约》①（INF

① 原文为“INS Treaty”，根据本书所提及内容此处应该是指《中导条约》，即：INF Treaty（Intermediate-Range Nuclear Forces Treaty）。——译者注

Treaty,《苏联和美国消除两国中程和中短程导弹条约》)中，苏美两国同意从西欧和中欧撤出所有中程导弹。接着，苏联实行了“开放政策”。1988 年，戈尔巴乔夫取消了新闻审查制度，释放了持不同政见者，鼓励言论自由。1988 年至 1990 年间，取消了共产党和苏联对东欧的控制。1989 年 2 月，苏联军队从阿富汗撤军。1992 年，阿富汗共产党总书记赛义德·穆罕默德·纳吉布拉(Sayid Muhammad Najibullah)被推翻。接下来的 1990 年和 1991 年，苏联在经济和政治方面都实行了“改革政策”。1990 年初，戈尔巴乔夫在政治局提出共产党放弃对政权的垄断，在政治上采用竞争机制。这一机制使退出共产党的鲍里斯·叶利钦(Boris Yeltsin)当选成为俄罗斯共和国总统。戈尔巴乔夫还推行了自由市场经济。

苏美之间的合作飞速发展。1990 年，美国总统乔治·布什(George Bush)邀请苏联代表出席了“北大西洋公约组织”(NATO)的会议，并提出让苏联有可能被接纳成为“北约”成员国。苏联还被列入了“西方七国首脑会议”(“the G-7 top Western powers”，包括美国、加拿大、英国、法国、德国、意大利和日本)的特邀嘉宾。1991 年 6 月，苏联允许外国人购买苏联国防工业公司最高可达 50%的股权。最后，戈尔巴乔夫宣布计划创立一个新的非共产主义者政党取代共产党对苏联的控制，从而迈向了苏联解体的最后一步。1991 年的圣诞节，戈尔巴乔夫解散了苏联，他结束了在苏联的工作，成为日内瓦一个新智囊团的首脑。在他所领导的组织当中有一个是致力于建立一个“世界同一政府”(one-world government)，该组织每年在旧金山召开年会，而另一个组织则是要创立一个“世界同一宗教”(one-world religion)。戈尔巴乔夫的计划项目都由西方资本家资助，它们让苏联的领导阶层参与进入了英美新近的一些维护和平项目。这些项目的设想是要建立一个新的世界秩序，在这个新的世界愿景中，印度及其他印度洋区域国家在向这个新统一起来的人类新家庭奉献丰富资源和广阔市场的同时而获得自身的繁荣。

## 参考阅读


**关于印度：**

Vidiadhar Surajprasad Naipaul, *India: A Wounded Civilization* (New York: Knopf, 1977);

Shashi Tharoor, *India: From Midnight to the Millennium* (New York: Little, Brown and Company, 1997).

**关于当代伊斯兰：**

Roy R. Anderson, Robert F. Seibert and Jon G. Wagner, *Politics and Change in the Middle East: Sources of Conflict and Accommodation* (Upper saddle River, New Jersey: Prentice Hall, 1998);

Gabriel Kolko, *Confronting the Third World* (New York: Pantheon, 1988).

关于美苏关系：

Robert Conquest, *Stalin: Breaker of Nations* (New York: Viking, 1991);

Gale Stokes, *The Walls Came Tumbling Down: The Collapse of Communism in Eastern Europe* (New York: Oxford University , 1993);

John Lewis Gaddis, *Strategies of Containment: A Critical Appraisal of Postwar American Security Policy* (New York: Oxford University, 1982);

Gary R. Hess, *The United States' Emergence as a Southeast Asian Power, 1940–1950* (New York: Columbia University Press, 1987);

Stephen E. Ambrose, *Rise to Globalism: American Foreign Policy Since 1938* (New York: Penguin Books, 1985);

Raymond L. Garthoff, *Détente and Confrontation: American-Soviet Relations from Nixon to Reagan* (Washington, DC: Brookings Institution, 1985);

Thomas E. Vadney, *The World since 1945: A Complete History of Global Change from 1945 to the Present* (New York Facts on File: 1998);

Anita Bhatt, *The Strategic Role of {the} Indian Ocean in World Politics: The Case of Diego Garcia* (Delhi: Ajanta, 1992);

Ilya V . Gaiduk, *The Soviet Union and the Vietnames War* (Chicago, Illinois: Ivan R. Dee, 1996);

Peter L. Hahn, *The United States*, *Great Britain*, *and Egypt*, *1945–1956* (Chapel Hill: University of Northern Carolina Press, 1991);

Anthony Sampson, *The Seven Sisters*: *The Great Oil Companies and the World They Made* (New York: Viking, 1975);

Carl Solberg, *Oil Power*, *the Rise and Imminent Fall of an American Empire* (New York: Mentor, 1976).

# 第九章　最新动向

随着美国成为世界仅存的唯一超级大国，它统领印度洋和全世界的势头也更加迅猛。尽管美国在印度洋贸易上的作用日益增强，但当地的商业集团也同样发挥着它们的影响力。新加坡和马来西亚的对外贸易双双保持着顺差。因为实行自由税收、简化海关手续、大规模进出口免税等政策，新加坡的经济尤其繁荣。美国是新加坡最大的贸易伙伴(其次是马来西亚和日本)，新加坡半数以上的电子产品、计算机和机械品出口来自美国人在当地开设的工厂。新加坡还出口石油和化工产品。日本是新加坡进口产品的主要来源地(占25%)，新加坡是中国的一个大投资国和第五大贸易伙伴。新加坡还是1996年“世贸组织”(World Trade Organization，WTO)首次部长级会议举办国。马来西亚尽力刺激钢铁工业的发展，1994年马来西亚的加工品出口占到其总出口的77.4%。1991年，马来西亚首相马哈蒂尔(Mahathir)发起创立了“东亚经济论坛”(East Asian Economic Caucus)，以此对东南亚国家间的相互贸易进行自我保护，目的是要抵御来自西方经济体的不公平竞争。印度尼西亚则依然是石油、家具、服装、鞋、机械和电子产品的出口国。

1991 年，印度总理纳拉辛哈·拉奥（Narasimha Rao）开始实行有限管制措施和自由市场改革，印度经济因此在 20 世纪 90 年代得到了发展。尽管印度的关税和非关税壁垒依然很高，但仍然鼓励美国和其他外国私有经济体在印度投资，鼓励高科技公司在班加罗尔（Bangalore）和其他印度城市开设工厂。美国制造业、能源和其他公司在印度的投资高达上亿美元，90 年代印度和美国间的贸易翻了一番。印度最成功的产业（计算机、软件和电影）正是那些最能融入世界经济的产业。从 1998 年至 2000 年，印度对美国出口增长超过 10%以上。美国对印度出口增长的产品则包括计算机、飞机、重型机械、肥料和教科书。印度保留的高税收限制了美国的影响但同时也妨碍了其他印度洋邻国向印度的出口。和印度经济发展相比，巴基斯坦的经济则表现较弱。1992 年和 1997 年巴基斯坦的两次私有化过程都导致了劳工骚乱。在东非，2001 年发现的“布里杨胡鲁矿区”（Bulyanhulu）使坦桑尼亚除出口原有的农产品外又成为重要的黄金出口国。石油依旧是印度洋地区中东区域最主要的出口品，其中大部分的石油出口到了西欧和东亚（以日本为最多），而美国经济的健康发展与其在西欧及亚洲的贸易伙伴密切相关。石油依旧是世界最大的单一能源（1996 年占比 35%）。2000 年，石油收益占沙特阿拉伯出口总收入的 90%。

苏联减少对中东援助使萨达姆·侯赛因（Saddam Hussein）的军队 1990 年进攻科威特时美国能够较顺利地采取了强力措施，捍卫了科威特。受科威特石油财富的诱惑，萨达姆·侯赛因宣布科威特是伊拉克领土的一部分，并下令入侵科威特。他错误地以为这个行动不会遭到美国的反对。然而，如果伊拉克控制了中东40%的石油资源就必将对美国势力构成巨大的威胁，由此导致了1991年的“海湾战争”(Persian Gulf War)，包括英国、加拿大、澳大利亚和新西兰在内的16个国家加入美国，发动了对伊拉克的进攻。多国部队取得了胜利，但很快从海湾退兵而并未对伊拉克实行全面占领，这一做法是要让依旧统一的伊拉克成为防止伊朗控制波斯湾地区的屏障。如果多国部队全面占领了伊拉克，其北部的库尔德分裂主义者和南部的什叶派可能使伊拉克分裂。同时，为监视并阻止滋事挑衅的伊拉克萨达姆·侯赛因政权发展大规模杀伤性武器，联合国对伊拉克采取了经济制裁。尽管联合国在1996年实行了允许伊拉克用少量石油出口换取食品和药品的计划，但伊拉克人还是饱受经济崩溃的困扰。

## 美国的“全球统一秩序”(“one world order”)梦想

随着美国的介入，过去域外地区不断在印度洋贸易中发挥重要作用的态势达到了地缘极限。美国不断扩大在印度洋地区的存在，令人对“全球化”(世界多元文化相互融合)产生了消极态度。对亚洲而言，全球化即意味着西方化，而因为美国对西方文化各方面的影响，西方化很大程度上也意味着美国化，对全球化的认同即是对美国的友好；抵制全球化即意味着对本地区价值观的坚守。随着东亚国家也开始接受全球化(非洲更早前已经接受全球化），印度洋便成为世界上唯一一个拒绝接受全球化的地区。

全球化的观念源于“全球统一秩序”的理念。早在20世纪初，最先被英国的“圆桌会议集团”（Round Table Group）和“国际联盟”（League of Nations）信奉的这一理念在美国社会一些有影响力的群体中也逐渐发酵。美国在第一次世界大战中取得成功后，一些商界和政界的领袖们开始研究如何建立世界范围的和谐社会。1921年，小约翰·戴维森·洛克菲勒（John D. Rockefeller，Jr.）、小约翰·皮尔庞特·摩根（J. P. Morgan，Jr.）、保罗·沃伯格（Paul Warburg）、伯纳德·巴鲁克（Bernard Baruch）和其他一些人在纽约创立了“外交协会”（Council on Foreign Relations），其目的是要促进世界范围的一体化，以此建立一个和平的未来（这也将有益于美国公司的发展）。实现这一目的的方法主要包括实现跨国界控制和建立一个和谐的全球化社会（使其他国家美国化、使美国国际化）。

1942年至1946年期间，在美国的努力下，“国际货币基金组织”（International Monetary Fund）、“国际复兴开发银行”（International Bank for Reconstruction and Development，IBRD）和“关税暨贸易总协定”（General Agreement on Tariffs and Trade，GATT）相继成立。第二次世界大战结束后，随着“联合国”“北大西洋公约组织”和“欧洲经济共同体”（European Common Market）等超国家组织的建立，“全球统一秩序”这一理念得到了延续。“圆桌会议集团”促成了“国际联盟”的成立，而“外交协会”为 1945 年“联合国”的成立并为促进各国间的合作和建立世界新秩序发挥了重要作用。由杜鲁门总统建议成立了由美国、英国、法国、苏联和中国为常任代表的“联合国安全理事会”(Security Council)作为咨询委员会，并成立了“联合国大会”(General Assembly)，由各国派一名代表出席。“联合国”授权军队处理世界危机。1950 年，在美国的干预下，联合国部队派兵前往朝鲜半岛。“外交协会”成员们也帮助和参与了“马歇尔计划”(the Marshall Plan)和“北大西洋公约组织”(NATO)的策划。1954 年，为协调与“外交协会”间的行动，欧洲成立了“彼尔德伯格集团”[①](the Bilderberger group)。1972 年，成立了“三边委员会”(the Trilateral Commission)，该组织不仅有美国及欧洲各界巨头还吸纳了日本的重要人物加入。

打破国家贸易壁垒是打破国家壁垒的重要一步。自由国际贸易支持者们着手在世界范围内组成若干个可以互连互通的自由贸易区。这项计划在卡特总统(President Carter)任内(1977—1981 年)开始实行。时任卡特总统国家安全顾问的兹比格涅夫·布热津斯基(Zbigniew Brzezinski)在他的著作《两个时代之间》(*Between Two Ages*)(1970 年)中写道：为了创立一个更加美好的世界未来，美国的国家利益应该让位于国际利益。在乔治·布什担任美国总统的 1989 年至 1993 年期间，自由贸易得到了推广。1990 年，布什和戈尔巴乔夫就两国在欧洲削减武器

---

① 彼尔德伯格集团的名字取自荷兰一家旅馆，该组织由荷兰的伯恩哈德亲王(Prince. Bernhard)一手创立，成员主要是欧美各国政要、企业巨头、银行业精英。

进行洽谈。次年，布什邀请戈尔巴乔夫参加北约会议；苏联宣布外国人可以购买苏联公司，其中包括可以购买最高可达50%的苏联国防工业公司股权。苏联及其在东欧的卫星国解体后，戈尔巴乔夫于1991年退休并前往日内瓦担任一个日内瓦国际事务智囊团的首脑，致力于建立“全球政府”和“全球宗教”。布什任内还与加拿大总理布赖恩·马尔罗尼（Martin Brian Mulroney）合作建立了美国和加拿大间的自由贸易区。1990年6月布什总统与墨西哥总统卡洛斯·萨利纳斯（Carlos Salinas）的会谈达成协议，计划将墨西哥吸收到该自由贸易区。1994年1月“北美自由贸易联盟”（the North American Free Trade Association, NAFTA）成立，墨西哥终于在布什的继任者比尔·克林顿（Bill Clinton）的总统任期加入了美国和加拿大自由贸易区。

与此同时，随着欧共体12国《马斯特里赫特条约》（Treaty of Maastricht）的签订，1993年“欧洲共同市场”（the European Common Market）改组为“欧洲联盟”（the European Union）/“欧盟”（“EU”）。到1995年，“欧盟”成员发展到15个国家，并还在继续迅速扩大。德国总理赫尔穆特·科尔（Helmut Kohl）和白宫达成共识，要让东欧同时加入“欧盟”与“北约”。1996年加拿大提议将“北美自由贸易联盟”和“欧盟”合并，成立“跨大西洋自由贸易联盟”（Trans-Atlantic Free Trade Association, TAFTA），并将其范围扩大到整个西半球和欧洲。美国总统乔治·沃克·布什在2001年魁北克召开的一次会议中与西半球国家首脑们[菲德尔·卡斯特罗（Fidel Castro）除外]一起，建议成立一个全美洲国家的自由贸易区。其他一些世界贸易协议的目标也都着眼于建立全球范围的自由贸易，而由七个工业大国首脑组成的“G-7”组织，其目的则在于谋求国际间的相互合作。

大企业越来越国际化的趋势也同样促进了世界一体化理念的发展。各大型企业为获得更大利润而竞相雇佣廉价劳动力，他们将工厂越来越多地迁往第三世界国家。“北美自由贸易联盟”成立后，美国企业纷纷迁往墨西哥。美国、欧洲、日本的企业也迁往了远东的第三世界国家。中国以及华裔占多数的新加坡，还有韩国、泰国、越南、菲律宾和印度也都成为受益者。越来越多的投资进入中国。

## 其他国家的美国化和美国的国际化

全球范围内各社会间的相互融合是建立世界新秩序的另一个要求，要达到这一目标需要通过世界的美国化和美国/美英社会的国际化来实现。来自第三世界各国家多种族的移民使英美社会进一步国际化，也使美国、英国、澳大利亚和加拿大各国的民族更多元化。美国的商场、产品(包括著名的“麦当劳”和好莱坞电影等)成为全球美国化的领头羊。网络的广泛应用加快了英语成为国际语言的速度。美国的“和平护卫队”(the Peace Corps)从1961年开始派遣自愿者前往发展中国家，为那里的各种项目提供援助，期望以此展现美国对这些地区的良好愿望，促进这些地区的美国化。

与以往各个时期一样，宗教对贸易和政治的影响巨大。有人因此希望世界各宗教融合，形成一个和谐共融的宗教，“新纪元”(“New Age”)潮流也因此而起。与当时的希腊帝国、罗马帝国时期一样，“新纪元”潮流也提倡宗教融合以避免社会冲突。在美国，除犹太教和基督教外其他宗教也开始流行，其中包括玛哈瑞诗·玛哈士(Maharishi Mahesh Yogi)的“超觉静坐”(Transcendental Meditation)、印度教的克利须那派(Hare Krishna)、沃纳·艾哈德(Werner Erhard)的“研讨训练法”(“Erhard Seminars Training”，EST)、“统一教”(the Unification Church)、“山达基教”、“拉斯特法里教”和“黑人穆斯林团体”①(the Black Muslims)。因为J. K. 罗琳所著的描写小魔法师培训经历的系列小说《哈利·波特》的发行和推广，魔法也开始复兴并被传播。

然而，在美国和世界其他地区也有很多激烈反对全球化的群体。他们既不接受无神论也不赞同宗教融合，美国文化元素在全球化中遭到了特别的批评。人们认为，美国在科学技术方面的创新对世界影响巨大(从移动电话到计算机)，但其在艺术和人文领域却成就平平。导致美国在艺术和人文方面成就不佳的原因有很多。美国人文思想最早是受19世纪早期杰克逊拥护者的“反智主义”(Jacksonian anti-intellectualism)的影响，后来，“反智主义”遭到了名噪一时的“新英格兰超验主义者”(New England transcendentalists)的反对。继而，在“马克·吐温

---

① 指自称为信仰伊斯兰教的美国黑人民族主义者团体，他们并不被主流的伊斯兰教徒所认可。

们”的讥讽声中，“镀金时代”(Gilded Age)的“实利主义”文化又将超验主义思想一扫而光。第一次世界大战结束后，美国在世界的重要地位日渐提高，这促生了大量的美国作家，但这些作家中很多人，包括格特鲁德·斯坦(Gertrude Stein，1874—1946)、海明威(Hemingway，1899—1961)和弗朗西斯·斯科特·菲茨杰拉德(Francis Scott Fitzgerald，1896—1940)，都与美国的实用主义社会渐行渐远，并试图在欧洲文化中寻求慰藉。英国为美国成为世界霸主铺平了道路(成为美国的主要盟国和“子社会”)这一事实说明，美国社会在其势力上升过程中并没有像以往那些初次挤进印度洋的地区那样，出现与其势力发展水平相当的创新热情和冲动。20世纪后半叶，美国的创新能力事实上已经屈服于那些多半为痴愚的、粗俗的电视节目和好莱坞特技电影。

在世界范围内出现的极端反对意见使建立世界一统化的可能出现严重的问题。在日本，小说《丰饶之海》(*The Sea of Fertility*)的作者三岛由纪夫(Mishima Yukio)为反对日本美国化于1970年自杀；在德国，种族主义者引爆炸弹驱逐土耳其移民；在美国，“全球化”导致了右翼人士(包括白人至上主义者、原教旨主义者以及政治保守派)和左翼人士[包括拉尔夫·纳德(Ralph Nader)和反对“世界银行”及“国际货币基金组织”示威者们]的反对，甚至在美国人和非美国人中还出现了包括发生在1995年4月蒂莫西·麦克维(Timothy McVeigh)引爆俄克拉何马市联邦大厦等事件在内的更为极端的行为。

## 印度洋地区对全球化的反应

解决全球化的问题与美/英能否在印度洋地区占据领导地位密切相关。印度洋地区的主要宗教——伊斯兰教和印度教——反对因为将他们与其他宗教视为平等而导致淡化伊斯兰教和印度教的做法，也反对有人挑战他们的戒规和准则。信奉原教旨主义的什叶派独裁主义者、瓦哈比派(Wahhabi)的逊尼教徒、阿拉伯民族主义者以及(印度的)“世界印度教徒大会”①(The Vishwa Hindu Parishad/ World Hindu Council)等力量不断加强，他们向印度洋地区出现的受英美社会影响的改革发起挑战。面对这些问题，有人建议在印度洋地区发展一个更为温和的伊斯兰教，使他们对世俗权利更加包容，并在该地区组建代议制政府。17 世纪初，基督教就曾经历了与此相似的转变。当时，于 1607 年获得博士学位的威廉·埃姆斯(William Ames)在剑桥大学的基督学院(Christ's College)任教，他指出与人民订立“契约”(covenants)是上帝的意愿，这一观点为“代议制政府”找到了基督教教义的根据，也同样有助于 17 世纪末英国社会接受约翰·洛克(John Locke)的完全非宗教的社会契约理论。可问题在于伊斯兰教和印度教是否有类似的教义基础使印度教和伊斯兰教社会能获得同样的自由化转变。如果能找到类似的教义，伊斯兰教徒和印度教徒能否像西方社会一样愿意接受因

---

① 印度教右翼民族主义者组织，其目标主要是组织、联合印度和世界各地印度教徒捍卫印度教教规。

为一个更加自由(对他们来说是一个更加世俗的)的社会而可能带来的诸多问题呢?

对于这个问题，极端主义者以暴力的形式作出了否定的回应。引入西方(通常是美国)观念已经导致了袭击麦当劳餐厅和反对庆祝“情人节”的示威活动。伊斯兰教团体还呼吁进行“圣战”驱逐西方的现代“十字军”。1979 年，伊斯兰主义者(抗议西方文化对伊斯兰社会的腐蚀)占据了麦加的大清真寺。从巴基斯坦、印度到印度尼西亚，多地发生了对基督教徒的袭击。2001 年 9 月 11 日，来自埃及和沙特阿拉伯的自杀式炸弹袭击者在总部设在阿富汗的策划者们的指挥下炸毁了“世贸中心”。而基地组织的恐怖分子藏身在从索马里、也门到伊拉克、伊朗、阿富汗和巴基斯坦再到菲律宾等环印度洋的各地。利用胡萝卜加大棒的方式，以美国为主导的西方联盟在 2001 年秋推翻了敌对的阿富汗塔利班政权。他们向阿富汗精英们示好，让他们觉得有希望至少能实现少许西方的繁荣(和民主)。

2002 年和 2003 年，危机四伏的美国在印度洋地区的地位再次遭到了萨达姆・侯赛因的威胁。萨达姆・侯赛因对抗美国，负责实施了对其女婿、亲信以及伊拉克少数族裔的血腥杀害，而且曾经侵占其邻国伊朗和科威特。侯赛因不可预测的极端行为对美国在该地区所维护的现状构成了威胁。美国总统乔治・W. 布什(George W. Bush)通过联合国(该组织最初的建立是要实现英语世界梦想的全球同一的新秩序)寻求国际社会支持发动对伊拉克的战争，推翻侯赛因政权。美国在迪戈加西亚岛、沙特阿拉伯、埃及、约旦、土耳其、科威特、巴林岛、卡塔尔、阿拉伯联合酋长国、阿曼(另外还有欧洲)的军事设施，连同其布置在波斯湾的舰队，可以在伊拉克就近为美国进攻提供军事保障。但是，英语世界传统的竞争势力(法国、德国和俄罗斯)以及中国(其自古以来一直对印度洋地区感兴趣)联合反对联合国任何赞同美国领导进攻伊拉克的建议。进攻伊拉克的计划危及这些国家与萨达姆·侯赛因之间达成的“武器换石油”协议和其他的贸易往来。根据协议，法国、俄国和中国的公司在伊拉克开采石油，伊拉克还有大量的贷款没有支付给法国、俄国和中国。另外，俄国是伊拉克第一大武器供应国。而另一方面，因为西班牙首相何塞·马里亚·阿斯纳尔(José María Aznar)积极支持美国和英国的立场，这样一来，曾经在16世纪为第一次称雄印度洋贸易而合作的伊比利亚人和英格兰人这两个北大西洋地区民族再次携手合作。

2003年3月19日，由美国、英国和澳大利亚等重要英语国家组成的联合部队入侵了伊拉克。因为担心美军为了确保在伊拉克建立西方式的资本主义民主而可能在伊拉克驻扎数年，反对“新帝国主义”(“neo-imperialism”)的呼声四起。和英国在主导印度洋地区时期曾经说过(和做过)的一样，布什当局也强调要确保让伊拉克百姓过上享有权利和自由的更加美好的生活。但他们能否成功占领该地区，部分要取决于伊斯兰国家和其他更广大范围内的人们是否能认同这是伊拉克走向更人道、更民主、更安全、更美好社会的途径。

## 结语

人们或许可以这样认为，历史上一直存在着地理先定论之说。地理位置决定了印度洋周边地区成为人类文明的最早发祥地，并引来了众多心怀觊觎之心的异地人。这些异地人除埃及之外都纷纷被击败。埃及人在印度洋取得的丰硕成果又鼓舞了它在地中海的贸易伙伴投身印度洋。与此同时，中国受印度洋贸易扩张的影响也开始了在印度洋的活动。尽管中国、地中海地区与印度洋之间相距遥远(加上他们与中亚游牧民族的冲突)掣肘了他们在印度洋的活动，使他们甚至一度退出印度洋贸易区域，但这些遥远的地区最终重新恢复了在印度洋的贸易活动。而游牧民族对亚洲和中东的再次破坏(这次是来自蒙古人)使欧洲人获得了一个进入印度洋的好机会。威尼斯的巨大成功迫使热那亚人寻找另外的航线，促成葡萄牙人找到了一条前所未闻的“后门出口”航线进入了印度洋，而更为强大的大西洋地区的欧洲国家也因此自然而然地挤进了印度洋。身处海岛的地理位置让英国在一段时期内占据了竞争优势，但它不断增强对北大西洋的控制则导致了一个更大的英语社会出现在了北大西洋另一侧的美洲，并最终替代了英国的主导地位。到 21 世纪初，挑战美国对印度洋地区政策的事件成为各新闻的主要内容：从印度尼西亚的恐怖主义到阿富汗被军事占领，与卡塔尔的联盟，再到伊拉克